"十四五"时期国家重点出版物出版专项规划项目 现代土木工程精品系列图书
黑龙江省精品图书出版工程 / "双一流"建设精品出版工程
本书由国家自然科学基金项目"基于文化地理学的东北传统民居演化机制与现代演绎研究"（批准号：51878203）资助出版

U0184756

文化视域下东北传统民居形态研究

RESEARCH ON THE FORMS OF TRADITIONAL DWELLINGS IN NORTHEAST CHINA FROM THE PERSPECTIVE OF CULTURE

周天夫　周立军　著

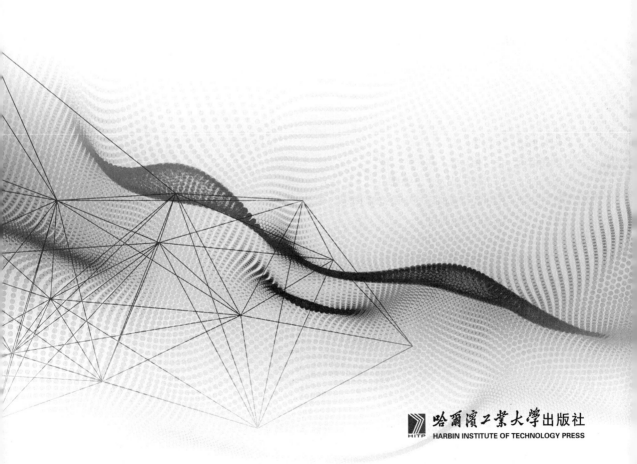

哈尔滨工业大学出版社
HARBIN INSTITUTE OF TECHNOLOGY PRESS

内 容 简 介

本书从文化的视角对东北传统民居展开研究。首先,从原型理论入手,探索东北传统民居建筑的基本原型;其次,用民族学方法进行东北满族传统民居的文化涵化研究;再次,从广义的文化生态学的视角,对东北传统民居的生态特征进行研究;最后,用文化地理学的方法,以东北满族传统民居为例,进行构筑形态的地理区划研究。这几部分内容既相对独立又有关联。

本书丰富了东北传统民居的基础理论研究,对当代建筑地域性创作也具有启发性,是相关专业研究和设计人员进行地域建筑保护和更新研究与设计的参考资料,也可以作为高校相关专业传统民居专题课程的教材和参考材料。

图书在版编目(CIP)数据

文化视域下东北传统民居形态研究/周天夫,周立军著. —哈尔滨:哈尔滨工业大学出版社,2022.11

(现代土木工程精品系列图书)

ISBN 978 - 7 - 5603 - 4367 - 9

Ⅰ.①文… Ⅱ.①周…②周… Ⅲ.①民居-研究-东北地区 Ⅳ.①TU241.5

中国版本图书馆 CIP 数据核字(2021)第 244057 号

策划编辑 王桂芝
责任编辑 佟 馨 陈 洁 宗 敏
出版发行 哈尔滨工业大学出版社
社 址 哈尔滨市南岗区复华四道街 10 号 邮编 150006
传 真 0451 - 86414749
网 址 http://hitpress.hit.edu.cn
印 刷 黑龙江艺德印刷有限责任公司
开 本 787 mm×1 092 mm 1/16 印张 13 字数 308 千字
版 次 2022 年 11 月第 1 版 2022 年 11 月第 1 次印刷
书 号 ISBN 978 - 7 - 5603 - 4367 - 9
定 价 42.00 元

前　言

文化作为人类全部精神活动及其产品，内涵十分丰富，而地域建筑研究的重要目标就是挖掘本土的建筑文化基因。传统民居是我国重要的历史文化遗产，东北传统民居作为我国传统民居的组成部分，具有其文化独特性。

东北地区位于我国最北端，冬季气候严寒而漫长，是汉、满、蒙古、朝鲜族以及其他民族聚集的地区。东北地区历史文化悠久，传统民居在发展的过程中形成了独特的气质。19 世纪初，随着我国其他地区大量移民迁徙到东北地区生活，中原移民将原住地的文化基因携带至新的地理空间，将其与东北地区的自然气候、地形地貌、风土材料、经济因素相结合。这使得东北传统民居呈现出鲜明的地域特征，蕴含着丰富的历史信息，成为珍贵的文化载体和历史遗存，形成兼收并蓄的文化特质。从文化的视角对东北传统民居展开研究是对基础理论的挖掘，这种专题研究对推进东北传统民居的理论研究具有重要意义，同时在我国当今乡村振兴战略的背景下，只有在理论研究指导下，传统民居保护和更新设计才有理论依据和思路拓展。因此这项研究也具有很强的现实价值。

笔者结合国家自然科学基金项目研究，将东北传统民居建筑进行系统化整理，从文化的视角进行多学科交叉研究，以便更全面地认识东北传统民居形态的深层结构与内涵特征。本书首先从原型理论入手，探索东北传统民居建筑的基本原型；其次，用民族学方法进行东北满族传统民居的涵化研究，研究满族传统民居发展演化中与汉族及其他民族传统民居的相互关联与影响；再次，从广义的文化生态学的视角，对东北传统民居的生态特征进行探讨；最后，用文化地理学的方法，以东北满族传统民居为例，进行构筑形态的地理区划研究。这几部分内容既相对独立又有关联，丰富了东北传统民居的理论研究成果，应该说是具有一定创新性的研究工作。

从地理方位上来讲，东北地区即为中国的东北部。本书所指的东北地区不是指黑吉辽三省以及内蒙古东五盟市构成的区域——东北，而是狭义概念上黑龙江、吉林和辽宁三个省级行政单位的总称——东北三省。

东北三省地域辽阔，传统村落分布较为分散，加之冬季寒冷，进行全面系统的实地调研具有一定困难。回首多年来东北传统民居的实态调查与研究工作，凝聚了许多研究人员的辛苦劳动与付出，在此要感谢卢迪、李同予、柳绪伟、汤璐、马思、苏瑞琪、王艳、王蕾、程龙飞、杨雪薇、崔馨心、张明等老师和同学在调研工作中对丰富东北传统民居资料库的贡献。感谢卢迪、李同予、柳绪伟、王艳、常慧等为本书的编写所做的工作。同时，感谢国家自然科学基金项目"基于文化地理学的东北传统民居演化机制与现代演绎研究"(批准号:51878203)的支持。从文化视域研究东北地区传统民居是一项纷繁复杂的工作,本书的研究只是一个开端,在此基础上还需不断拓展、充实和完善,希望得到广大专家学者的批评指正。

周天夫
2022 年 8 月

目　　录

第1章　东北传统民居建筑原型研究

1.1　东北传统民居建筑原型的理论梳理

1.1.1　原型思想及理论脉络

1.1.1.1　原型思想的溯源

原型,英文是 archetype,从词源学上来看,它可以分解为 arche-(原始的、最初的)和 type(形式、模式),因此 archetype 直译就是"最初的模式",这种模式可以代指抽象的思想,也可以代指具体的事物,因此对于原型的研究我们应该从抽象和具体两方面来进行。

"原型"一词并非近代所创,而是有着几千年的悠久历史。在西方,"原型"这个词代表非物质的精神。"原型"一词最早是犹太人斐洛使用的。古希腊时期,柏拉图在哲学中用原型来指事物的理念本源——理念(idea),在他的哲学中,原型是指"形式"。他将形式视为形而上的理念,其他事物都是这些理念所衍生出的变化形式。柏拉图的"理念论"对后来荣格的"原型理论"研究产生了深远的影响,后者不但借用了柏拉图理论中的"原型"术语,而且将其思想全面应用于现代心理学的研究。在后来的理论中,康德的范畴概念与"原型"的含义最为接近,康德认为,如果知识取决于知觉,那么在获得知识之前,必先获得知觉的观念。这种知觉的观念是预先的图式,可以把所有的感官材料按照基本的、天生就有的范畴组织起来。他的范畴不是被动的概念,而是会进入到感官经验的组成过程当中,因此,它们是经验的一部分。叔本华认为,"原型"或"模式"是世界上一切事物的起源,其自身可被认为是真实存在的,因为它们总是那样,从不形成也从不消失。他的理论对后来荣格集体无意识原型的思想产生了重大影响。

原型思想蕴含于西方古代的哲学之中,然而在古老的东方,这种思想同样存在着并成为东方文化的重要组成部分,并对原型理论的形成产生了重要影响。源于印度佛教的曼荼罗图式(图 1.1),概括了人类早期所积累的宇宙观念,包含着世代相传的信息,并蕴含着集体无意识的意义。在中国,先人们将原型思想寓于传统文化的"道"之中,老子《道德经·四十二章》曰:"道生一,一生二,二生三,三生万物。"这其中的"道"就是世界万事万物的源头,即事物的原型。

可以看出,无论是在西方社会还是在东方社会,原型思想都是与哲学密不可分并一脉相承的,这些理论本身散发着强烈的形而上学色彩,并且对后来的原型理论产生了极大的影响。

图 1.1　曼荼罗图式

1.1.1.2　原型理论的提出和阐释

19 世纪中期开始并产生了巨大社会影响力的第二次工业革命使世界资本主义国家科学技术获得新的发展,社会生产力得到巨大提升,为社会带来了一段时间的繁荣。但同时资本主义社会先进社会生产力与落后的社会生产关系不可调和的矛盾,使社会陷入了经济危机的深渊。经济萧条、社会动荡、政治危机、观念失常,资本主义社会遭到前所未有的极大打击。同时,新兴资本主义强国为抢夺世界资源和市场,转嫁国内矛盾,将战火引向全世界,导致了前所未有的人类悲剧。面对一系列的矛盾和危机,人们不得不反思过去,由此产生了一系列的影响西方文明的思想流派,它们从人类文明、历史、心理、社会的角度来重新审视人类面临的危机。在这样一种重视灵魂价值、追踪溯源的文明动机氛围下,"原型"在心理学、文化学、生物学、历史学等领域不断得到应用和求解,这为之后原型理论的提出和发展做了理论和实践铺垫。

1. 荣格的原型理论

在这一时代大背景下,在吸收和批判前人理论的基础上,荣格以集体无意识或者原型这一抽象的东西作为精神本体,在分析心理学的基础上,将集体无意识、原型和原始意象三者作为原型理论的内部结构进行分析,提出了现代原型理论思想。从本质上来说,荣格的原型理论研究的是关于集体无意识的现象,而集体无意识也是原型理论中最主要的概念和范畴。荣格认为,所有可意识到的意识及其经验都蕴含着不可被意识的潜在的深层心灵结构——集体无意识或者原型。集体无意识是人类普遍经验的储藏库,它是一个心灵的结构,因此根本不能被意识到。集体无意识强调四个方面:第一,它是祖先的经验,是个体从未经验过的;第二,它是通过遗传而获得的,并且只能通过遗传来获得;第三,它基本是稳定不变的;第四,它是个体始终意识不到的。原型是集体无意识这个大集合中的一个种类,是它的载体,因此也和它一样是客观的、先验的。但原型本身是纯粹的形式,是不可意识的,所以就需要一个中介来使原型显现于意识,即原始意象。原始意象是联系原型和集体无意识的媒介,它一部分是意识的,一部分是无意识的,是原型被激活和与集体无意识的相通,是原型以某种形式对后天意识经验的一种期待的结果或匹配的结果(图1.2)。荣格的原型理论内部各结构——集体无意识、原型、原始意象之间的关系可以简单概括为:原型是集体无意识的一个种类,它作为纯粹的形式是不可意识的,只能通过原始意象作为媒介激活从而显现与意识。荣格强调作为遗传的心理图式的原型具有以下几个特点:首先,原型的结构和模式是经验在时间中的沉淀;其次,它们使经验按照遗传的心理图式群集起来,并对随后的经验进行制约;再次,源于原型结构的意向使我们去寻求在环境中的对应物。

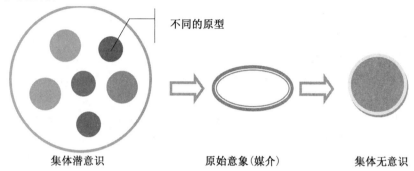

图1.2　荣格的原型理论内部各结构之间关系

2. 弗莱原型批评理论

继荣格之后,加拿大学者诺斯罗普·弗莱将原型思想再次推向高潮。弗莱在《批评的解剖》中确立了以原型概念为核心的原型批评理论。它在不同学科的相互渗透与启发下,继而发展成为文学理论家公认的当代原型研究与文学评论的主要理论之一。弗莱的原型批评理论采取一种宏观的、全景式的目光纵览方式,采用以原型为线索的研究方法,使不同时期、不同地域、不同种族、不同形式彼此孤立的文学作品之间具有了某种内在的联系。

1.1.1.3　原型在建筑领域的体现

在人类建筑历史上,比较早的将原型思想引入建筑学领域的是古罗马建筑学家维特鲁威。在其著名论著《建筑十书》中,维特鲁威提出了一个关于建筑起源的理论,并描绘出了人类第一座房屋的样子。在他看来,建筑产生的最根本动机是满足人类的最基本生活需求,即躲避风吹雨淋、野兽袭击。这些最基本的功能需求促使人类建造出了最原始的建筑。起初人类出于模仿自然的本能,建筑都是模仿自然界动物的巢穴以及自然界的山洞,比如原始人模仿鸟类的巢穴将房子搭在树上;沿壁凿穴则是模仿动物的洞穴以及自然界的山洞。然而作为人类最初的建筑艺术,它如何正确定义模仿物与自然之间的比例关系呢? 在维特鲁威这里,人的身体比例关系成为建立这种关系的一种媒介,同时性别类型也被纳入建筑当中。从古希腊的柱式中我们可以看到,线脚简洁以及形体敦厚的多立克柱式体现了男子刚劲粗壮的身体比例,而装饰复杂、形体高挑的爱奥尼柱式则显示了女性纤细柔美的身体比例。

维特鲁威追溯建筑的起源及其所提出的建筑是"模仿自然的真理"对文艺复兴和启蒙运动时期的建筑理论产生了深刻影响。欧洲文艺复兴时期建筑理论家阿尔伯蒂在其论著《论建筑》中宣称"艺术应该模仿自然"。建筑对于自然的模仿即建筑的建造要体现自然界的规律,比如自然界形式美的规律、承重的结构规律等。帕拉迪奥的《建筑四书》中也明确表示了建筑是"对自然的模仿"。到了18世纪,劳吉埃尔认为,原始的茅草屋作为原初的建筑形式,经过以后历史的发展以及社会的演变形成了从民居到宫殿一系列的建筑,这种原始的形式,就称为建筑的原型。

以格罗皮乌斯、勒·柯布西耶等现代大师为代表的现代主义建筑流派,注意到现代工业化大生产极大地提高了生产效率,并使建筑的建造更趋向于模式化,他们提倡工业化所提倡的简洁,反对不必要的烦琐,使建筑更趋向于人性化,将建筑从过去的建造模式中分离出来,走上了新的道路,并提出建筑设计要以人体模数和工业化生产模式为原型,这样可以产生接近完美工业标准和机械形式的建筑形式。尽管现代主义建筑的发展势不可当,但其人文性质的缺失、地域文脉的阻断以及全球建筑形式的千篇一律却遭到了众多建筑理论家的质疑。

以阿尔多·罗西为代表的新理性主义深受荣格原型理论的影响,并将集体无意识的原型理论引入建筑学当中。

阿尔多·罗西在他的论著《城市建筑学》中,提出了一系列完整的类型学理论,反映了他对建筑原型的深入思考。在他看来,世界上各城市中的建筑形式貌似种类繁多,形式变化多种多样,但是经过分类简化之后,只有几种固定的功能类型,而每一种功能类型又能抽象简化成某一种几何形式。所以,无论哪一种类型的建筑,无论其形式或平面空间如何变化,都可以还原成某一单一的建筑类型,进而又可以进一步简化成更为简洁抽象的几何形式,这样,所有的建筑都会在某一变化法则下还原成其最为原始、简洁的形态,即建筑的原型。罗西对原型的理解深受荣格原型理论思想的影响,他认为建筑的原型不是一开始就规定好的,而是在后来的漫长历史发展过程中,在人类世世代代的生活中慢慢积累并逐渐形成的,它是人类最基本生活方式的凝缩,反映了人类为追求生存在同自然界不断抗争和妥协中积累下来的生存经验,这些经验是前人所认同的,却又是存在于人类集体的潜意识之中的,无法被直接意识到。而建筑师的任务就是找寻这些潜意识在现实中的具体的表现形式,并挖掘其中永恒的价值。在设计中,建筑师应体现并超越"原型",真正做到将建筑置于当地社会文化之中,体现其历史性、地域性,又能落脚于现实,毕竟设计不是单纯复古,只有这样才能将设计同历史与现实、个人与社会、特殊性与普遍性紧密联系起来。

较现代主义原型思想冰冷的理性观来说,罗西将历史人文性格赋予原型,使建筑更加人性化,使建筑的人文属性得以回归。然而,罗西从探寻建筑传统根源中走向了极端——历时性"原型"。在他那里,原型成为一种考古学式的探讨,原始茅屋、棚屋是所有房屋简化的形式。尽管他强调场所的意义,但是借助最简单的抽象几何形体构成的空间,却很难让人真正感觉到场所和环境的归属,群体认同并不理想。新理性主义的这一弱点在随后产生的新地域主义中得以弥补和纠正。

吸收本地的、民族的或民俗的风格,使现代建筑中体现出地方的特定风格是新地域主义建筑设计的核心思想。为此,获得所要表现或暗示地区原型是新地域主义建筑设计的关键。在新地域主义学派中,原型在建筑中呈现出多种多样的表现形式,既有具体的意象、程式,也有特定的文化观念或情境;既有直接显性的特点,也有隐性含蓄的特征。例如,在马里奥·博塔的伯那莱焦别墅(图1.3)作品中,建筑原型是正方形、圆形、三角形的几何形状。在阿尔瓦·阿尔托的玛利亚别墅(图1.4)作品中,建筑原型是地区的地质地貌和植被,阿尔托将芬兰丘陵岩石地貌和森林要素融入人工环境,使人工与自然交相辉映。在查尔斯·柯里亚的代表作博帕尔邦议会大厦与斋浦尔艺术中心设计中,柯里亚的设计思想恰好与传统的曼荼罗图形相契合,柯里亚索性直接将曼荼罗图形作为设计母本,将平面分为九部分。曼荼罗的中央空间被称为“真空地带”,一切力量的源泉。柯里亚称之为“一个纯意识的概念,就像现代物理中的黑洞”。齐康设计的侵华日军南京大屠杀遇难同胞纪念馆,其空间原型是中国传统封闭型环游式园林的布局,设计中巧妙利用人们在传统游园中非直线式的缓慢的步行,以及传统庭院中心的强烈的感染力来表达人们思想上的软弱无力,以及心理和行动上的从缓慢活动到逐渐有力,以至最终达到情绪的高潮而爆发,从而引起人们精神上的共鸣。

图 1.3　伯那莱焦别墅

图 1.4　玛利亚别墅

尽管原型思想在建筑领域存在着分歧,但是人们都一致认同荣格的一句话:“一个原型的影响力无论是采取直接体验的形式还是通过叙述语言表达出来,我们会激动是因为它发出了比我们自己强烈得多的声音……它把正在寻求表达的思想从偶然和短暂提升到永恒的王国中,它把个人的命运纳入人类的命运,并在我们身上唤起那些时时激励着人类摆脱危险,熬过漫漫长夜的亲切力量。”

1.1.2　建筑原型的概念及其解析

1.1.2.1　建筑原型的概念及其特征

1. 概念界定

原型这一概念产生后在心理学、人类学、文学、艺术等领域获得较大发展。在心理学研究领域,原型是脱离和先于个体的后天的意识经验而存在的客观心灵结构,是人类一代代相传的无数经验的积淀而组成的集体无意识,强调精神性;在人类学研究领域,原型是漫长历史过程的积淀,强调历史性;在文学和艺术领域,创作的过程始终伴随着集体潜意识,并将集体潜意识通过作品进行传达,从而使读者进入创作者心灵的深层,在那里感受人类集体精神的冲击,从而使作品具有很深的艺术魅力。与这些领域相比,建筑学既有与之相似的特性,又具有自身独特的特征,由于实实在在的建筑,其建造本身就具有物质的、技术的、功能的等特性,所以建筑原型的概念就要在其他领域认识和定义的基础上融入自身的特点,重新进行整合和调整。整体上来说,建筑原型是在历史长河中积淀下来的存在于人类集体潜意识深处的建筑经验和建筑呈现出的原初的、普适的建筑型制。

(1)建筑经验。

建筑经验是人类在长期的生活居住以及建设过程中逐渐积淀下来的潜在的居住意识以及建筑思想,属于意识形态层面的概念。建筑经验涉及人们日常生活的方方面面,具体来说,建筑经验包括心理意识,如空间意识、采暖意识、节能意识、群居意识、等级观念、心理禁忌、防御意识等;还包括生产、生活中积累的艺术审美、营造技术等方面的经验,以及建筑所蕴含的思想精神、文化内涵和象征意义。这些经验是人类在世世代代的长期生活中逐渐积累形成的,凝聚了人类最基本的思维方式和行为模式,它不是属于个人的,而是一个集体的概念,并以一种无形的方式控制并指引人们的建筑活动。例如,干栏式建筑傣族竹楼(图1.5)、陕西黄土高原的窑洞民居(图1.6)都体现了长期的生活和生产中人们已经形成的一种原始朴素的建筑经验,是在生产力相对落后的过去人们适应自然环境、趋利避害的行之有效的方式。

图1.5　傣族竹楼　　　　　　　　　　　　　　图1.6　陕西窑洞

(2)建筑型制。

建筑型制是建筑原型的物质表现形式,属于物质层面的概念。狭义来讲,建筑型制是指建筑物的外在样式和制式,这种认识比较片面,不能包含其全部内容;广义的建筑型制包含建筑的选址布局、空间组织方式、立面形式、建筑结构构造方式以及装饰色彩等,这些建筑外在的方面可以是延承的某种原初的、普适的、潜在的模式,也可以是这些模式在某种法则下的衍生体。

2. 建筑原型的特征

建筑原型是人类在长期的建筑活动过程中积淀的经验,以及在集体潜意识中不断重复出现的建筑型制。建筑原型派生于分析心理学领域的荣格的原型理论,具有一般意义上的原型的特征。同时建筑作为集建筑经验(精神)与建筑型制(物质)于一身的综合体,还具有其自身领域的特殊属性,这也是建筑原型区别于其他文学、艺术等原型的重要建筑特征。

（1）与其他原型相同的普遍特征。

与文学、艺术原型有着共同的理论渊源，建筑原型必然与其他原型存在着不可分割的必然联系和共有的特征，即历史性、潜在性、普遍性和中介性。建筑原型的历史性和潜在性体现在，建筑原型是在漫长的历史进程中逐渐积累沉淀出来的，从原始的最初型制到后来的衍生型制，每一时期的建筑型制都会在建造以及使用的人类的潜意识之中留下"印记"。有些"印记"存在于个体潜意识之中，是通过个体后天经验获得的，而另一部分"印记"则是存在于人类集体的记忆之中，它属于先天的、只能通过遗传而获得的、潜在的、不能被个体直接意识到的集体无意识。建筑原型的普遍性体现在，它是建筑中普遍的生活体验和行为模式，是存在于人类集体的无意识之中的，而不是某一种特殊的状况。建筑原型的中介性体现在，建筑原型是集建筑经验与建筑型制于一体的综合体，它既包含意识形态，又包含具体的事物，是介于精神和物质之间的存在形式。

（2）建筑原型的建筑特征。

①存在方式的层次性。建筑由于在历史过程中是不断发展变化的，所以其原型除了其最初的形式之外还应是一个过程，即在这个变化过程中出现的不同形式。所以在存在方式上建筑原型分为原初形态和衍生形态两种。原初形态是建筑的最初状态，它可以是人类之前生存经验及其意识的总和，也可以是实实在在的建筑形式；它可以是精神的，也可以是物质的。建筑的衍生形态是在历史发展的过程中，随着人类能力和认识的提高，从原初形态进一步发展而形成的原型形态，它具有历史性，是随着历史的发展而积淀的。例如，东北满族民居的发展历程经历的过程是穴居（地窨子）→分室建筑（口袋房）→院落建筑（三合院、四合院），每一个建筑原型的转变都是前一原型形态的衍生。无论是原初形态还是衍生形态，它们都是建筑原型，都是人类在历史长河中积累和沉淀下来的建筑经验和建筑型制。

②建筑原型的"二重性"。建筑原型的"二重性"首先体现在其存在方式上，建筑原型在存在方式上有原初形态和衍生形态两种，它们的存在状态都是随着人类历史的发展而改变的。作为一个处于衍生形态的建筑原型，它是前一个建筑原型的衍生形态，然而对其自身来说，它又是后一个建筑原型的"原初形态"，因此对于一个建筑原型来说，它既有原初性，又有衍生性。

建筑原型的"二重性"还表现在作为一个建筑原型，它既有物质性又有精神性。正如建筑原型的概念所描述的那样，建筑原型是历史积淀的、潜在的建筑经验和原初的、普遍的建筑型制。作为建筑型制，它是实实在在的，是物质的；作为建筑经验，它又是处于意识形态层面的，是精神的。因此对于建筑原型来说，它是物质和精神的综合体。

③建筑属性。建筑与哲学、文学、艺术等其他学科领域相比较最大的不同是：它不是存在于人们的幻想以及精神世界之中，而是实实在在地存在于人们的客观世界，并且以其特有的属性服务于人。它的存在反映了特定历史时期的技术水平和人们的需求趋向。因此对于建筑原型来说它也具有其他原型所不具有的属性，即建筑属性。一个建筑首先必须具备一定的功能，如居住、演出、办公等；其次，实现这座建筑又需要一定的建筑技术和建筑材料；再次，一座建筑也蕴含了人们一定的思想在里面；等等。所以，建筑原型作为建筑的原初状态，同样也具有功能、技术、思想、材料等建筑属性。

1.1.2.2 相关概念的解析

要更深刻地理解建筑原型,就不得不提到几个概念,它们与建筑原型特征相似,如不加以界定和比较,容易与建筑原型的概念相混淆,给我们带来理解上的偏差(表1.1),同时通过分析和比较,也能加深我们对建筑原型的理解。

表1.1 几个概念的比较

概念	建筑母题	建筑主题	建筑类型	建筑原型
定义	建筑中反复出现的固定形式单元,强调物质性	建筑所体现出的建筑师的思想,强调精神性	世世代代积累下来的母题单元形式按照某种规律组合而成的某一类的完整的建筑型制,强调物质性	世世代代积累下来的位于潜意识深处的建筑经验和原初的、普适的建筑型制
联系	建筑母题体现的是建筑的物质层面,而建筑主题则是处于建筑的意识形态层面;建筑母题强调的是形式,而建筑主题则是偏重于思想意义。建筑类型是母题按一定规律组合而成的某一类建筑的完整型制。建筑原型包含精神和物质两方面要素,即包含建筑母题(物质)和建筑主题(精神)			
区别	仅强调建筑的物质性	仅强调建筑的精神性	强调一种物质性的组合	兼有物质和精神双重属性

1. 建筑母题

母题是文化传统中具有传承性的文化因子,是文学作品中最小的叙事单位和意义单位,它是文学中反复出现的人类基本行为、精神现象和关于周围世界的概念。母题能够在文化传统中完整保存并在后世不断延续和复制。从母题的定义中可以看出,母题主要强调的是"最小单元"和"反复出现"。建筑母题是建筑作品中反复出现的结构元素,包含功能、空间、结构、构图等多方面的元素。例如,哥特式教堂中出现的飞扶壁、拉丁十字平面,欧洲文艺复兴时期著名的帕拉迪奥母题(图1.7)、坦比哀多式构图等,它们都是构成建筑的形式单元,并且在后来的一些建筑中反复出现。与建筑原型相比,建筑母题是属于建筑原型的型制方面的内容,但是原型型制所包含的内容更为宽泛,而且建筑母题只是强调物质层面的内容,并不涉及意识形态层面。与母题相比,原型更强调一种原初性和普适性。

图1.7 帕拉迪奥母题

2. 建筑主题

主题也叫"主题思想",指文艺作品中所蕴含的中心思想,是作品内容的主体和核心。从字面意思上看,主题更强调的是思想方面。建筑主题也就是建筑作品中所蕴含的思想及其意义。与建筑原型相比较,建筑主题属于建筑原型的思想意识方面,它包含在建筑经验里面,但是与建筑主题相比,建筑经验所包含的范围更加宽广,还包含其他一些意识形态方面的内容,而且还具有历史性、潜在性的特点。

3. 建筑类型

类型是具有相同或相似特征的事物所组成的集合,是一类事物的普遍形式。建筑类型是在人类建筑历史过程中世代积累下的母题单元形式的基础上,按照一定的建筑法则组合在一起从而形成的某一类建筑的完整型制。从概念中我们可以看出,建筑类型是历史进程中经验的积淀,具有历史的内涵。但与建筑原型相比,建筑类型没有回归到建筑的原初状态;虽然是从经验中积淀下来的,但是并没有涉及建筑精神属性的内容,而是强调一种完整的型制。并且,建筑类型不只是一种形式,还是许多建筑形式的集合,而建筑原型则是强调个体的概念,二者不属于一个层面。

1.1.3 东北传统民居建筑原型的概念及其表现形式

1.1.3.1 东北传统民居建筑原型的概念

1. 东北地区

从地理方位上来讲,东北地区即为中国的东北部。本书所指的东北地区不是指黑吉辽三省以及内蒙古东五盟市构成的区域——东北,而是狭义概念上黑龙江、吉林和辽宁三个省级行政单位的总称——东北三省。

2. 传统民居

本书所界定的传统民居为具有地域特征的传统居住建筑,特征如下:

①与环境协调,具有东北地域特色。

②传统民居主体保存较完整,或部分破损但不影响其历史价值和艺术价值。

③在传统生产、生活背景下建造,并传承至今。

④采用地方材料与传统工艺,由工匠和百姓自行建造。

3. 建筑原型

建筑原型是历史积淀的、潜在的建筑经验和原初的、普适的建筑型制。这一概念清晰地指出了建筑原型所包含的内容,即建筑经验和建筑型制。而对于扎根于东北地区的传统民居建筑,它们虽然没有经过设计师专门的设计,但是却与环境能够和谐地融合在一起,体现出对环境整体的礼遇关系,并且能与人们的生活达成默契。这些传统民居完全是当地居民自发、自为建造而成的,但是聚落环境却整齐有序,体现出很强的规律性。在东北的传统民居村落中可以发现,这些传统民居都采用形同或相近的模式,无论是空间布局,还是建筑形态、内部装饰,都是在一种无形的因素控制下而且在同一种模式下不断地复制,虽然有细微的差异,但是却有统一的模式,即建筑原型。

4. 东北传统民居建筑原型

东北传统民居建筑原型即在东北区域范围内,在历史长河中积淀下来的、潜在的、适应东北地区的自然环境、社会文化环境以及营造模式环境的建筑经验和原初的、普适的建筑型制。

1.1.3.2 东北传统民居建筑原型的表现形式

同样,建筑经验和建筑型制也是东北地区建筑原型的表现形式。东北地区传统民居建筑的发展历程是一个建筑适应环境、环境改造建筑的漫长过程,在这个过程中,不断选择合理的方面,淘汰不合理的方面,最终得到了适应环境并在各个方面取得平衡的民居建筑。同时在这一过程中积淀下了丰富的经验和普遍的型制,它们包含着对东北地区气候、地形地貌、植被资源等自然环境的适应策略,同时包含了对该地区人们共有的生活方式与制度的认可与限定。这些建筑经验和建筑型制使东北地区传统民居的发展和演变遵循着相同的模式,虽然在不同的历史时期略有变化,却是在大的模式下的细微改变,以此来使民居建筑更加适应环境。

1. 东北传统民居之建筑经验

这里的建筑经验属于意识形态的范畴。它主要包含东北地区劳动人民潜在的心理意识和历史积淀的建筑思想文化意识。具体来说,这种经验不仅包括东北人民的空间意识、群居意识、防范意识、防御意识等心理意识,还包括环境观念、哲学观念、宗法礼制观念、地域观念、审美观念等思想文化意识。这些建筑经验并不是"先验的体系",而是人类认识世界、长期积淀的成果,并在历史发展的过程中不断完善和更新。

2. 东北传统民居之建筑型制

这里的建筑型制主要是针对东北传统民居建筑的物质形态而言。从狭义范围来说,指东北传统民居的外在表现形式,包括建筑的样式和制式;从广义的范围来讲,这里的建筑型制不仅包括传统民居的外在表现形式,还包括东北传统民居建筑空间组织和构成方式,即建筑布局、空间组织方式、构造方式、建筑造型、建筑结构、建筑装饰等。

1.2 东北传统民居建筑原型的生成机制解析

建筑原型是在一定的地域内、在长期的历史发展过程中积淀的潜意识层面的建筑经验和原初的、普适的建筑型制。建筑原型具有原型普遍的特征,但也有其他原型所不具有的特征——建筑特征。它的形成和发展需要在特定的地域,并且要受此地域内诸多要素的影响,如自然环境、社会经济、民族风俗以及材料技术等因素,在这些综合因素的影响下,经过经年累月的积累和沉淀最终形成了适应环境的,符合当地经济文化的,满足人们生理、精神需求的,与当地材料与营造技术相适应的建筑经验和建筑型制。本节将对影响东北传统民居生成和发展的诸多要素进行分析,分析并总结在这些要素影响下的东北传统民居的应对措施,从而探索东北传统民居建筑原型的生成机制。

1.2.1 自然环境要素解析

建筑是人类为了自身的生存而不断与自然抗争的产物,从出现之初便与自然界有着不可分割的关系。在远古时期,人类为了躲避野兽的袭击,以及为了躲避风雪的侵袭,学习自然界的生物将住所搭在树上或者在地上挖洞,这都是外界自然环境不能满足人类需求时,人类与自然抗争的体现。后来为了满足人类自身的生理及安全需求,建筑便产生了,从此"室内空间"便从广大的自然空间中分离出来。建筑是位于自然环境中的建筑,其发展和演化必然与周边环境息息相关,为了适应自然环境,也为了创造舒适的人居环境,人们因地制宜,积累了很多经验。因此,自然环境对东北传统民居产生和发展的影响是毋庸置疑的。

1.2.1.1　自然地理环境

1. 地形地貌

东北地区位于亚欧大陆的东部,我国版图的东北部,介于北纬40°~55°之间,是我国纬度最高的地区。东北地区地域辽阔,其范围包括东北三省(黑龙江、吉林、辽宁)。东北三省自然地理的突出特点就是山水相连,浑然一体。从整个区域来看,东北地区西、北、东三面环山。黑龙江省西北部为大兴安岭山地,由北向南延伸,西邻蒙古草原,南接燕山山脉。在东北地区东部与大兴安岭相对应的是长白山系,延续至辽东半岛部分称千山山脉。在东北北部,大兴安岭,与长白山系之间的山地群称为小兴安岭,自伊勒呼里山向东南延伸,直抵松花江畔,接张广才岭、完达山、老爷岭,与长白山系相衔接。在三大山系的包裹之中,自北至南一直到辽宁省的辽河入海处,是一望无际的广阔大平原,这就是著名的东北平原,由三江、松嫩、辽河三大平原组成。整个地势简言之:三面环山,一面临海,呈"口袋"状分布。

2. 河流水文

与三大山系以及三大平原相适应,东北地区河流分布与流向也呈环绕之势。在大兴安岭西北端有额尔古纳河,流经内蒙古,与黑龙江上游相汇,成为黑龙江的主要水源。它流经小兴安岭北部,与俄罗斯分界,至下游,与黑龙江东部的乌苏里江汇合,北流注入鄂霍次克海。乌苏里江以下,又有兴凯湖、绥芬河诸水,在此与俄罗斯分界。沿此分界线,进入吉林境内则有长白山下的图们江,与朝鲜隔江相望。与图们江同发源于长白山天池的鸭绿江,沿中朝边界南流,进入辽宁省境内,成为我国与朝鲜的分界线,最后注入黄海。松花江发源于长白山天池北部,自吉林向北流入黑龙江省与黑龙江汇合。在辽宁省境内,有以辽河为中心的水系,诸如浑河、太子河等都属于辽河的支流。

在三大山系与三大平原的大格局中,由诸多河流组成的三大水系萦绕其中。北部是黑龙江与乌苏里江水系,如牡丹江、嫩江、松花江等都属于这个水系;中部则是图们江、鸭绿江等组成的水系;辽河、太子河、浑河、西拉木伦河、巨流河等构成了南部水系。环各个水系,江河交错,湖泊遍布,仅以黑龙江为例,全省大小河流就有1 700多条。

3. 植被和土壤

东北地区是中国黑土的主要分布区,这里土地肥沃,土壤中富含有机质和腐殖质,非常适合植物的生长,因此东北的土地又被称为"黑土地"。东北地区是世界三大肥沃黑土区之一,主要分布在黑龙江、吉林两省中部的松嫩平原以及山前台上,此外在三江平原、大兴安岭西麓以及黑龙江省中游的黑河等地也有分布。

东北地区三面环山,森林资源十分丰富,这里是阔叶和针叶林的天然生长区。在大兴安岭的北部,自北向南为大兴安岭兴安落叶松林;大兴安岭东坡自然条件良好,为针阔叶混交林区;西坡受温带草原气候的影响,形成了一条窄带状的森林草原区。大兴安岭森林延绵数千里,高大挺拔的兴安落叶松、白色树皮的桦木、红色树皮的樟子松交织分布,组成了中国北部的茫茫林海。小兴安岭和长白山区气候较湿润,自然条件较好,为红松阔叶混交林区。辽宁南部丘陵地区位于暖温带,气候湿润,植被多为油松——柞木林。辽东半岛沿海地区,受海洋性气候的影响,有零散的赤松林。辽河三角洲一带,有大面积的芦苇分布。丰富的森林资源,良好的木材为东北地区传统民居建筑提供了天然的、取之不尽的建筑材料,为东北地区传统民居的建筑型制的形成和发展提供了材料上的保障。

1.2.1.2 自然气候

东北地区位于我国纬度位置最高的区域,属于严寒区域。东北地区从南至北地跨辽宁、吉林、黑龙江三个省,所跨纬度范围较大,因此其南北温差也较大,由南至北温度呈逐渐降低的趋势。东北地区北临俄罗斯西伯利亚地区,冬季强势的西伯利亚寒冷气流从内陆吹来,天寒地冻,冬季寒冷干燥而漫长,其中最低温度可达-52.3 ℃,寒冷时间甚至可达6 ~ 9 个月之久,最北端漠河地区终年无夏天,甚至有终年冻土层。东北一年四季不分明,春、秋时间较短且不明显;夏季受南部海洋季风的影响,温暖而湿润。东北地区全年全境气候差异很大,一月份平均气温为-30 ~ -9 ℃,七月份平均气温为15 ~ 26 ℃。东北地区由于地处高纬度地区,太阳高度角较小,与同纬度国家相比,白天日照时间较长,太阳辐射量较大,一年内日照达2 400 ~ 3 000 h,有利于这里气候环境的调节和太阳能的利用。东北地区由于地域分布较广,加上受海洋季风、大陆性气候以及地形的影响,其降水也呈现出一定的规律性,东南部地区受海洋季风气候影响,较为湿润,年降水量在1 000 mm 以上;西部地区紧邻内蒙古草原,气候干燥,全年降水量在400 mm 以下;中部地区同时受两者影响,降水介于两者之间。东北地区特殊的气候条件和降水分布势必会给分布在这一地域的传统民居带来不同程度的影响,甚至会对某些传统民居形式产生决定性意义的改变,从而使这里的传统民居呈现多样化的特征。(孙风华、杨素英、袁健,2008)

1.2.2 社会文化环境要素解析

1.2.2.1 社会经济

东北地区地理诸条件兼备,土地广袤而辽阔,山河壮丽,土地肥美,这决定了东北地区不同的经济形态和不同的生活方式,尤其是地区内无门庭之限,经济上互相往来,互通有无,互相影响,促进低级的经济形态与落后的生产方式向高级的先进的经济形态和生产方式转变,因此在东北地区虽然有多种经济形态,也不妨碍其成为一个统一的区域。多种经济形态并存,正是东北地区的社会经济特征之一。在东北这广大的地域范围内,同时存在着农耕、渔猎(图1.8)和畜牧(图1.9)三种经济形态,经济形态及生活方式的多样性,决定了人们居住方式的多样性。

<table>
<tr><td>图 1.8　渔猎经济</td><td>图 1.9　畜牧经济</td></tr>
</table>

1.2.2.2　民俗文化

民俗文化是一个社会群体在长期的共同生产实践和社会生活中逐渐形成并世代传承的一种较为稳定的地方文化现象。它涵盖了物质生活和精神生活的方方面面。民俗文化作为民间最广泛的传承文化，以它悠久的历史、深刻的内涵和特有的功能，在社会发展的历史长河中始终影响和制约着人们的思想观念、物质生产和生活方式。东北地区与中原地带相比位于中国的边疆地区，虽然与中原文化存在着交流，但是由于其特殊的地理位置，较封闭的环境，东北地区的民俗文化的传承和发展形成了自身的特色，构筑了符合本区文化的民俗文化圈。

1. 民族概况

东北地区是我国多民族聚居的地区之一，在这广大的地域上生活着汉族、满族、朝鲜族以及鄂温克族、鄂伦春族等多个民族。在这众多民族中以汉族人口所占的比重最大，在长时间的交往和融合中，各民族文化受其他民族文化的不断影响，相似性越来越大，但是各个民族之间还是保留着各自的民俗特色。满族是东北地区人口第二多的民族，以农业生产为主。朝鲜族聚居在东部地区，生产方式以水稻种植为主。其他民族还有鄂伦春族、鄂温克族、赫哲族等。

2. 生活习俗

东北地区的生活习俗既有中原传统文化的沉淀，又受到其他文化如游牧文化、土著文化的影响，是诸多文化共同影响的产物。东北地区由于地处高纬度地区，天寒地冻，加之土地广阔，沃野千里，在黑土滋养下孕育而生的生活习俗，也自然带有淳朴、大方、粗犷、豪放的性格。"民风淳朴，其居住及衣食，不甚讲究""即外来托宿者，亦与共之"，足见民风的质朴。

在服饰穿着上，由于气候寒冷，东北人一般采用保暖性能好的材料，材料多以动物的毛、皮以及棉制品为主，或结实耐磨或保暖舒适。在饮食方面，东北人根据不同的经济结构而饮食结构各异。生活在山林地区的狩猎民族以驼鹿、梅花鹿、狍子、马鹿等森林动物作为自己的饮食来源；靠近江河湖泊生活的民族则以鱼虾等水生生物来丰富自己的饮食结构；平原地带的民族则主要以种植农作物为生；等等。

在居住方面，东北地区的住宅一般结构坚固，墙壁和屋顶较厚，能够承受厚厚的积雪，并且房屋坐北朝南,既便于充分利用光照,也可以避开冬季强烈的冬季风。满族人传统以西屋为贵,主要家庭活动如吃饭、睡觉一般都在西屋。西屋最大的特点是"万"字炕,西炕作为最重要的空间不用来睡觉,也不能随便坐,南北两炕用来睡觉。东北人头临炕边睡,脚抵窗户,这是由于冬天寒气重,窗户封闭不严,易透凉风。

1.2.3 营造模式要素解析

营造模式是人们在长期的建造过程中所积淀下的建造经验以及建造方法,它是人类千百年来建造经验和技术的积累,其进步和发展直接反映在同时代的建筑身上。在我国传统民居的发展过程中,营造模式对传统民居的建筑型制的发展和变化起到了积极主动的作用,并直接影响传统民居的结构和外观。下面将要从建筑材料的选择和利用以及结构体系及其营造技术等方面来探讨营造模式对传统民居型制的影响。

1.2.3.1 建筑材料的选择和利用

在生产力比较落后的农业社会,民居的建造材料往往都是就近选择,这样既可以就地取材,充分利用当地自然资源的优势,又能减少运输费用、减少在运输过程中对生态环境的污染,而且还能降低工程造价,这对于本来建造成本较低的民居建筑来说具有积极的意义。采用地方材料不但能够就地取材、节约造价,而且能够延续地方传统,形成当地"土生土长"的建筑特色。

东北地区土地广袤,资源丰富,建筑原材料众多。东北传统民居建筑使用的主要是天然材料,如木材、泥土、石材、草、苇等。随着社会的发展,传统的材料已满足不了人们对建筑质量以及安全舒适度的需求,于是部分人工材料取代了天然材料,如砖、瓦、灰、毡、布棉、金属等。

1.2.3.2 结构体系及其营造技术

1. 承重结构体系

中国传统建筑承重结构是千百年来继承和发展下来的木结构承重体系,这种结构体系在不同的民族和地域又呈现出不同的特征。总体上来说,可以分为抬梁式构架、穿斗式构架、干栏式构架、井干式构架。东北地区森林资源丰富,盛产木材,这为木构架在这一地区的发展提供了原材料。东北地区的木构架承重体系是在中国传统木构架结构体系的基础上继承和发展起来的。东北地区传统木构架结构总体上采用与中国传统木构架结构相同的做法,即采用"墙倒屋不塌"的梁柱结构,正如《清式营造则例》中所述:"其用法则在构屋程序中,先用木材构成架子作为骨干,然后加上墙壁,如皮肉之附在骨上,负重部分全赖木架,毫不借重墙壁。"但是在东北这一具有独特自然气候和文化环境的地区,其木构架承重结构又具有适应当地的独特的特征。

2. 施工与技术

东北传统民居通常是使用当地材料建造而成,其结构形式还是以木结构承重为主,再配以泥土、灰砖以及石材。对于木构架的建造还是应用了传统的榫卯连接的方式,将柱、梁、檩、椽组合成整体的框架。在墙体建造方面,根据墙体材料的不同而采取不同的施工方式。对于草泥墙采用以木为骨,拉泥而成的方式;对于砖石墙则采用错缝排列,中间抹灰的砌筑方式。屋顶也借鉴汉族传统民居的形式,采用以硬山为主,多种屋顶方式并存的形式。东北地区传统民居不是建筑师设计建造的,而是由当地劳动人民自发建造的,其施工技术与中原地区还有一定差距,但是却是当地劳动人民智慧的成果,也是适应当地的最为有效的传统技术。

1.2.4　东北传统民居建筑的适应性

东北地区位于中国东北部边疆地区,这里地形复杂多变,冬季寒冷而漫长,生存条件恶劣。东北人民依靠其勤劳和智慧,同恶劣的自然条件做斗争,根据不同的自然条件,形成符合自身条件的经济形态,在这个过程中也形成了自己的风俗民情、营造模式等,它们与中原文化同样辉煌而灿烂。虽然地处边疆,但是东北地区却与关内有着密切的交流,在学习中原文化的同时,又保留着自身文化的特色,这些特色“印记”在东北人民的衣、食、住、行中体现了出来,尤其反映在东北传统民居建筑上。可以说东北传统民居无论是其形成还是每一步的发展演化,都是这些要素共同影响的结果,换句话说,这也是东北传统民居对以上诸要素适应的结果。

1.2.4.1　对自然环境要素的适应性

1. 对自然地理环境的适应

东北传统民居对自然地理环境的适应首先体现在随着地理环境的改变,东北传统民居的形态不同这一方面。地形地貌对东北地区各民族的生活方式产生了决定性的影响,很早之前东北地区就形成了渔猎、游牧、农耕三种生活方式并存的格局。东北地区西部,内蒙古大草原与大兴安岭的原始森林的连接处,是天然的牧场,适合游牧的生活方式,因此这里的传统民居形式便是适合游牧的蒙古包;东北地区南部为地势平坦的平原地带,土地肥沃,很适合农耕,这一地区很早就被一些汉族人开垦,因此这里的民居形式就是汉族传统的合院式建筑,即三合院、四合院;东北地区北部和东部为小兴安岭和长白山山区,丛林密布,有山有水,适合渔猎的生活,于是就形成了适合这种生活方式的民居形式,如撮罗子、仙人柱。

地形地貌除了影响东北传统民居的建筑形态外,局部的地形地势对传统民居的选址也有不可忽略的影响。《管氏地理指蒙》指出,对于基地选址“欲其高而不危,欲其低而不没,欲其显而不彰,扬暴露,欲其静而不幽,囚哑喑……欲其奇而不怪,欲其巧而不劣”。地形是住宅选址时应考虑的因素之一。东北传统民居选址时一般都选在青山环绕,背山面水,地势较平缓的地方。首先青山环绕可以形成较封闭的环境,可以避免强风尤其是冬季的寒风。宅前最好靠近河流、湖泊等水源,既可以方便生活取水需要、获取丰富的水产品,又能依靠湖泊改善地区的微气候。场地地势平坦便于房屋的建设,而且便于排水,前面开敞还利于接受阳光。

2. 对自然气候的适应

东北地区是我国纬度最高的区域,属于典型的温带大陆性气候,冬季寒冷而漫长,因此东北地区的传统民居在应对气候方面主要是针对寒冷的气候而采取的一系列适应性措施。

（1）适应气候的建筑布局。

为适应东北地区寒冷的气候,东北地区传统民居选址上一般都"依山谷而居",既能防风又利于接受阳光。在布局上,为了追求日照,获取更多的阳光,其建筑布局一般都较为松散且大都呈南北向布局。传统民居入口都设于南侧,以防止冬季的寒风灌入室内。

（2）简单厚重的形体。

东北地区冬季寒冷,为了御寒保温,这里的传统民居一般都比较矮小,体型规整且东西长、南北窄,为横向的长方形,长边朝向南向,屋顶形式为最为简单的硬山顶。这样简单矮小的体型可以减小其自身的体型系数,从而减少建筑本身的散热量,有利于建筑物的保温节能。如图1.10所示,从图中我们可以看出,对于同样体积的建筑物,在围护结构传热系数相同时,外围护结构的表面积越小,建筑物本身传出的热量越少,即体型系数越小。例如,朝鲜族传统民居房屋室内空间低矮,一般净高(炕面至吊顶)只有2.2~2.4 m,这样能够有效降低自身的体型系数,提高室内的热效应,减少采暖的耗能。

东北地区的传统民居,墙体厚重且比较封闭,为了接受阳光,一般在南向开大窗,其余各个墙面都不开窗或只开透气的小窗,如图1.11所示。这样可以在冬季最大限度地减少屋内热量的损失,维持室内温度的恒定并且节约能源。东北地区冬季降雪量大,东北传统民居的屋顶要能够抵御降雪带来的荷载,同时还要便于屋顶的积雪能够顺利滑落,减轻屋顶荷载,因此传统民居屋顶形式一般采用厚重、坡度较大的硬山顶。

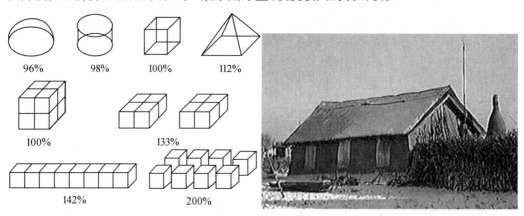

图1.10　相同体积下外表面不同时体型系数的差异　　图1.11　墙体厚重且封闭的东北传统民居

（3）特殊的平面形式。

东北地区冬季寒冷,建筑平面形式除了采用简单的矩形平面外,其内部空间的划分也考虑当地的气候因素,采用了与寒冷地区相适应的平面形式。

"口袋房,万字炕,烟囱立在地面上",极其生动形象地概括了满族传统民居的基本形象。在东北满族传统民居中,民居平面布局的最大特点就是采用了"口袋式"的布局方式。与汉族传统民居相比,满族传统民居的平面布局较随意,建筑开间不一定是单数,而且也不强调对称。满族传统民居的开间一般是3~5间,3间的民居一般都是在明间开门,如图1.12所示,5间的民居一般都在靠近东侧的次间或者明间开门,这样使西侧卧室的空间尽可能扩大,并且卧室的门开于一侧,从而形成所谓的"口袋房"。满族传统民居卧室布局的最大特点是环室三面筑火炕,南北火炕通过西侧火炕相连,俗称"万字炕"。满族传统民居若在明间开门,则称为"对面屋",这种形式受到汉族传统民居的影响。满族传统民居对外开门的一间称为"外屋"或者"灶间",设有锅灶及饮食用具,两侧连接卧室,起到空间过渡的作用,在寒冷的冬季能够有效防止冷风直接灌入卧室。

东北朝鲜族传统民居为适应寒冷的气候,形成了符合自己民族特色的民居平面形式,如图 1.13 所示。中国境内的朝鲜族传统民居平面类型一般为"咸镜道型"或者"平安道型"。咸镜道型的朝鲜族传统民居主要分布在延边地区和黑龙江地区,居住空间多形成"田"字形的统间型平面,各个房间通过门相连,空间划分灵活且通透性强。冬季时,关闭各个房间之间的隔断门,使热量集中在主要活动的房间,减少热量散失和浪费;夏季时,由于各居室之间划分灵活,将各房间之间的隔断和门窗全部打开之后,室内通风效果好,非常凉爽。因此这种平面布局在灵活划分室内空间的同时,又能保证室内的热舒适度,减少热量损失,是生态节能观念在传统民居中的体现。平安道型朝鲜族传统民居多分布在黑龙江省和吉林省、辽宁省的部分地区,其典型平面类型为"一"字形的分间型平面。与统间型平面相比,分间型平面的厨房和下房功能上有了明确的分化,中间设有墙体或隔断,形成了各自独立的空间。这种平面模式比较适合住宅规模比较大的情况,将开敞空间分成若干封闭的小空间,能保证室内温度的均匀,分隔室内空间的墙体也能起到保温的作用。

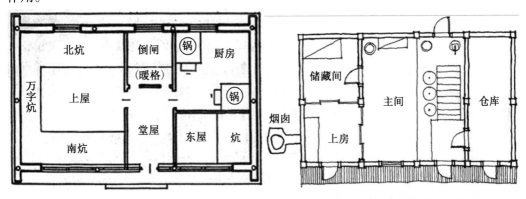

图 1.12　满族传统民居平面图　　　　　图 1.13　朝鲜族传统民居平面图

(4)独特的采暖方式。

东北地区冬季寒冷,为创造室内适宜、舒适的居住温度,勤劳智慧的劳动人民发明创造了一系列措施,如火炕、火墙等,从而在冬季寒冷恶劣的环境中获得舒适的室内环境。图 1.14 所示为火炕的一般做法。

在满族传统民居中,火炕被广泛应用于室内采暖。它的原理是在做饭的同时,利用余热加热炕面,然后炕面通过传热、辐射、对流三种方式向外散热,达到加热房间的目的。在冬季室外温度达到 −30 ℃时,通过烧热火炕,依旧可使屋内温度保持温暖舒适。火炕取暖不仅使满族传统民居在冬季室内能保持较高的温度,而且睡火炕还对人体有益,既可以消除疲劳,又非常舒适,直到现在一些人还保留这一习惯。

在朝鲜族传统民居中,为抵抗严寒,人们创造性地采用满铺式火炕(温突)采暖,热量

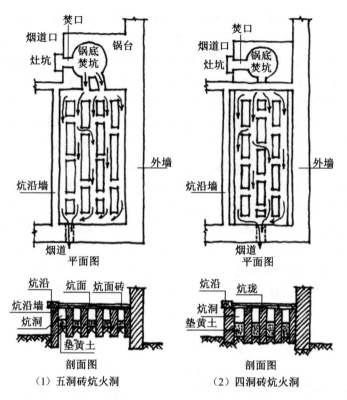

图1.14　火炕的一般做法

传递更为均匀和高效。朝鲜族传统火炕具有以下特征:能够储存热能;由于是内部直接加热的方式,热量会均匀扩散,无须特殊的热传输过程;由于炕面较低,所以热空气更能传送到整个房间;在人体下部加热,热量能更充分地传递到人体,让人感觉更舒适;热量能在火炕里长时间保留,因此处于连续的取暖状态。朝鲜族传统民居的火炕区别于其他民族,炕几乎是铺满整个室内,且高于入口地面30 cm左右,易于盘膝而坐。因此,在朝鲜族传统民居中,火炕不仅是一种取暖方式,也是一种生活方式。

1.2.4.2　对社会文化要素的适应性

1. 社会经济影响下的东北传统民居

(1)经济形态与民居选址。

东北地区一直都是多种经济形态并存的状况,有着不同生活方式的民族存在于不同的地区,并形成了各自不同的居住方式。

以农耕为主要生产方式的民族一般以村落的方式聚居于平原且周边有耕地的地区。以种植水稻为主的朝鲜族居住村落一般分布在依山傍水的平原地区以及交通道路沿线地区,村落规模一般较小,多的几十户,少的十几户。

生活在山林地区的以渔猎为主的居住村落具有很大的流动性和季节性。从事牧猎生产的鄂温克族,其居住营地随着季节的更替而变换位置。在春秋季,其营地多选在水源好、植物丰富、背风向阳的地方;在夏季,营地多选在地势高、靠风口、树木少、靠河边的地方;在冬季,营地多选在向阳背风的猎场附近,便于获取猎物,度过严冬。以狩猎为主的鄂伦春族,逐野兽而迁徙,其聚落的选址受地理环境的影响较大,其中猎场、水源和草场是其聚落选址的重要影响因素。选择在猎场附近是为了方便获取猎物,保证生存资料的需要;为了人和马的生活需要,聚落的选址一般靠近水源;鄂伦春族对马的依赖性比较强,马是鄂伦春族的交通和生产工具,所以聚落选址一般都会靠近草场,便于马匹的饲养。赫哲族是传统的渔猎民族,长期以来以捕鱼为生,其居住地的选址一般都在沿河、沿江两岸的向阳高处,便于捕鱼。

(2)经济形态对居住模式的影响。

不同的经济形态除了对聚落的选址产生影响以外,还对人们的居住模式产生了深远的影响。农耕经济形态下的东北满族传统民居和朝鲜族传统民居形成了以定居为主的居住模式,并通过聚居形成村落。虽然都以定居为主,但是满族和朝鲜族的居住模式还是有区别的。满族在汉族文化的影响下,形成了以合院建筑为主的居住模式,如三合院、四合院,在村落中则形成了一个个的院落空间布局;朝鲜族传统民居则是以单体建筑为主,并且没有明确划分的院子,一般是通过矮小的灌木或栅栏(图 1.15)来划分。

图 1.15　朝鲜族传统民居矮栅栏墙

以游牧和渔猎生活方式为主的民族由于其生产力较原始,单靠个人或单个家庭的力量无法与自然界抗衡,所以产生了与生活方式相适应的居住模式。这些民族一般都是通过几个或十几个有密切血缘关系的家庭共同组成一个聚落——“乌力楞”,每个“乌力楞”都是由若干个“仙人柱”组成的村落,每个“仙人柱”就是一个家庭,如鄂温克族和鄂伦春族的聚落。

赫哲族以捕鱼狩猎和采集野果为生,由于其多样的生活方式,其居住模式也分为固定的屯式聚落和流动的网滩聚落、坎地聚落。在屯式聚落中,村屯通常为方形或长方形,屯内房屋坐北朝南呈“一”字形排列,前后房屋平行,间距 2 m 或 2.5 m;在网滩聚落中,各类“安口”整齐地排布于河边或江岸上,坐北朝南,相隔较近;与前两者相比,坎地聚落没有很强的规律性,建筑散乱地分布在岸边的土楞子上。

2. 适应民族风俗的东北传统民居

东北地区地大物博、民族众多,具有不同性格的民族数千年来创造出了适合自身民族特色的传统民居型制,并积累下了丰富的建造经验。

东北汉族传统民居是过去中原地区汉族移居东北地区时,根据生活的需要而建造的并且带有汉族自身文化特色的民居。在东北地区这一大环境下,东北汉族传统民居的建造既带有汉族传统民居的平面和空间特征又反映了东北当地的立面及材料特色。首先在平面形式上,东北汉族传统民居继承了汉族传统民居的特点。经济条件不太富裕的地区,民居的平面常常采用 2 开间的形式,这种形式建筑平面接近正方形,进深较大,建筑体型系数较小,既经济又利于防寒保温。“一明两暗”的平面形式是东北汉族传统民居常用的形式,平面呈对称形式,简洁而明确,中间是堂屋作为厨房;两侧是东、西屋常作为卧室,室内设汉族传统的南炕,也有学习满族的传统而建造"万字炕"的。经济条件较富裕的人家,一般采用5开间或7开间的平面形式,平面由中间堂屋向两边对称。另外在院落的空间组织上,东北汉族传统民居的建筑组织沿用了汉族传统的内向式院落布局形式并在此基础上衍生出了带有自身特色的形式。东北汉族传统民居的院落分为四种类型:一合院、二合院、三合院以及四合院。其中一合院和二合院一般用于经济不富裕的地区,其布局多从日常生活和生产角度出发,是生活化了的平面形式。而三合院和四合院一般是大户人家才能使用的平面布局形式。与汉族合院相比,东北汉族合院布局一般比较松散,院落空间宽敞。对于规模较大的院落,一般采用延轴向延伸形成多进院或延垂直轴线形成多跨院的方式来扩大规模。东北汉族传统民居的建造一般都就地取材,充分运用地方材料,结构上沿用了木构架的承重结构,部分地区采用了混合承重的体系。对于东北汉族传统民居的立面形式,自古流传有谚语"高高的,矮矮的,宽宽的,窄窄的""黄土打墙房不倒""窗户纸糊在外"等,这形象地勾勒出了东北汉族传统民居的形态。

东北满族传统民居受汉族居住文化的影响,其形态表现出了与汉族传统民居相似的特征,但是由于生活环境和文化的差异,满族传统民居表现出了其与众不同的特征。满族传统民居是人们所熟知的东北大院的一种,其院落布局一般为坐北朝南或南偏东(西),有内外两进院,院门位于院墙的正中。第一进院东西两侧的厢房一般不住人,只用作下房,为冬天劳动时的场所。第二进院有一正两厢,正房为主要居室,厢房通常也不住人。内外院通过影壁分隔,并在第二进院的东南立索罗杆(图1.16)。由于长期生活在东北的山区,为了便于狩猎和防御,满族人逐渐养成了喜爱居高的习惯。在迁入平原之前,满族人将院落建在山腰上,迁入平原后,为延续这种习惯,往往人为地将第二进院或第三进院的地坪以人工夯土的方式填高,形成极富满族民族特色的"高台院落"。满族传统民居的正房有5开间和3开间之分,进深六架椽,一般前后不出廊,在入口处接出平台形成一个室内外的过渡空间——月台,不仅使干净的室内避免与泥泞的室外直接相连,而且还提供了一个可以活动的场所。满族传统民居室内的特色主要是其口袋式的室内空间和极富民族特色的"万字炕",如图1.17所示。满族传统民居的立面一般分为三段:台基、墙身以及屋面。其中屋面与墙身比例大致相等,整体显得敦实厚重。满族传统民居立面最具民族特色的是其烟囱的形式,烟囱是与建筑主体分离而单独设置的,通过烟道与建筑相连,一般在山墙的一侧或南北做落地式的独立烟囱——跨海烟囱(图1.18)。

图1.16　索罗杆　　　　　　　　　　　图1.17　满族传统民居的西屋

| （1）生土 | （2）青砖 |

图1.18 不同材料的跨海烟囱

我国朝鲜族主要居住在吉林省、黑龙江省的东部，朝鲜族传统居民的住宅是极富地方特色与民族风格的传统民居。朝鲜族传统民居的平面布局比较固定，通常为"田"字形分割模式，具体形式大多为6开间或8开间。朝鲜族厨房与起居室和餐厅相连通为一体，这是朝鲜族传统民居的一大特色。各个房间之间通过隔断相隔而不是通过实墙，空间的灵活性增强，是开放建筑理念在传统民居中的体现。朝鲜族传统民居室内的另一个特色就是满铺式的火炕——温突，这与朝鲜族人民的生活方式和习俗是密切相关的。朝鲜族传统民居的立面造型也很有特色，朝鲜族传统民居整体较低矮，屋面与墙身比例接近。为避免木构建筑的沉重和压抑感，屋面坡度较缓，形成优美的曲线，给人轻松愉快之感。白墙木柱（或加棕色）承托青灰色的屋顶，显得建筑物更加稳固。加上挑檐较大，偏廊处的阴影增加了建筑物的立体感。朝鲜族传统民居的立面还有个典型的特征，即烟囱的位置不是在屋顶，而是位于建筑的外部的一侧，与满族传统民居的跨海烟囱相似，但是朝鲜族传统民居的烟囱形式上显得细高，如图1.19所示。

3. 传统礼制观念下的东北传统民居

（1）中轴对称的院落围合空间。

中轴对称与院落围合是中国传统民居呈现的特色，同时也是同类型民居建制的标准与版样，从精神层面来看，这种中轴对称与院落布局也符合与适应我国古代社会的礼制观念。

东北传统民居院落空间的组织上同样沿袭这种择中而居，轴线对称，纵向延伸，院落围合的布局。在东北汉族的院落布局上，轴线仍是控制整个布局的主导因素。对于普通地位和等级的人家，一般都采用一进合院，而随着住户身份地位的提升，院落型制也相应提升，院落的"进"与"合"数都随之增加。自古"进"与"合"数以多为贵。随着等级的提升，院落在轴线方向由原先的一进合院变为二进、三进，其院落数也由1个增加到3个。同一轴线上的院落和建筑其等级也是有区别的。在院落空间的纵向轴线或横向轴线上，级别高的建筑如正房、后正房都位于轴线的居中位置，低一级的建筑如厢房、配房都是靠近轴线的末端设置。对于传统的三进院，其轴线上的建筑和院落空间等级划分充分体现了传统礼制等级中的"以中为尊"的特点。满族传统民居的院落布局与汉族传统民居相

图1.19　朝鲜族传统民居烟囱

似,其院落空间组织同样遵循轴线对称,纵向延伸的方式。与汉族传统民居不同的是,满族院落纵轴的竖向设计呈现由低到高的空间序列,而且横向院落之间无联系。这种竖向布局起始是因为满族人生活在山地,为了适应地形以及防御的需求,到后来逐渐演变为地位的一种象征。沈阳故宫即为典型的高台院落形式,例如中路(图1.20)。对于不同地位的人,其对应的台基的高度是不一样的,台基越高,其主人的地位也就越高。这种由生活方式演变而来的居住方式,最后丧失其原来的功能而成为一种等级的标志。

(2)尊卑有序的空间布局。

东北传统民居院落布局所构成的空间秩序,与传统的礼制秩序相呼应,反映了儒家传统的伦理秩序。东北传统民居院落布局中,由于其大门居中布置,所以其纵向轴线更为明显,院落呈对称式布局。对于一进院,位于轴线上的堂屋是长辈起居处,晚辈住厢房。对于二进院,内院的堂屋是最尊贵的,两厢次之,外院的厢房作为杂物或劳动用房,等级地位自然也较低。东北富裕人家的住宅一般采用三进院式,在三进院中,其礼治秩序同样遵从中央为尊,位于院落中心的堂屋等级最高,位于堂屋后方的后罩房地位次之,位于两侧的厢房地位较低,而位于前院的仆役房等级最低。这种安排使东北合院建筑布局尊卑有序,秩序井然,等级制度、伦理纲常得到充分体现,充分体现了传统的家庭伦理观念。

东北传统民居的室内布局同样也体现了空间的尊卑有序。东北汉族传统民居内部空间遵循“东为贵,西为卑”的“崇东”意识,堂屋东西两侧的卧室以东间为贵,住长辈,西间为卑,住晚辈。炕面的分配也有严格的礼制要求,一般都是长辈睡炕头,晚辈睡炕梢;在有北炕的房间中南炕住长辈,北炕住晚辈。东北满族传统民居“以西为尊,以右为大”,其建筑布局充分体现了这一传统。西屋在布局上所占的空间最大,而且家中的长者住在西屋。在西屋中又以西炕地位最尊贵,是供奉祖先牌位的地方;南炕地位次之;北炕地位最低。这种布局方式充分体现了满族人讲究长幼尊卑的等级观念。朝鲜族传统民居空间划分同

22

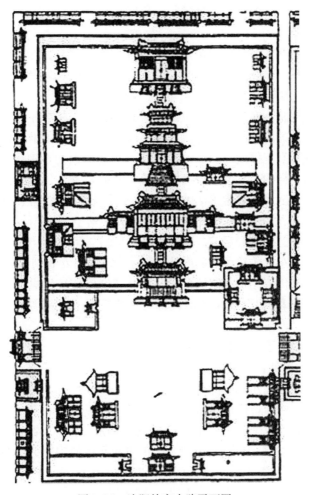

图 1.20　沈阳故宫中路平面图

样体现出了传统的尊卑观念,一般上房为家里的老人居住,上上房为家里的年轻主人居住,这两个房间一般为南向,其中老人的房间居中,地位最高,是家里的核心空间。一般上房和上上房是家里男人的活动空间,而厨间为女人日常活动的空间,二者不可混合使用。

　　东北其他民族传统民居的空间布局同样反映出了严格的等级秩序。鄂温克族传统民居室内空间分为 7 个区域:室外活动区、公共活动区、男性活动区、低等级活动区、中等级居住区、高等级居住区、中心区。其中火塘可以看作一条等级分界线,位于火塘内侧的是男性活动区,是室内等级较高的活动区域;位于外侧的是公共活动区,家庭成员都可以在此区域活动。室内居住区域的 3 个铺位等级也是不同的。西侧正对东侧入口的铺位称为"玛路",是最尊贵的铺位,只有家中最年长的男性或家族长才能使用,是最高等级的居住区域;进门右侧的铺位供家中的长辈使用,其等级仅次于"玛路"位;进门左侧的铺位供家庭中子女使用。与鄂温克族一样,鄂伦春族的室内也分为 3 个居住区域。位于北侧正对着门的铺位是室内的高等级居住区域;西侧是家庭中老年人居住的铺位;东侧是年轻夫妇居住的铺位。赫哲族室内居住空间呈"U"字形,其中南炕是建筑中的高级居住区域,由年

23

长者居住;北炕是建筑中的次级居住区域,由年轻人居住;西炕是整个空间中最尊贵的区域,是供奉的区域。

东北传统民居中的礼制秩序规定了建筑的特定位置关系,由此形成了固定的等级次序,它们构成了传统民居建筑空间中的深层组织秩序原型。

(3)内外有别的内向式布局。

东北传统民居的院落布局同样反映出了"男女有别""内外有别"的伦理要求。传统民居通过院墙和建筑的围合将内部院落和外部环境隔离,形成内向、安全的居住环境和宁静、亲切的居住氛围,真正体现"合而为家"的居住理念。但是在围合的院落空间之中,各部分的私密性是不一样的。东北传统民居院落空间的私密性,呈现自内院向两端院落递减的特征。内院是家庭成员日常生活的区域,是整个院落私密性最强的区域。内院部分受"内外有别"的礼制约束,四面界面围合成封闭的院落空间,有利于塑造内院的私密性空间。位于院落两端的外院和后院是家庭成员共享的空间,也是与外界过渡的空间,其私密性自然也就较弱。东北传统民居的内外有别还表现在男女有别。宅居庭院式的内向性充分满足了人们对于传统伦理礼制的要求。东北朝鲜族传统民居室内空间划分成上房、上上房等对外的空间和高房、库房等对内的家庭空间体现了传统民居内外有别的布局思想。

4. 哲理观和环境观下的东北传统民居

(1)阴阳互动的东北传统民居。

东北传统民居的合院建筑受传统文化的影响,蕴含了丰富的哲理思想。传统合院的构成和空间组合都严格地遵循了虚实相生、阴阳互动的思想。首先,传统合院是由建筑围合的,周围的建筑构成了"实"的一面,围合的庭院构成了"虚"的一面,建筑的"实"和院落的"虚"形成了阴阳关系;其次,院落组合中正房和厢房的主次关系构成了阴阳关系;最后,院落布局中以轴线来组织空间,其中纵轴和横轴的主次关系又构成了阴阳关系。东北传统院落的轴线上的大门、二门、内院正房、后院正房构成了不同的等级层次,每一个等级层次也构成了一对阴阳关系。因此东北传统院落深受中国传统文化的影响,其建筑布局充分体现了传统文化哲理观中的阴阳互动关系。

(2)传统环境观模式下的东北传统民居。

环境观对东北传统民居的影响主要体现在村落以及建筑的选址和布局上。在村落的选址上,东北传统村落同样追求民俗中的理想环境模式。东北地区村落选址一般位于背山面水的平原地区,既能避免冬季的寒风,有利于获取充足的阳光,又便于生产生活的用水需求,如新宾县某村落选址(图1.21)。满族先民很早之前就形成了"近水为吉,近山为富"的习俗,宅基地的理想选址一般位于滨水背山的向阳坡地上,体现了满族先民的环境意识。

图 1.21   新宾县某村落选址

1.2.4.3   对营建模式的适应性

1. 适应地方材料的东北传统民居

东北地区地貌丰富、山脉纵横,山上遍布密林,为东北地区的建筑提供了丰富的木材来源。无论是传统民居中的承重构架还是门窗甚至是室内装饰,都是由木材制成的。山林中的民居,由于取材方便,组装方便,很多传统民居都采用了井干式的建筑形式,且所用的都是当地的一般木材,如红松、樟子松、白桦、杨树等。这些木材质地坚硬,树形较直,在传统民居中得到了广泛的应用。

生土在传统民居中的应用较早,可以追溯到原始社会人类穴居的时代。土作为建筑材料具有取材方便、可塑性强、构筑方便、造价低廉等特性,而且还具有很好的隔热防寒效果,比较适合东北地区寒冷的气候特征。东北传统民居中对生土的利用主要是夯土、土坯以及泥墙三项。

石材作为建筑材料具有耐压、耐磨、防潮、防透的特性,多用于山区或盛产石材的地区的房屋建造。但由于石材不易开采加工,且重量大不易搬运,大量使用石材会增加房屋的造价,而且费时费力,所以一般应用于房屋的局部,如台阶、柱础、墙角等这些易磨损的部位。

其他天然材料如草、苇、秸秆等由于质地柔软、韧性大、保温性能好,而且取材方便,在传统民居中常作为填充、围护、装饰、保温、防虫等材料使用。还有如动物毛皮,主要为游牧和狩猎为主的民族所使用。毛皮具有良好的保温性,多作为传统民居的围护材料使用,如鄂伦春族、鄂温克族等的传统民居,也可以作为室内的装饰材料。

东北传统民居中的人工建筑材料以砖瓦的使用最早也最为广泛。砖瓦具有强度高、防潮保湿性能好且造价低、易于生产、施工方便等优点,可用于筑造台基、墙体、屋面、烟囱、火炕以及铺设地面等方面。

白灰(石灰、胶泥)是一种常用的人工材料,是石灰石经焙烧而形成的一种胶接结材,具有黏结性好、强度高、防潮好、易加工、造价低等特点,一般用于抹墙、砌砖、粉刷等。为了防止白灰开裂,在传统的建造工艺中,往往在灰泥中加用麻刀纤维。白灰还可以与土混合组成"灰土",或与砂、土混合成三合土。

还有其他人工材料,如纸由于透光性能好,一般作为裱糊门窗以及窗花剪纸装饰用品的材料;毡由于防水、保温性能好,通常作为民居建筑的屋顶材料;织物由于保温、装饰性能好,一般作为室内门窗帘、床罩幔、窗纱以及临时遮阳棚等;金属由于坚固耐用、可塑性强,常作为连接构件(如钉子、门锁等)或装饰构件(如门环等),但由于其价格较昂贵,一般使用较少,多为富裕家庭使用。

2.传统营建模式下的东北传统民居

(1)木结构体系下的东北传统民居。

东北传统民居的建筑结构大多是采用檩杴式的梁柱结构体系。所谓檩杴式结构形式就是在檩条下面用圆形的杴代矩形的枋,其长度与檩条相同,直径与之相比较细,如图1.22所示。用圆形的杴代替方形的枋是由于东北地区盛产木材,用圆形的原木可以省掉加工的麻烦。东北传统民居的檩杴式木构架结构与汉族传统的抬梁式木构架结构相似,只是将枋换成杴。在东北传统民居中,最常用的结构是五檩五杴式,又称三炷香式,这种构架的房屋通常面阔较大,进深较小,并且要求大柁粗壮,以防止时间长了柁的中部发生断裂。有时候为了节约用材,以及摆脱材料的限制,通常在建筑的灶间和卧室的隔墙处设"通天柱",这样大柁就可以选用稍小的木材。同时由于隔墙的存在,通天柱对室内空间并没有多大影响,而且室内其他位置也不再设柱。

(1)檩与枋　　　　　　　　(2)檩与杴

图1.22　檩与枋及檩与杴的比较

有的东北汉族传统民居为了节约用材、节省劳力和时间,对常用的木构架形式做了不同程度的简化和变异。有些传统民居在山墙的中心位置设"排山柱",省去大柁、二柁的建造,仅保留3根柱子作为两山处的受力骨架。采用这种结构的传统民居主要是为了在山墙上砌筑烟囱,便于打通烟道,同时也能够相应地减少屋顶的荷载。还有的在大柁下中间部分进深的三等分处设"抱门柱"来支撑大柁,同时也可以作为间隔墙的骨架,并与炕沿相连。这种设抱门柱的做法,既起到承重传力的作用,同时也巧妙分隔了建筑内部的空间。位于东北西部的碱土平原上的传统民居,其结构形式一改传统的抬梁式做法,仅设一架梁,梁上根据檩子的间距设瓜柱,或用"替子"代替瓜柱支撑檩条来承重,同时为取得构架的稳定性,山墙榀架中多设中柱。其屋顶形式也采用了中间脊部高、檐部低的弧形的囤顶形式。有些地区为了减少木材的使用、减少造价,将两山处的梁架和柱一并省略,采用了前后檐柱与山墙共同承载传力的墙架混合承重结构。位于长白山山地以及大、小兴安岭等林区周边,以及河谷平原地带的传统民居常采用墙体承重的井干式构架形式。其做法是用木楞子墙身作为承重结构,将大柁置于前后檐的木墙上,在大柁上立立人(瓜柱),

立人上架檩子,或直接用叉手置檩子建造屋架。

(2)东北传统民居的建筑细部。

①屋顶形态。东北传统民居屋顶按材料可以分为草屋顶、土屋顶以及瓦屋顶等类型。

a. 草屋顶是东北传统民居较为常用的屋顶形式。在东北汉族传统民居中,屋面底层椽子以上往往不铺设望板,而是用秫秸、柳条等直接铺设,在铺之前先用草绳将秫秸绑成捆铺在椽子上,并在其上面铺 2 层泥浆。为防止寒气透入,在上面再加草泥辫 1 层,这样既可以防寒,又可以延长使用寿命。然后用羊草苫屋面,厚度大约为半尺(1 尺 = 0.333 3 m),屋脊部分厚约 1 尺。苫房时屋檐部分要薄,屋脊部分要厚,正如俗语所说的“檐薄脊厚气死龙王漏”。屋面苫好后,为防止屋面的草被大风吹起,常用木杆或石头压在草屋顶上。

b. 东北传统民居的土屋顶(图 1.23)主要是指用于东北西部碱土平原地带传统民居的屋顶类型,形式一般是平屋顶或略呈弧形拱起的囤顶样式。屋面做法主要有砸灰顶、碱土顶等。砸灰顶又叫海青房,具体做法是在椽子上苫芭 2 层,再以碱土混合羊草抹至屋顶上,垫以苇席踩平,上面加抹碱土泥 2 层,在上面铺炉灰块混合白灰用木棒捣固。碱土顶做法和砸灰顶相似,只是将砸灰顶的炉灰块混合白灰层去掉,并且每年都要用碱土抹屋面,从而延长屋顶寿命。

图 1.23　土屋顶外观

c. 东北传统民居的瓦屋顶主要包括小青瓦屋顶、木板瓦屋顶以及树皮瓦屋顶三种。小青瓦屋顶的具体做法是在屋面上钉压条,然后在上面抹泥挂瓦。东北地区的瓦屋顶一般采用仰瓦铺设的形式,以防止屋面积雪融化侵蚀瓦垅旁的灰泥。为减少屋面的单薄,常常在屋面靠近两山处铺设 2 垅或 3 垅合瓦压边。朝鲜族传统民居的瓦屋顶常用的是灰瓦或黑瓦,屋面略呈曲线,檐端四角和屋脊两端向上翘起。朝鲜族传统民居的瓦屋顶是在椽子上铺望板,望板上抹望泥约 15 cm 厚,上面再铺设瓦当。木板瓦和树皮瓦屋顶是长白山森林地区的汉族传统民居常用的屋面形式。木板瓦的选材一般选用光滑的木板,以防止雨水、雪水在屋顶滞留,并且为了避免木板瓦被强风吹走,建筑多建于背风向阳的地方,屋面上再压上砖头或石块。

东北传统民居的屋顶按形态分为硬山式、悬山式、歇山式、四坡式、平顶式及囤顶式等类型。由于受封建礼制等级观念的约束,东北汉族传统民居屋顶一般都采用硬山式和悬山式,部分地区采用平顶和囤顶式形式。东北满族传统民居的屋顶形式大多仿照汉族的形式,多数用硬山式,且屋面下无斗拱。在做歇山顶的时候,只是在硬山顶的基础上向外出廊,并在外廊柱上架设戗脊形成所谓的"外廊歇山"。朝鲜族传统民居屋顶形式可分为悬山式、四坡式和歇山式三种,一般情况下,草房顶多用悬山式和四坡式屋顶,瓦房顶多用歇山式屋顶。

②墙体。东北传统民居的墙体根据材料的不同分为草泥墙、砖墙和石墙三种类型。

a. 草泥墙是以木柱为骨干,外覆草和泥砌筑而成的墙,俗称"拉核墙"。其做法是以纵横交织的木架作为墙体的骨架,将裹满稠泥的草辫子一层层紧紧地编在骨架上,待其干透后,再涂以泥,如图1.24所示。

b. 砖墙通常是用青砖砌筑的清水墙。一般人家对砖不进行加工,直接用素砖,随砌随用,要求高的人家通常将砖面打磨。东北地区砖墙常用的砌筑方式是卧砖墙,多采用全顺式的砖缝形式,砖全部以长身露明,不但省砖,而且墙面灰缝少。图1.25为东北地区砖墙砌筑方式。

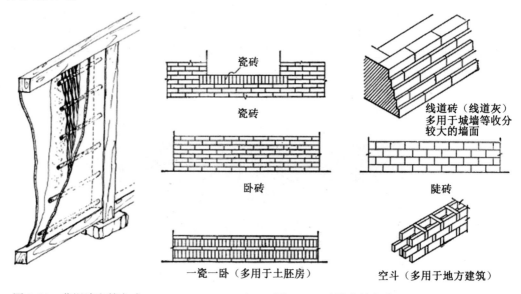

图1.24　草泥墙砌筑方式　　　　　　图1.25　砖墙砌筑方式

c. 石墙多应用于居住于辽东半岛的满族传统民居,由于当地土质松软,而石料资源较丰富,所以建筑多以毛石筑墙。在砌筑时需根据石材的尺寸以及所需的尺寸,将石材进行打磨加工后再用于砌筑。砌筑时要注意保证整体稳定,大面要平,石料之间的缝隙宽窄尽量均匀一致。

③门窗。东北传统民居的门窗形式并不像南方传统民居那样富于变化,多数民居采用的是单双扇板门及支摘窗的门窗形式。满族传统民居的房门常常为双层,外门多做独扇的木板门,上部是类似窗棂似的小木格,窗户纸糊在外面,下部安装木板,俗称为"风门"。内门为对开门,门上有木插销。朝鲜族传统民居门窗的界线比较模糊,二者的功能可以互换,门可以当窗子用,窗子也可以当门用。朝鲜族传统民居每间房都有一扇推拉门,整个门从上到下都是细木格子门棂,门棂多是直棂,横棂较少,门窗纸裱糊在门窗棂外

侧用来采光和挡风。朝鲜族传统民居的门窗棂(图 1.26)是以一种古老的形式分格的,直棂很密(8 cm),横格间远(8 cm 或 40 cm),称为"一码三箭"。门窗的尺寸不大,一般单扇门窗高 1.6 m,宽 0.6~0.8 m。

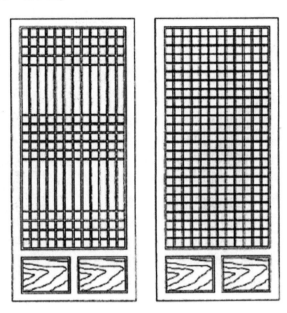

图 1.26　朝鲜族传统民居门窗棂

支摘窗是东北传统民居常用的窗户形式。所谓支摘窗就是窗户分为上下两扇,上扇窗户可以用铁钩向内吊起或用短棍支起来,下扇窗户平时不常开,但可以随时摘下,因此称为"支摘窗"。东北传统民居常用棉纸或高丽纸糊在窗户的外面,以防止冬季雪滞留在窗框上融化后侵蚀窗纸。在窗花装饰上,东北传统民居的窗花大多形式简练、线条粗犷,图案的组合方式也比较简单,而且窗花在组合时,式样没有一定的规律性,比较随意,只求好看、寓意吉祥。

(3)东北传统民居的色彩使用。

色彩作为人类的一种共同语言而存在着,它无时无处不存在于人们的日常生活之中,并通过不同的物体和空间反映出来。色彩作为建筑艺术的基本构成要素,对建筑的形态艺术起到了非常重要的作用。在传统民居建筑中,色彩是其建筑文化的重要组成部分,它不但反映了不同地域的气候文化特征,而且体现了不同地域的民族风俗以及色彩喜好与禁忌,并且不同的色彩在一定程度上还反映了传统伦理的等级观念。东北地区传统民居建筑的色彩是东北人民千百年来生活生产所形成的共同的建筑经验和审美经验,它根植于这片广袤的大地,反映了当地的审美情趣和民族风俗。

建筑物的色彩很大程度上反映的是其建造材料的色彩特征。受封建礼制的制约,红色、黄色等色彩鲜艳的颜色只能用于皇家建筑和寺庙殿堂等官式建筑中,传统民居只能使用色彩饱和度较低、整体偏灰的色调。对于东北传统民居而言,其建筑材料大都是采用当地盛产的自然材料,局部采用人工材料,因此其色彩特征反映的是当地天然材料色彩的组合,朴实无华。

对于经济条件一般的普通人家,其建造材料用的是当地的天然材料,民居色彩自然呈现的是材料本身的颜色:棕黄色的土墙、黑褐色或黄灰色的草屋顶、灰色的门窗,形成了人工的天然建筑形象。对于经济条件较好的人家,其民居不同程度地使用了人工材料,如砖、瓦等。东北地区砖、瓦等建筑材料的色彩一般采用较深的色调,青砖砌墙、灰瓦铺设屋面,建筑整体呈现灰色,素雅质朴、朴素沉稳。这样的色调有利于在寒冷的冬季更多地吸收太阳辐射,能有效增加室内温度。东北传统民居在整体色调上保持灰色质朴的同时,其细部装饰上局部采用了颜色艳丽、对比强烈的色彩,如红、绿、黑、金等热烈刺激的色彩。这些艳丽的色彩与整体的灰色调形成强烈对比,从而起到突出重点的效果,而且这些色彩的运用也为原来沉闷、单调的建筑增加了生机和活力。

与东北其他民族传统民居的灰色调相比,东北朝鲜族传统民居色调更显明快亮丽。朝鲜族有尚白的审美观念,素有"白衣民族"的美称,这一特有的审美观念自然也就反映在其传统民居上。无论是传统茅草房还是砖木结构的瓦房,朝鲜族传统民居的墙体都敷上白色,特色鲜明。传统茅草房的房顶覆以黄色稻草,加上门窗的原木之色,黄白交错,给人温馨、亮洁的美感。朝鲜族瓦房则以灰色或黑色陶瓦为顶,加上原木色的门窗、白色的墙体,建筑上下形成黑白对比,与江南水乡的黑瓦白墙映碧水有异曲同工之妙。朝鲜族传统民居在细部装饰上也以材料的原色或清淡的色调为主,器具上的花纹也以黑白为主,只在家具局部采用亮色,整体色彩明亮,令人愉悦。

1.3 东北传统民居建筑原型及其地域性表现

东北传统民居建筑原型可以分为两个相互作用的部分,即影响因素和表现形式。其中影响因素是指影响东北传统民居建筑原型发展变化的因素;表现形式是指东北传统民居建筑原型的表现方式,它包括东北传统民居建筑之经验和东北传统民居建筑之型制。我们已经从自然环境、社会文化环境以及营造模式环境三个方面全面系统地分析了东北地区传统民居建筑原型生成和发展的影响因素,这里将在此前影响因素分析的基础上深入探讨东北地区传统民居建筑原型的表现形式,并在此基础上总结传统民居建筑原型在东北广袤大地上的地域性表现。

1.3.1 东北传统民居建筑原型之经验

位于东北地区的各民族的各类传统民居,无论是其民居群体还是建筑单体,都蕴含了适应该地区复杂地形环境、寒冷气候环境、民族民俗、传统礼制观念等因素的朴素的建筑经验,以及当地劳动人民潜在的居住意识和精神归属感,这些经验凝聚了千百年来东北人民对当地居住环境的思考和理解,体现了当地劳动人民的勤劳和智慧。

1.3.1.1 对复杂地形的应对经验

1. 背山面水的居住意识

东北地区三面环山一面向水,地形地貌复杂。东北传统民居在选址时一般都选在背山面水、地势平坦的向阳地区,这是东北人民千百年来形成的居住意识。东北地区冬季盛行西北风,背后靠近山体,可以有效阻挡冬季的寒风,创造局部微气候。前方开阔可以充分接收阳光辐射。住宅前方有河流湖泊,清澈的水源可以给人们的生产生活提供生活用水和丰富的水产品:对于以农业为主的地区,河流可以给农田提供灌溉水源,方便农业生产;对于以渔猎为主的民族,居住地靠近河流可以方便他们进行生产劳动。除此之外,河流、湖泊在夏季还能形成凉爽的风环境,改变地区微气候,提供舒适的居住环境。

2. 高台防御意识

建筑建于高台之上主要是东北满族人民在历史发展过程中积淀下来的居住防御意识。满族历史上是生活在长白山、大兴安岭等山地地区的民族,这种山地居住的生活习惯已经深入他们的潜意识之中,并一代代流传下来。满族人习惯在平整的山地上建房居住,他们"近山为家,近水为吉",建筑建于山地间,院落随山势而呈现前低后高的趋势,这也有利于在高处观察敌情,防御敌人。后来满族迁入平原生活,其山地建房的意识遗留了下来,在建造合院时,人为地将主人生活的第二进或第三进院落的地坪以填土夯造的方法抬高,形成特色鲜明的"高台院落"。随着满族自身的不断发展以及向中原的推进,满族的高台院落也不断发展,这种居于高处的高台意识也不断变化,最终发展成为满族的等级制度意识,并形成了完整的定则。

1.3.1.2 对寒冷气候的应对经验

1. 松散的空间布局意识

为适应东北地区的寒冷气候,东北地区传统民居的布局采用松散的布局方式,建筑之间互不遮挡,从而争取更多的日照。东北地区以平原居多,位于地势平缓地带的村落,其主要道路呈东西向延伸,民居为南北向布置,且民居之间的间距较大。在群体布局形式上,东北传统民居大多采用行列式,这样可以保证绝大部分的建筑能够获得良好的朝向,从而争取良好的日照采光和通风条件。东北地区采用这种松散的布局也得益于东北地区的地广人稀以及丰富广阔的土地资源。

2. 建筑的保温意识

东北地区由于冬季漫长而寒冷,因此传统民居所面对的主要问题是如何防寒保温,即如何降低民居的体型系数。东北先民凭借其勤劳和智慧,凝聚千百年的建造经验,最终得到了矮小紧凑、形体规整厚重的民居形式。这种汇集先民的建造经验的建筑形式,用今天科学的眼光来看是保证了体型系数的最优化和散热量的最少。因为当建筑围护结构传热量相同时,体型系数越小的建筑散热量越少;而对于体型系数相同的建筑其围护结构导热率越小,散热量越少。同时由于东北大部分地区日照辐射比较强,建筑在向外散热的同时,也在不断接收太阳的辐射而不断吸收热量。因此东北传统民居形体的选择要综合考虑各种因素,一方面要尽量增大进深,使建筑平面形式尽可能向四个方向扩展,接近正方形,以减小体型系数,从而减少外表面的散热量;另一方面为了得到更多的太阳辐射,建筑的平面在维持一定进深的基础上,应增加面阔方向的开间数量。东北传统民居的平面和形体选择是综合考虑了建筑体型系数和日照两方面的影响,从而形成了现在的规整、厚重、横长形的建筑形式。

3. 屋顶形式蕴含的环境观

东北地区传统民居建筑的屋顶形式呈现多样性的特征,而这些多样的屋顶形式也是民居对当地气候环境的一种适应。例如,在东北湿润地区,冬季降雪较多,由于温度较低,大量积雪降落在民居屋顶上很长时间也不会融化，这样屋顶就会承受很大的雪荷载，增加了整体结构体系的负担，久而久之，就会严重影响建筑的寿命。因此，东北传统民居采用坡度较陡的坡屋顶：一方面可以使屋面积雪在重力的作用下更容易滑落，从而减少屋面积雪，降低屋面所承受的荷载；另一方面，当天气转暖屋面积雪融化时，可以使雪水迅速沿瓦沟排出，防止排水不畅使积水在晚上结冰，破坏屋面结构。在东北西部干旱地区，由于降水较少，屋顶很少会有积雪，因此坡屋顶在当地就失去了其使用价值，取而代之的是平顶或者略呈弧形的囤顶。无论坡屋顶还是平顶，都体现了东北劳动人民适应当地气候环境的环境意识。

4. 以"火炕"为主的采暖意识

在寒冷的东北地区，东北人民为了防寒取暖、保持室内温度舒适采取了一系列的采暖方式，如火炕、火墙、火池等，其中利用火炕采暖是东北传统民居中普遍采用的采暖方式，也是东北人民主要的室内采暖方式。东北地区的火炕形式可以分为"匚"字形、"一"字形和满铺式三种。其中"匚"字形是满族传统民居的火炕形式；"一"字形火炕是汉族传统民居典型的火炕形式，通常位于房间的南侧。前两种形式的火炕高度根据人的膝高为标准，采暖时从房间的中部加热房屋，热量传递不是很均匀。朝鲜族由于其生活方式的不同，火炕采用满铺式，并且高度相对较低，热量从人体下部传递出来，感觉更舒适，并且热量传递更为均匀。在寒冷的自然条件下，这种采暖方式形成了一种潜意识保留并流传下来，至今仍然是东北广大农村冬季取暖的主要方式。

5. 多层次采光纳阳意识

在严寒的冬季，东北地区传统民居除了采用火炕、火墙等主动的采暖方式外，利用太阳辐射来提高室内温度也是抵抗严寒的重要采暖方式，这体现了东北人民被动式采暖设计的潜意识。东北传统民居从建筑的选址布局、民居单体平面及方位、建筑开窗方位和尺寸等几个层次逐渐加强太阳辐射量。

首先，东北传统民居选址通常选在南低北高的向阳坡地上，并且与其他民居之间保持着充足的间距。将建筑选在向阳的坡地上，可以为建筑争取更多的日照。其次，东北传统民居建筑单体采用东西长轴的矩形平面，建筑呈南北向布置，与东西向相比，这种形式可以保证建筑最大限度地获取太阳辐射。再次，东北传统民居在南向墙面的开窗往往很大，而北向墙面基本不开窗或只开很小的窗。这样可以有更多的阳光从南向大窗射入室内，从而提高室内的温度，同时使北向的热量散失降到最低。通过多层次的采光纳阳措施，东北传统民居在最大程度上获得了太阳辐射，体现了东北人民在适应寒冷气候方面的经验和潜意识。

1.3.1.3 对自然资源的应对经验

东北地区物产丰富，建筑材料种类众多。东北传统民居的建造材料都是使用了当地的一些材料，如木材、泥土、草类以及石材。合理利用地方材料不仅具有经济上的优势（可以降低造价、节约运费）以及便于维修，而且采用天然材料可以减少对环境的破坏，并且对人体无害，使建筑能够在很大程度上反映出自然的特征，建筑融于自然，满足人们返璞归真的心理需求。

东北地区虽然资源丰富，盛产各种建筑材料，但是当地人在建造房屋时非常注重建筑材料的再利用,通常将拆除房屋的房梁以及木材、石材等材料归类,留待建造新建筑时继续使用,从而使材料的利用达到最大化,节约资源,降低建筑造价。

1.3.1.4　对传统礼制观念的应对经验

中国传统礼制观念已经深深地映射到东北人民的潜意识之中。东北传统民居是东北地区传统文化的重要组成部分,无论是其建筑布局还是室内空间都深刻反映出了"择中而居""以中为大""尊卑有序""内外有别""男女有别"等传统礼制等级、伦理纲常的观念。

东北传统院落空间遵循的是中轴对称的布局原则,院落方方正正。每个院落的正房都是位于中轴线上,并且位于院落的中央位置,这是中国人千百年来遵从的"择中而居""以中为大"的观念;东北传统院落内正房、厢房、后罩房等居住顺序以及室内空间的使用秩序都深深地体现出了东北传统的等级秩序和尊卑有序的观念;东北传统民居中对于男女生活空间的严格划分,以及在生活方式上讲求内外分离等体现了"内外有别""男女有别"的礼制观念。

1.3.2　东北传统民居建筑原型之型制

1. 中心性图式

在中国传统观念中,家是个人世界的中心,李允鉌在《华夏意匠——中国古典建筑设计原理分析》中指出,早在夏商时期,中国建筑的"中心"观就已经形成,在传统观念中"家"是个人活动的中心,如图1.27所示。在传统民居建筑中,这种"中心"即人们进行公共活动的场所,它可以是由周围实体建筑围合而成的中心空间——庭院;也可以是群体建筑中处于中心地位的建筑实体,如祠堂;还可以是建筑内部家庭成员活动所围绕的中心——火塘。但是这种中心观念也是有强弱之分的,当在建筑围合的中心设置具有向心性质、规整的几何形体时,该空间的向心性是比较强的,呈现较强的向心性图式,鄂伦春族、鄂温克族传统建筑室内布局即呈现较强的以火塘为中心的中心性图式。东北传统大院虽然平面布局呈现以院落为中心的围合式布局,但是其布局较为松散,院落构成要素对于院落空间的限定感较弱,院落空间的中心性也相对较弱。

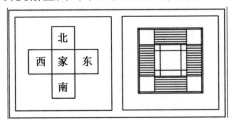

图 1.27　"家"的中心性图式

与欧洲建筑位于中心、四周开敞的向心性图式不同,中国传统建筑的向心性是外部封闭、内部开敞的,这种布局来源于传统民居作为"家"给予居住者的一种生活安居的遮蔽、保护和归属感。东北地区传统文化中"家"是以父系血缘关系为基础的,围合的院落空间有利于将家庭子女统一在父亲等长辈的亲和力之下,统一组织家庭生活,体现出很强的凝聚性。东北传统民居的向心性还体现在以中为尊的观念中,长辈住的正房位于中轴线上,晚辈住的厢房位于轴线的两侧,这也是伦理等级的一种体现。在室内空间上,这种中心性体现在以西屋为中心,而西屋中的西炕又是东北满族传统民居中心之中心。

2. 方向性图式

方向性是界定空间形态的一个基本表征。中国人对方向性的理解来源于对太阳的崇拜,从最早的东西方位图式,到逐渐与南北方位二方位叠加,才形成了东西南北的空间图式观念。在东北传统民居院落空间的组织上,其方向性体现在纵向院落和水平院落的延伸。在单进院中,东北传统民居的方向性主要体现在其纵向南北轴线的空间组织上,而东西向的方向性较弱;在多进院中,纵向南北轴线由宅门开始,经过外院、内院,最后终止于后正方或后院,形成南北向延伸的空间序列,在其南北中轴线上,其等级呈现由中心向两端的递减,而其私密性则呈现沿南北轴线逐渐增强的趋势,如图 1.28 所示;在多跨院中,住宅群落的东西方向性有所增强,但是与南北主轴线的方向性相比还是较弱,无论等级还是私密性都是由中间院落至两侧跨院逐渐减弱的趋势。

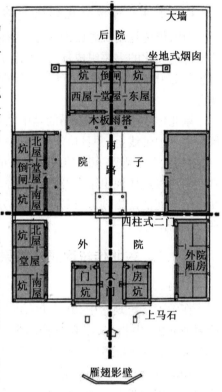

在民居内部,其方向性与东北各民族的伦理等级是相互关联的。在东北满族、鄂温克族以及赫哲族的室内布局中,西向为尊,其方向性由东向西逐渐增强;在鄂伦春族的室内布局中,北向是尊贵的方向,其方向性则呈现由南至北逐渐增强。

图 1.28 东北传统民居院落轴线分析

1.3.2.1 东北汉族传统民居的原型型制

1. 空间原型

(1)院落空间原型。

传统民居院落空间组成的平面类型主要反映的是院落构成要素的内在组织关系,东北汉族传统民居院落空间原型是中心性图式和方向性图式二者的组合,二者按照一定的规律进行组合,从而呈现出有规律可循的平面组合类型。东北地区传统民居院落空间原型主要分为空间基本原型及基本原型组合下所衍生出的多种转化形式,即衍生原型。

①基本原型。东北汉族传统民居院落空间基本原型是东北地区千百年来所积淀下的原初的、普遍的基本型制。东北汉族传统民居院落空间的基本原型是一进三合院式(图 1.29),三合院以正房为中心,其前两侧建东西厢房,正房正对面设大门,周边建院墙,整体布局较为松散。一进三合院是东北汉族传统民居院落空间的基本型制,可以将这个基本型制看作院落组群的一个基本构成单元,单元之间通过纵向和横向的排列可组成新的衍生形式。

②衍生原型。根据前文所述,建筑原型具有二重性,即原初性和衍生性。其中基本原

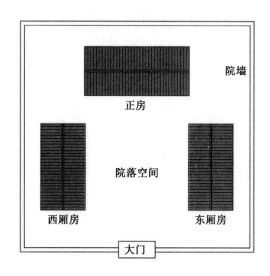

图 1.29 东北汉族一进三合院简图

型体现了建筑原型的原初性,而衍生原型则是建筑原型衍生性的体现。我们将一进三合院看作一个基本单元,这个基本单元沿南北纵向延伸串联成多进院落,如图 1.30 所示,随着院落规模扩大,沿东西横向延伸形成纵横双向复合式院落,表 1.2 显示了东北汉族传统民居院落空间基本原型及其衍生型制。

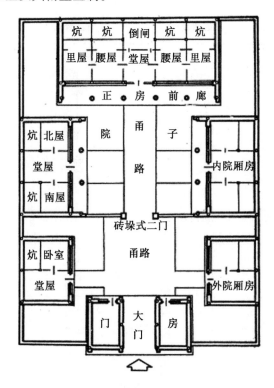

图 1.30 东北汉族二进四合院平面图

35

表 1.2　东北汉族传统民居院落空间基本原型及其衍生型制

类型	空间原型示意
基本型制	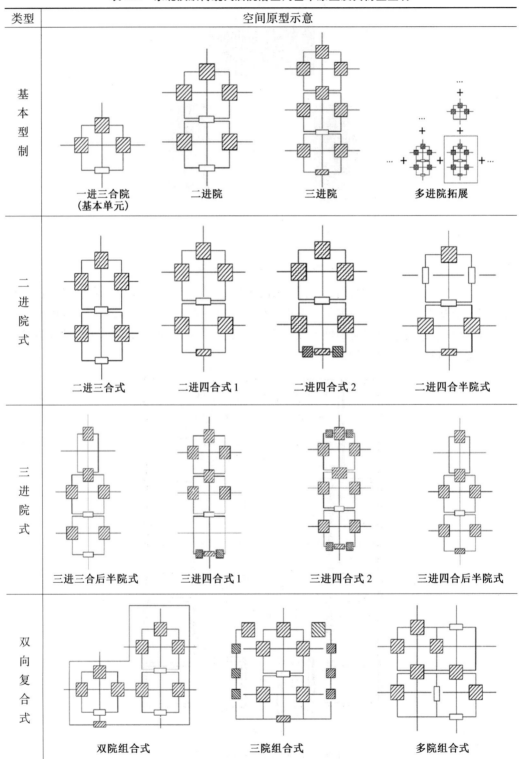

一进三合院
（基本单元）　二进院　三进院　多进院拓展

二进三合式　二进四合式 1　二进四合式 2　二进四合半院式

三进三合后半院式　三进四合式 1　三进四合式 2　三进四合后半院式

双院组合式　三院组合式　多院组合式

（2）内部空间原型。

①基本原型。东北汉族传统民居的室内空间布局大致延续了传统汉族住宅的基本形式,但在这独特的气候环境和人文环境下却又形成了具有自身特色的室内平面类型。东北汉族传统民居室内平面基本原型(图 1.31)为"一明两暗"式平面,这一基本形式来源于传统汉族民居的平面布局。"一明"是指中间的明间,也叫堂屋或外屋地,常作为厨房;"两暗"是指两侧的东、西屋,为寝室空间。

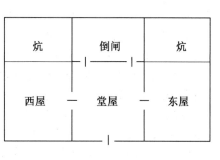

图 1.31　东北汉族传统民居室内
平面基本原型

②衍生原型。"一明两暗"作为东北汉族传统民居平面的基本原型,在长久的发展和演变过程中,衍生出了适合不同地区人们居住的平面形式。东北汉族传统民居在"一明两暗"的基本原型之下,发展出了平面间数更为复杂的多开间平面格局,以适应更为复杂的功能需求。由于开间数较多,东北汉族传统民居室内空间采用了独具特色的联系方式,主要有以下三种:方式一,除东西尽头房间外,中间其他房间都留出一个过道空间,作为交通走道,这样的联系方式除里屋的房间私密性较强外,其他房间私密性都比较弱;方式二,沿建筑南向设置独立的交通廊道,将各个独立的房间串联起来,从而保证各个房间的私密性;方式三,在方式一的基础上在里屋开设独立对外的房门,确保里屋和中屋的私密性要求。如图 1.32 所示。

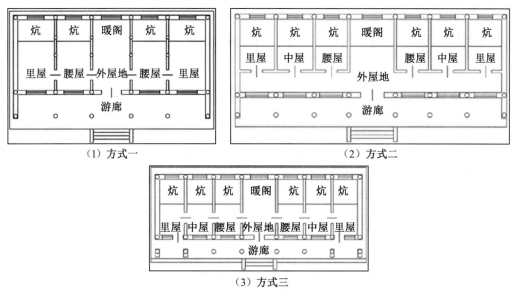

（1）方式一　　　　　　　　　　（2）方式二

（3）方式三

图 1.32　东北汉族传统民居内部空间衍生原型

2. 立面原型

东北地区自古流传的谚语"高高的,矮矮的,宽宽的,窄窄的""黄土打墙房不倒""窗户纸糊在外"等,形象地勾勒出了东北汉族传统民居立面的基本形态。

（1）基本原型。

东北汉族传统民居在东北这一大的地域气候环境下形成了不同于中原地区汉族传统民居的立面基本型制（图 1.33）。由于东北汉族传统民居平面基本原型为"一明两暗"式，这种平面形式反映在立面上就是"一门四窗"的立面型制，其中"一门"是指堂屋的房门，"四窗"指堂屋房门两侧的小窗和东西里屋的窗户；为防冬季积雪，保护建筑基础，建筑台基一般比较高；为使建筑在寒冷的冬季能够保温节能，并且能够更多地获取日照，建筑体量表现为低矮、厚重，南窗尽量宽大；为防止窗户纸被冬季风吹破或被窗棂上融化的雪水浸湿而破坏，将窗户纸糊在窗棂外。东北传统民居屋顶形式大都为硬山式坡屋顶，这样可以使屋顶的积雪较易滑落，减少屋顶的荷载。

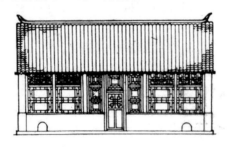

图 1.33　东北汉族传统民居立面基本型制

（2）衍生原型。

东北汉族传统民居在东北地区广大的地域范围内其立面形式呈现出多样的特征，在基本原型的基础上，又衍生出多种衍生型制。平原地区的东北汉族传统民居其立面形式是在基本原型的基础上进行横向的缩短或者延伸，形成双开间或多开间的立面形式。东北西部干旱地区的汉族传统民居其立面基本原型的变化主要表现为屋顶形式的变化，由于气候干旱，传统的双坡屋顶已经不适应当地的气候条件，取而代之的是平顶或略呈弧形拱起的囤顶样式。

3. 结构及材料原型

（1）木结构体系原型。

东北传统民居承重结构是以木结构为主的承重体系，与中原地区汉族传统民居木结构承重及体系不同的是，东北传统民居木结构的基本型制是檩枋式的梁柱结构体系，其中最常用的基本型制是五檩五枋式（图 1.34）。其他型制还有三檩三枋式、七檩七枋式以及九檩前后出廊式等（图 1.35）。

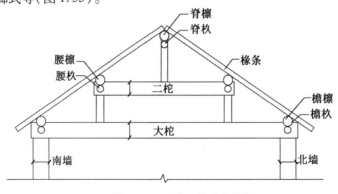

图 1.34　五檩五枋式木构架

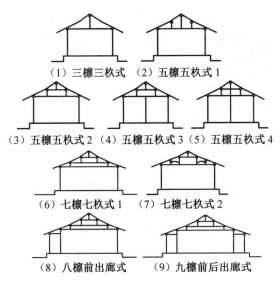

（1）三檩三杈式　　（2）五檩五杈式 1

（3）五檩五杈式 2　（4）五檩五杈式 3　（5）五檩五杈式 4

（6）七檩七杈式 1　　（7）七檩七杈式 2

（8）八檩前出廊式　　（9）九檩前后出廊式

图 1.35　檩杈式梁柱结构基体型制及其变形

东北传统民居除了檩杈式梁柱结构体系之外,还有由其演变而成的木构架变体承重体系和靠墙体承重的井干式木构架。木构架变体承重体系主要应用于东北碱土平原地区,其构造简图如图 1.36 所示。靠墙体承重的井干式木构架主要分布于大、小兴安岭等林区及周边、山谷平原地带。

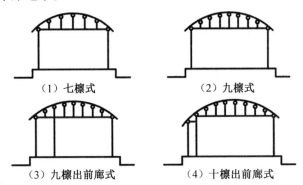

（1）七檩式　　　　　　　　（2）九檩式

（3）九檩出前廊式　　　　（4）十檩出前廊式

图 1.36　碱土平原地区平房构造简图

（2）天然建筑材料原型。

东北传统民居最初的材料来源为纯天然材料,其承重结构材料为当地生产的木材,墙体为以木柱材料为结构,以草、泥为坯的泥草墙原型（图 1.37）。屋顶用秫秸、柳条以及草类等铺成的草屋顶原型,包括室内的火炕也是用草、泥砌筑而成的土炕原型。建筑整体自然而朴素,充分体现了劳动人民的智慧及当地民风的淳朴、豪放。同时采用天然材料更体现了人与自然的一种和谐,以及原始的绿色节能的思想。

随着社会的进步以及新工艺的产生,传统的天然材料逐渐被性能更加耐用的人工材料所代替,砖瓦等材料逐渐应用到了传统民居中,从而产生了形象更加多变的建筑材料原型,它们是传统民居形式。

图1.37 传统泥草墙原型

4. 色彩原型

在建筑造型要素中,色彩是最敏感、最富表情的要素,色彩能够通过人的视觉感受作用于人的心理,是比较直观却又能造成深层影响的要素。东北汉族传统民居的色彩构成是封建礼制、气候以及采用的建筑材料等多种要素共同作用而形成的结果。东北汉族传统民居建筑采用的是天然材料,因此其建筑色彩原型呈现的是天然材料所呈现的暖灰色调:棕黄色的土墙、黑褐色或黄灰色的草屋顶、灰色的门窗,整体色调朴实而沉稳、大气而自然,这就是东北汉族传统民居所呈现给人的最初的色彩原型。

随着砖瓦、涂料等人工材料的引入,东北汉族传统民居的色彩构成也发生了一定的变化,给原本暖灰色的建筑带来了鲜艳的色调,青砖、灰瓦、红窗、白墙,其色彩也逐渐呈现多样化。

1.3.2.2 东北满族传统民居的原型型制

1. 空间原型

(1)院落空间原型。

东北满族人是以渔猎为生的民族,满族先民将民居建于山林之中,山腰之上,而随着之后满族向平原的迁入,以及后来汉文化的影响,逐渐形成了富有特色的满族传统民居院落空间。

①基本原型。东北满族传统民居院落受汉族居住文化的影响,其院落空间形态表现出了与汉族相似的特征,但由于文化的差异也体现出了与众不同的特征。东北满族传统民居院落同样遵循中轴对称、南北布局的方式,其基本型制依然是"一进三合院"式(图1.38),与汉族院落不同的是,满族院落布局更为松散,院墙低矮,院内中间偏东南立9尺至1丈(1丈=3.3333 m)的、碗口粗的索罗杆。其院落以实用为主,大门通透,有利于马车直接进入。

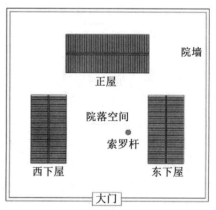

图1.38 东北满族传统民居院落空间原型——一进三合院

②衍生原型。东北满族传统民居院落型制的变化主要体现在沿南北轴线方向的延伸,即纵向院落的序列发展成二进院或多进院。在二进院中,起初一般在内、外院之间会设影壁,但由于满族人的实用意识,影壁渐渐被省略。在大型满族传统民居院落中,其院落为多个独立纵向院落的组合,各个院落平行组合,无横向的联系,如盛京城阙院落之间联系(图 1.39),这与满族先民在山地上建房,院落随山脊走向而形成的纵向延伸院落格局有关。

(2)内部空间原型。

①基本原型。东北满族传统民居单体建筑基本空间型制也为三开间式,即中间的外屋与东西两侧的里屋形成的"一明两暗"式布局,如图

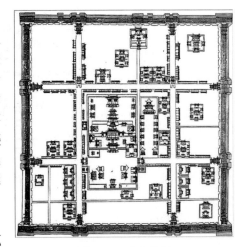

图 1.39　盛京城阙
院落之间联系图

1.40 所示,满族传统民居室内布局较为灵活,有的房间呈对称形,户门位于建筑正中;有的西屋比东屋大,房门不是位于建筑的正中,而是位于偏东的位置,称为借间。满族传统民居室内空间的主要特色就是口袋房和万字炕,这也是东北满族传统民居室内空间的基本型制,也是其区别于其他民族传统民居的主要特征。

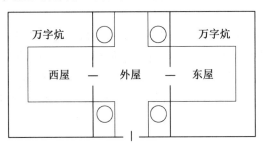

图 1.40　东北满族传统民居内部空间基本原型

②衍生原型。满族传统民居平面形式在基本原型的基础上变化较少,主要形式有三开间尽端式和五开间式,三开间尽端式布局形式是一个外屋加两间里屋的组合形式,如图 1.41 所示,主要为经济条件较贫困的人家使用;五开间式是在建筑的两端加两个房间,相当于将里屋拉长而形成的组合形式。由于满族传统民居中火炕为万字炕,所以其开间数不能太多,这也限制了其平面形式的变化。

2.立面原型

(1)基本原型。

东北满族传统民居平面基本型制反映在立面上也表现为"一门四窗"的型制。满族传统民居的立面分为三段:台基、墙身以及屋面。墙身与屋面的比例大致相当,建筑整体显得敦实厚重。满族传统民居的屋顶形式绝大多数都采用硬山式。建筑不讲求装饰性,整体风格简朴。满族传统民居立面形式不同于其他民族传统民居的主要部位是烟囱,东北满族传统民居的烟囱不是立于建筑的屋顶,而是位于建筑的两侧,从而形成别具特色的立面原型(图 1.42)。

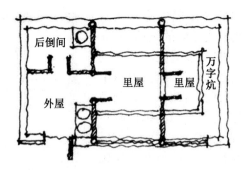

图 1.41 满族传统民居三开间尽端式布局形式

图 1.42 满族传统民居立面原型

（2）衍生原型。

东北满族传统民居立面原型变化主要是房屋间数的变化带来的立面形式的变化和立面材料的变化带来的立面风格的变化。随着平面形式的变化,满族传统民居立面窗户的数量以及门的位置都发生着变化:三开间尽端式,房门位于建筑的一侧;五开间在三开间的基础上两侧加两扇窗户。满族传统民居屋顶分为草屋顶和瓦顶;墙身分为土墙、灰砖墙以及石墙,不同的材料组合形成了不同风格类型的满族传统民居。

3. 结构及材料原型

满族传统民居建筑的基本承重结构为檩枋式的梁柱结构体系,其中在满族传统民居中最为常见的是五檩五枋式,如新宾肇宅(图 1.43),其他较为常见的还有七檩七枋式和九檩九枋式。

图 1.43 新宾肇宅正房剖面图(五檩五枋式)

东北满族传统民居的建筑材料最初为草、木、土、石等天然材料。草屋顶、土坯墙和土烟囱、木构架及木门窗、石台基形成了最初的传统民居建筑材料原型,随着时代的进步,满族传统民居中大量应用了人工材料,砖、瓦等用于建筑之中,使得建筑更为坚实耐久。

4. 色彩原型

与东北汉族传统民居相似,用天然材料建造的东北满族传统民居建筑的色彩也呈现暖灰色彩原型,风格简朴。用青砖、灰瓦等材料建成的民居呈现暗灰色色彩原型,在门窗部分用一些色彩鲜亮的红色点缀,从而使建筑显得朴素优雅。

1.3.2.3 东北朝鲜族传统民居的原型型制

1. 空间原型

(1)外部空间原型。

东北朝鲜族传统民居延续了朝鲜族从朝鲜半岛迁入时的民居固有形式,房屋以单体为主,建筑以南北向布置,呈行列式沿道路布置。朝鲜族传统民居外部空间原型是院落大体为正方形,内部分为院落入口、宅前用地、宅后用地三个部分,建筑位于院落中央偏后的位置,大门位于南向或东向,一般不位于正中央,这是为了充分利用宅前的空地。朝鲜族传统民居院落基本原型如图 1.44 所示。

(2)内部空间原型。

东北朝鲜族传统民居在一个多世纪的发展演变过程中其平面型制基本保留了固有的型制,由于东北各个地区的朝鲜族来自朝鲜半岛的不同地区,因此其传统民居平面形式有着不同的特点,具体分为两种基本的原型:"田"字形统间型平面(图 1.45)和"一"字形分间型平面。"田"字形统间型平面又称咸镜道型,其平面在传统开间基础上将房间通过推拉门进行了分隔,使空间更为灵活,平时推拉门敞开,室内空间通透;"一"字形分间型又称平安道型,相对于咸镜道型,这种布局方式使室内空间有了明确的分化,房间中间有墙体或隔断,形成各自独立的空间。

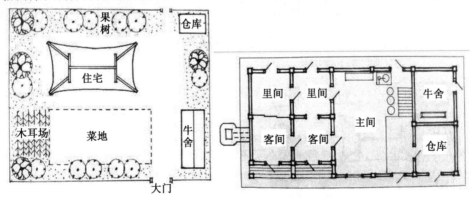

图 1.44　朝鲜族传统民居院落基本原型　　　图 1.45　朝鲜族"田"字形统间型平面图

2. 立面原型

(1)基本原型。

东北朝鲜族传统民居其立面形式与东北地区其他传统民居有着明显的不同。传统的朝鲜族民居屋面坡度平缓伸展,与汉族歇山顶相似;屋身平矮,门窗比例窄长,使平矮的屋身又呈高起之势。建筑外墙刷白灰,洁白的墙面与灰瓦屋面相称,颇显雅致。廊是朝鲜族传统民居立面的重要组成部分,凹廊使建筑立面阴影变化丰富,建筑立体感更强。东北朝鲜族传统民居烟囱细高,位于民居一侧,独立放置。这些特征综合起来形成了东北朝鲜族传统民居典型的立面基本原型(图1.46)。

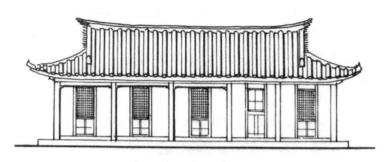

图1.46 东北朝鲜族传统民居立面基本原型

(2)衍生原型。

根据屋面形式的不同,东北朝鲜族传统民居有四坡庑殿顶式、前后双坡式以及现代阁式瓦顶等几种衍生原型(图1.47)。其中四坡庑殿顶形似倒舟,与白色的墙面搭配更显朴素简洁;前后双坡式为朝鲜族迁入东北后受满族、汉族传统民居形态的影响而采用的屋顶形态;现代阁式瓦顶为20世纪90年代后,朝鲜族人采用现代彩钢板材料模仿传统屋面形式而做的屋面。

（1）四坡庑殿顶式　　　　（2）前后双坡式　　　　（3）现代阁式瓦顶

图1.47 不同屋顶形态的朝鲜族传统民居

朝鲜族传统民居的立面形式根据凹廊形式的不同可以分为全凹廊式、半凹廊式以及平立面式三种。

3.结构及材料原型

东北朝鲜族传统民居同样是木构架承重的梁柱结构体系,其木构架结构原型是一种弹性的结构体系,梁、柱以及屋架之间均采用榫卯连接,有很强的应变能力,如图1.48所示。屋架和梁柱纵横相连,连同基础共同构成了朝鲜族传统民居的木构架体系。朝鲜族传统民居墙体很轻且不承重,所以其基础埋深深度基本为零,墙下没有基础只在柱子下设柱础。朝鲜族传统民居屋架中瓜柱、檩木

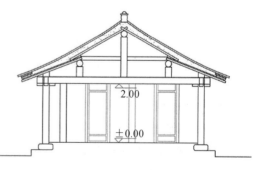

图1.48 朝鲜族传统民居木构架梁柱结构体系原型

和椽条等构件组合在一起形成平缓的屋面。这种看似简单的木构架在抗震方面有着良好的表现。

朝鲜族传统民居其建筑材料原型最初采用的也是天然的材料,建筑整体以土、木材料为主,屋顶为稻草铺设而成,墙面为夯土筑成,门窗及屋架为天然的原木加工而成,建筑整体体现着朴素的天然美。随着人工材料砖、瓦等的使用,建筑材料原型更显多样,外观也比原先的草顶土房显得更为优雅舒展。

4. 色彩原型

朝鲜族有崇尚白色的审美观念,这一观念在其传统民居色彩原型中也充分体现了出来。朝鲜族传统民居无论传统茅草房还是砖木瓦房,其墙面都刷成白色。茅草房的苫顶覆以黄色稻草,加上门窗的原木色,黄白交错给人以亲近、温馨的美感;砖木瓦房以灰瓦或青灰色陶瓦为顶,与白墙形成上下鲜明的对比,建筑整体朴素中带着典雅的色彩原型,与中国江南水乡黑瓦白墙有异曲同工之妙。

1.3.2.4　东北其他民族传统民居的原型型制

生活在我国东北地区的长白山一带和黑龙江、乌苏里江流域的赫哲族以及聚居在大、小兴安岭山区一带的鄂伦春族、鄂温克族属于我国人数较少的民族,三个民族在文化传统以及生活方式上有着许多相似之处,其传统民居建筑在许多方面也存在着相同的特征,有着相同的建筑原型。

1. 空间形态原型

(1)外部空间原型。

首先,三个民族传统民居建筑在排布方式上有着统一的外部空间原型,建筑都是呈"一"字形排列,不允许围成圆圈或其他形式,据说这体现了氏族社会中各个成员地位平等的社会精神形态。其次,室外空间一般都由两个层次组成:第一个层次是由围绕在建筑外侧的一圈木栅栏所限定的院落空间,是防卫以及日常活动的空间;第二个层次是木栅栏之外的自然空间,这部分空间没有任何人工限制,是人们自由活动以及进行生产活动的空间。

(2)内部空间原型。

鄂温克族、鄂伦春族、赫哲族的传统民居建筑的内部空间也具有相同的原型。鄂温克族和鄂伦春族的"斜仁柱",赫哲族的"撮罗安口",虽然它们的内部空间平面形态有所区别,但是却有着共同的基本特征,即具有相同的空间图式:向心性图式和方向性图式。"斜仁柱"和"撮罗安口"的平面形状以及建筑中心设置的火塘都强化了内部空间的向心性。三个民族的建筑入口都有着固定的朝向,使建筑空间本身具有了固定的方向。鄂温克族建筑入口设在东面,建筑坐西朝东,内部空间以西为尊,如图 1.49 所示;鄂伦春族建筑入口设在南向,建筑坐北朝南,内部空间以北为尊,如图 1.50 所示;赫哲族与鄂温克族相同,建筑朝向东方,内部以西为尊。

三个民族随着历史的发展和生活方式的进步,逐渐由移动式的生活方式转向定居式的生活方式,其民居建筑平面也由最初原始的圆形形式转变成适合定居的方形形式,但是其内部空间依然遵循着原初的空间图式。

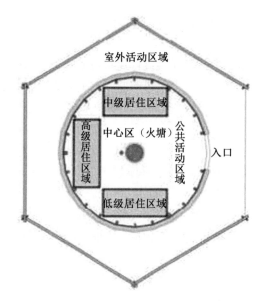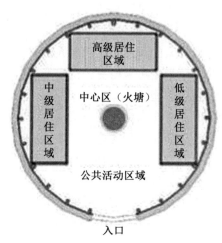

图 1.49　鄂温克族传统民居内部　　　　图 1.50　鄂伦春族传统民居内部
　　　　　　空间形态　　　　　　　　　　　　　　　空间形态

2. 立面原型

鄂温克族、鄂伦春族的"斜仁柱",赫哲族的"撮罗安口"在建筑形态上呈现为简单的圆锥形,建筑单体立于茂林之中,在蓝天白云之下,呈现的是一种原始、天然、朴素的建筑形象。

这种圆锥形建筑在立面上抽象出来即为纯几何的等腰三角形,如图 1.51 所示,这个简单的几何形象作为三个民族各类建筑的抽象原型而广泛应用。赫哲族的"昆布如安口"形如水平放置的三棱柱,其基本形也是等腰三角形;鄂温克族的"格拉巴",鄂伦春族的"奥伦""木克楞""乌顿柱"等建筑的基本几何形体也都是等腰三角形与长方形的组合。

3. 结构及材料原型

鄂温克族、鄂伦春族和赫哲族其居住建筑都是随着居住地的改变而不断变换位置的,因此其建筑结构要满足移动生活方式的需要,要便于拆装,循环利用。"斜仁柱"和"撮罗安口"结构原型为简易的木构架框架结构,将数根木杆插入土地中,使结构底部与地面的基础衔接,再将这些木杆的顶部绑扎连接,使相对的木杆与地面形成稳定的三角形结构,保证结构的稳定性,如图 1.52 所示。

"斜仁柱"和"撮罗安口"是采用天然材料组装而成,构架结构为天然的木材,表皮一般为桦树皮、苫草或者动物皮毛,这种结构和材料原型很好地适应了他们频繁搬迁的生活特点。

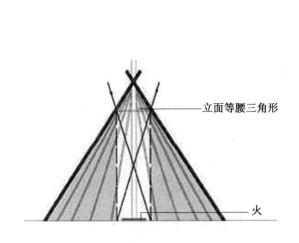

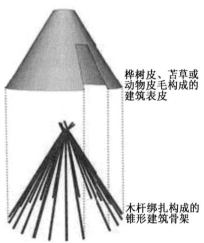

图 1.51　三个民族传统建筑　　　　图 1.52　稳定的三角形结构原型
立面基本原型

桦树皮、苫草或动物皮毛构成的建筑表皮

木杆绑扎构成的锥形建筑骨架

立面等腰三角形

火

4. 色彩原型

鄂温克族、鄂伦春族、赫哲族的传统民居建筑主要使用由自然环境中得到的材料建造,所以建筑所呈现的色彩都源自建筑材料本身的颜色。鄂温克族用于建筑外表的构筑材料主要是桦树皮、驯鹿皮和落叶松树干;鄂伦春族建筑主要用的是白桦树皮、狍皮、木杆;赫哲族建筑主要用的是苫草、木杆。这些材料体现的色彩原型是材料本身呈现的暖灰色或者褐色,色彩由浅至深。

1.3.3　东北传统民居建筑原型的地域性表现

东北地区地域辽阔、地貌复杂、气候寒冷,在这广阔的地域上生活着许多民族,这些民族在不同的地域繁衍生息,创造了自己的文化,同时也建造了符合自身生活方式的民居。这些民居有着相同的原初型制,却又在不同的地域、文化环境影响下衍生出了新的、符合当地特征的型制。根据东北传统民居构筑形态的差别可以将东北地区传统民居的分布分成以下几个区域:西部干旱地区、中部平原地区、东部和北部林区及滨水地区。

1.3.3.1　西部干旱地区

东北地区西部与内蒙古自治区相邻,气候干燥少雨,植被以草原为主。这里生活的人中大部分为汉族人,少部分为鄂温克族人,为适应干旱的气候条件,其传统民居形式也发生了演变,产生了适合当地干旱气候的新的民居特征。

1. 汉族碱土平房

碱土平房是这一地区典型的传统民居形式。这里分布着大片的碱土地带,绵延达千余里。碱土为青黄色,比较细腻没有黏性,是一种可用的建筑材料,于是当地人便利用这广泛分布的材料来建造房屋,无论墙面还是屋顶都用碱土抹面,这些房子遂成为"碱土平房"。

辽宁省兴城古城即明代宁远城,是我国目前保存最好的四座明代古城之一。古城内保存着许多传统民居,其中周家住宅就是最具代表性的一个。

周家住宅始建于民国初年（约1920年），为典型的辽西民居。建筑特色如下：①总体布局基本上由前院、内院和后院组成（图1.53），主体为内院，由朝南正房、东西厢房和二门组成，其院落空间型式为三进四合后半院式的变形。②正房为五开间，东西厢房为三开间，厢房平面为典型的"一明两暗"式，正房为"一明两暗"原型的变化形式，在次间两侧再加稍间，并且正面出廊。③立面形式上与东北汉族传统民居基本原型有了较大的变化，整体形象依然矮扁，但其屋顶型式为弧面碱土平顶，门窗不仅仅局限于"一门四窗"，还在南面开满窗，以争取更多日照。前出廊使建筑立面层次分明，产生强烈的光影变化，如图1.54所示。④其房屋构造为木构架变体承重。建筑材料为天然材料和人工材料共用，如墙体为灰砖，门窗为木材，房苫上铺海皮草防腐，屋面上为土草泥且上压白干土防水。⑤建筑整体为灰色调，墙体为灰砖，门窗为褐色，前廊檐柱为黑色，如图1.55所示。

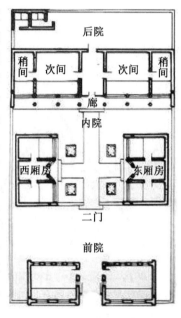

图1.53　周家住宅院落平面图

图1.54　周家住宅正房立面　　　　图1.55　周家住宅内院入口

2. 鄂温克族传统民居

"鄂温克"是传统的民族自称，它的意思是"住在大山林中的人们""住在山南坡的人们"或"下山的人们"。生活在西部干旱地区的鄂温克族人从事部分牧业兼行狩猎，驯养驯鹿和狩猎是他们生产生活的核心内容，驯养驯鹿也是这支民族与我国其他游牧民族的最大区别。驯鹿是鄂温克族人衣、食、住、行的基础，包括鄂温克族冬季居住的"斜仁柱"也是由驯鹿的皮毛围盖在木杆上搭建的。

鄂温克游牧式的生活方式决定了他们的住所不是固定的，而是动态的、临时性的。"斜仁柱"是鄂温克族人可移动的住所，一般一个家庭住一个"斜仁柱"，每个聚落由3～10个"斜仁柱"组成。图1.56显示了鄂温克族传统民居室外及室内形态。其建筑特点如下：①外部空间形态由两个层次组成，第一个层次由围绕其外侧的一圈木栅栏限定其院落空间,边界多呈五边形或六边形;第二个层次是栅栏之外的空间,为公共活动空间,空间原型为"向心性"空间图式。②内部空间以"斜仁柱"平面形式为原型,中心为火塘,北、西、南三侧设置铺位,东侧为入口,内部空间为"向心性"平面布局。③"斜仁柱"立面形式为等腰三角形,立体形态为圆锥形。④承重结构为木杆围合而成,表面覆盖动物皮毛或树皮。⑤整体色调为暖灰色或者褐色。

图 1.56　鄂温克族传统民居室外及室内形态

1.3.3.2　中部平原地区

1. 中部汉族传统民居

汉族传统民居分布于东北广大的地域上,不同地域呈现不同的特征。东北中部平原地区的汉族传统民居在一定程度上继承了中原地区汉族传统民居的一些特征,同时又受当地气候以及文化的影响,呈现出别样的特色。

吉林省公主岭市郭宅是典型的东北中部平原地区汉族传统民居组合院落,距今已有 200 余年的历史。建筑特点如下:①总体布局上是由三个典型的传统三合院玉成堂、玉满堂和玉真堂组成的复合式院落,如图 1.57 所示,每个合院都为二进三合院,其中以玉成堂规模最大,并建有两配房,三个合院通过纵向和横向两个方向进行联系,气势恢宏。②正房平面呈五开间,为"一明两暗加两稍"的格局,厢房为"一明两暗"三开间平面布局方式,平面布置主次分明。③立面上正房沿中轴对称,中间堂屋为"一门两窗",两侧次间、稍间各开一窗。屋顶形式为硬山坡屋顶,底部有三步台阶。受当地满族传统民居影响,烟囱为跨海烟囱,立于正房两侧。如图 1.58 所示。④屋架采用五檩五枕式木构架结构,举架高,山墙部

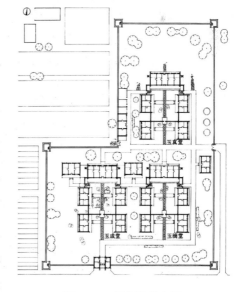

图 1.57　郭宅院落布局

分沿窗台高度墙体内砌有巨型石条板,相当于现在建筑中的圈梁,大大增加了建筑的坚固性。墙体采用"内生外熟"砌筑方法,墙外侧用青砖,内侧用土坯,既经济又保温。⑤院落

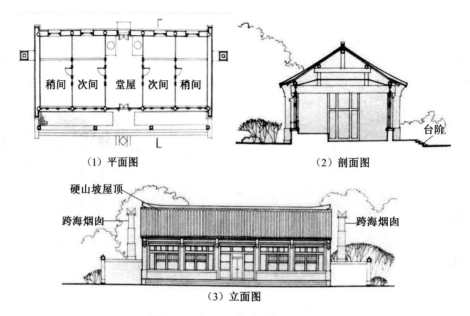

（1）平面图　　　　　　　　　　　（2）剖面图

（3）立面图

图1.58　郭宅正房平、剖、立面图

整体色彩质朴,所有建筑均采用青砖青瓦,没有彩画、木刻等装饰。

2.满族传统民居

满族传统民居是东北中部平原地区分布广泛的民居形
式,其民居形式在基本原型的基础上融入了自身的民族特
色。吉林省乌拉街满族镇是古老的满族发祥地,后府建于
1894年,是城镇内典型的满族传统民居院落。建筑特点如
下:①整体布局为二进四合院式,院落按南北轴线展开,布
局严谨,正房居中,厢房对称布置于两侧,内外院通过内门
分隔,外院开敞,内院较封闭,如图1.59所示。②单体建筑
内部空间布局上,正房开间进深都较厢房大。正房为五开
间,分为外屋和东、西里屋,西间根据满族以西为大的观念
采用扩间手法加宽,东、西厢房为下屋,各3开间。③立面
形式上,正房分为三部分:屋面、屋身、台基,其中屋面和屋
身比例接近1:1。屋顶为硬山式,圆山式山尖,前后各有

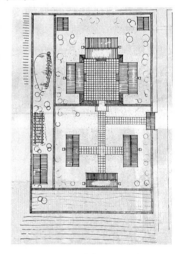

图1.59　后府院落布局

腿子墙伸出。屋身外屋双开门,两侧小窗,次间开满窗,稍间开半间竖向小窗。台基在外
屋间设三步台阶。正房两侧设跨海烟囱。④正房构架采用六檩六枕带前廊式,木构架为
承重结构,青砖外墙为围护结构,前廊大柱采用接柱式。如图1.60所示。⑤建筑色彩为
青灰色、白色、赭石色相互搭配,整体古朴、典雅、协调。

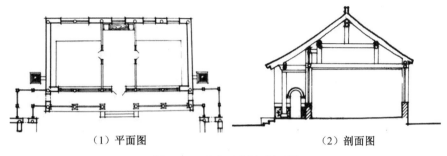

（1）平面图　　　　　　　　　　　　（2）剖面图

图 1.60　后府正房平、剖面图

1.3.3.3　东部和北部林区

1. 鄂伦春族传统民居

鄂伦春族生活在黑龙江流域以及大、小兴安岭地区，以狩猎为主要生产生活方式。鄂伦春族的传统民居建筑是"斜仁柱"（图 1.61），其构造与鄂温克族传统民居基本相同。不同的是室内布局，鄂温克族室内为东西向布局，东向开门，西向为尊贵的区域；而鄂伦春族室内为南北向布局，南向开门，北向为尊贵的区域。

图 1.61　鄂伦春族"斜仁柱"

2. 朝鲜族传统民居

东北朝鲜族传统民居是东北地区比较有特色的民居形式，其民居形式带有浓郁的异域风情，但是也融入了东北传统的建筑文化。吉林省珲春某宅是一座典型的朝鲜族传统民居，建于 1925 年。院落呈正方形，宅前有较大的空间，宅后建有仓库，院门位于院落前面居中处，院子西南角建有猪舍，建筑西南有一石磨，院子四周用木板围合。如图 1.62 所示，建筑平面为咸镜道式，主间平面分间呈"田"字形，平面在主间处凹廊，为半凹廊式。建筑立面矮扁，屋面轻巧舒展，为歇山式瓦屋面。完全没有满族以及汉族传统民居那样的厚重感。立面外观上呈五开间，开窄长的密棂门窗，建筑左侧立细高的烟囱。建筑整体为梁柱承重体系，木构件之间通过榫卯连接，在色彩搭配上以白色和灰色为主，对比鲜明。

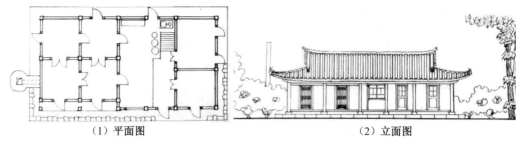

（1）平面图　　　　　　　　　　　　　（2）立面图

图 1.62　吉林省珲春某宅平、立面图

3. 井干式传统民居

井干式传统民居是东北地区山区、林区居民常用的民居形式,由于当地树林茂密,木材成为主要的建筑材料,居民用圆木垛木楞做墙,木墙在拐角处十字相交形如"井"字,故称为井干式。以黑龙江省尚志市张宅为例,张宅位于尚志市东部林区,院落呈梯形,院里布置一座三间正房和一座两间仓房,宅后设置厕所,宅前形成小院,院门开在东南角,如图1.63所示。正房平面为"一明两暗"三开间式,中间进门为外屋地,兼做厨房,东西两间为居室,设南炕取暖。井干式,圆木垛木楞做墙,然后在内外涂以墙泥;屋架为两根木杆在屋尖部交叉连接,称为叉手,下端固定在墙上,三间房共10行叉手。屋面上为叉手上钉托草杆,上面铺羊草,其上再用杆子将草压住,屋内天棚用小圆木铺成,抹泥15 cm厚,使之结实并保暖。立面上由于结构所限,开窗较小,整体略显封闭,在"一门两窗"原型上略做改变,烟囱位于建筑屋顶。井干式传统民居构造简单而坚固,就地取材,省工廉价,具有东北严寒建筑的特征。

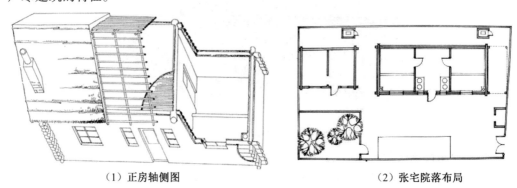

（1）正房轴侧图　　　　　　　　　　　　（2）张宅院落布局

图 1.63　黑龙江省尚志市张宅示意图

1.3.3.4　滨水地区

1. 赫哲族传统民居

赫哲族主要分布于我国黑龙江、乌苏里江和松花江沿岸,是我国人口最少的民族之一,其生产生活方式以渔猎为主。赫哲族传统民居建筑以"安口"为主,依形状分为:撮罗安口、昆布安口、乌让科安口三类。图1.64所示为赫哲族撮罗安口和乌让科安口。

赫哲族聚落的外部空间由聚落内建筑的类型决定。固定式聚落外部空间分为两层:第一层是用树桩或较粗的树枝围绕居住建筑所限定的院落,第二层是院落之外的空间。游动式聚落外部空间较简单,居住建筑之外就是外部自然环境,常建于江河沿岸,以满足生产生活需求。

（1）撮罗安口　　　　　　　　　（2）乌让科安口

图 1.64　赫哲族撮罗安口、乌让科安口

2. 南部沿海传统民居

　　东北地区南部沿海主要是指辽宁省南部沿海地区,大连位于辽东半岛南端,这里的沿海居民生活方式多以农渔为主,居民主要为汉族。大连獐子岛朱宅原为朱姓富裕渔民所建,是岛上仅存的一处民居。其空间布局(图 1.65)上以正房和西厢房围合成院落,院子入口在东南位置,正对正房南窗。平面上正房为五开间形式,西厢房为"一明两暗"三开间形式。立面形式上分为三个层次:坡屋顶、墙体、石勒脚,烟囱立在屋顶之上,如图 1.66 所示。朱宅是木构架承重结构,不承重的窗间墙填充碎石,外抹灰浆。外观清雅朴素,令人感到亲切宜人。

图 1.65　朱宅空间布局

（1）西厢房立面　　　　　　　　　　　（2）正房立面

图 1.66　朱宅外立面图

第2章 东北满族传统民居文化涵化研究

2.1 东北满族传统民居所蕴含的文化涵化现象

在由于文化接触而引发的涵化过程中,发生涵化变化的程度由这样几个因素来决定,即文化的保持界限机制、文化内部结构的灵活性和文化自我完善机制。文化的保持界限机制在一些封闭的社会执行很严格。文化内部结构的灵活性,指文化系统内各种社会组织在功能上的相互联系,以及各种关系的灵活或严格的程度如何。文化自我完善机制,是指一个社会总是包括冲突的力量和凝聚力量。它的平衡力有助于社会的自我完善。一般说来,具有较多的保持界限机制、严格的内部结构和自我改善机制的文化系统,在涵化中变化最小;而那些很少保持界限机制、内部结构灵活性,缺乏有效的自我完善机制的文化系统,在涵化中最易变化。

满族作为明朝后期一个迅速崛起的民族,在实现对中原地区的统一之前,其社会形态还停留在原始社会向奴隶社会转变的阶段。与中原汉族相比,其自身文化发展相对滞后。由于社会经济文化类型的制约,满族的渔猎采集文化缺乏有效的自我改善机制,无法通过社会内部的自我完善实现与中原文化的对接。但是,善于学习和吸收其他民族优点和长处的满族,其文化内部所蕴含的开放性和兼具包容的灵活性,促使其突破了自身文化的界限向汉族以及周边其他民族学习先进的文化,因此我们所说的满族文化、满族传统民居都是满族在与其他民族尤其是汉族,经历了一系列的文化接触后的,即与其他文化涵化生成的产物。在中原汉族传统民居基础上,满族根据地方自然气候的要求、生活习惯和审美情趣的不同对本民族原有的传统民居形态进行了相应的改造,从而形成了满族人自己的民居建筑。这种与汉族传统民居类似的民居建筑形态,可以看作中原建筑文化的一个分支。总的来说,它在与汉族传统民居建筑相似的前提下,更多地强调了粗犷、刚劲、质朴的建筑风格,并借助院落型制、构筑形态、室内布局等三方面内容把这种文化涵化现象以实质的空间形态表达出来。

2.1.1 满汉交融的传统民居院落型制

2.1.1.1 满族传统民居早期的院落型制

满族以院落为聚居形态的单元,起源于其民族的勃兴时期。早在努尔哈赤时代,朝鲜南部主簿申忠一到中国东北探查,就在他根据沿途见闻所撰写的图文资料《建州纪程图记》中记载了当时的后金政权首府赫图阿拉城中的院落布局型制,并绘制了努尔哈赤和他的胞弟舒尔哈奇在城中的住所图(图2.1)。从中我们可以看到满族早期的院落型制缺乏整体的规划和设计意识,尚处于自然生成和发展的阶段。

整个院落的布局没什么章法,十分随意。既没有依托轴线组织,也没有向心的整体形

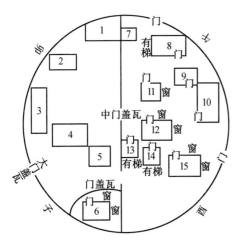

水村内努西家图
1.柱缘画彩，其左右壁，画人物，三间盖瓦，三间皆通，虚无门户。
2.行廊，三间盖草。
3.行廊，八间盖草。
4.（门、窗）客厅五梁盖瓦
　　（1）每日早烹鹅
　　（2）酉祭天于此厅，心焚香设行
5.（四面皆户）鼓楼盖瓦丹青，筑壁为台，高可二十余尺，上设一层楼（一努酉出城外，入时吹打必于此楼上，出行至城门而止，入时至城门而吹打）
6.三间盖瓦，筑壁围墙，高可四五尺，涂以石灰，盖之以瓦
7.单间
8.楼，三间盖瓦
9.二间盖瓦
10.四间盖瓦
11.二间丹青盖瓦
12.努酉长居于此，五间盖瓦丹青，外四面以壁筑
13.新造盖瓦（筑壁为台，高可八尺许，上设一层楼）
14.盖瓦丹青（筑壁为台，高可十余尺，上设二层楼）
15.四间盖瓦

（1）努尔哈赤宅院

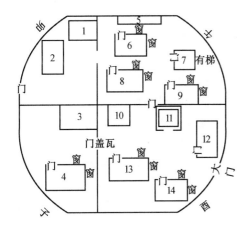

外村内小酉家图
1.二间盖草
2.二间盖草
3.三间皆虚通，盖瓦丹青
4.四间盖瓦
5.马厩八间，不有一匹
6.二间盖草，丹青，小酉长居于此
7.楼，盖草
8.三间盖瓦丹青
9.三间盖瓦
10.三层楼，盖瓦丹青，四面皆户（内有梯高二十八尺）
11.四面皆通，中设草廉，凡盖瓦楼缘，画彩（檐外缭以木栅，高可二尺许）
12.四间盖瓦
13.四间盖瓦
14.三间盖草

（2）舒尔哈齐宅院

图 2.1　努尔哈赤和其胞弟舒尔哈齐在赫图阿拉城的宅院平面示意图

态，外围以木质栅栏环状相连。单体建筑以较为散乱的方式布置在院内道路的两侧，往往照顾了某一方面的要求，而忽略了整体效果。

　　院内道路方向性单一、宽窄一致，无等级秩序而且与单体建筑之间的联系不大，纵深的延展性较弱。此外，院落入口虽根据对外的流线方向而定，但它与院落内部功能相关的考虑方面还欠周详。例如，功能序列的组织不够系统化，全局意识并不明显；空间的展开欠缺层次感，纵向无套院关系、横向无跨院关系；整体形态以环形为主，构图效果不佳。

　　满族传统民居早期的院落之所以形成这样的面貌，是由于当时满族对于院落型制并没有形成某种定式，而且这也是满族在山林中颠沛流离的游猎生活的集中体现，更是满族早期氏族聚落社会形态及防御自然未知危险心理的真实写照。在后来满族传统民居的演化过程中，特别是随着满族的居住地由山地向平原迁移的转变，满族与汉族之间有了持续

的文化接触,在借助文化涵化的渠道吸收了汉族有关院落聚居的习俗与文化后,满族传统民居的院落型制才逐渐走向完善与成熟。

2.1.1.2 汉文化对满族传统民居院落型制的冲击

东北满族传统民居院落型制不是一个完整的、独立的发展体系。它的发展演变过程,不断地受到汉文化的冲击。因此,对东北满族传统民居院落的成因并不应只是局限地从地理条件、气候因素、建筑材料等方面进行分析研究,也应从民俗传统转变对民族心理产生影响的角度对传统民居院落型制进行研究,这样就会避免对满族传统民居院落的理解不完整。

从中国文化的发展来看,作为中国文化主流的汉文化,主要分布于从黄河流域至长江流域的广袤的中原地区。其前期的文明中心是位于北方黄河冲击地带的关中平原和南方长江中下游地区的长三角地带。后期,随着元明清三朝于北京建都,北京渐渐成为北方汉文化的中心和集大成者。北方文化重心自西向东的迁移不仅对华北和山东等地文化的发展起到了积极的作用,更对东北地区文化的进步有着不可估量的影响。东北地区长期处于聚居在这里的民族的掌控之下,是受中原主流文化冲击较晚的区域。文化重心的转移令东北地区的民族尤其是满族,在与中原汉族持续的文化接触中,强烈地感受到汉文化在文明的各个方面所反映出的先进性和优越性。随着清朝政权对全国统治的建立及柳条边封禁的解禁,大量华北、河南与山东地区的汉族流民迁入东北地区,东北满族受汉文化的影响日益扩大,愈加深刻。在经济生活领域,越来越多的满族人放弃了旧有的生活方式,开始定居转产,逐步走向农业化。社会形态也由原先的流动开放转变为趋向静态的农业社会。社会形态的转型促使居住习俗发生改变,进而促动满族的居住文化发生改变。汉文化中的"礼"文化与传统环境观念被纳入满族的居住文化当中,并与满族文化中尊崇长辈、敬老爱老的传统习俗和崇敬自然、信奉天地的信仰观念相结合,为满族民居院落型制的确立奠定了深厚的文化基础。

1."礼"文化的影响

"礼"文化是汉文化中一个涵盖面极广、影响极深的文化范畴。在专制社会它涉及的范围上至国家的典章废立,下到民间日常生活的进退起居,几乎包括了精神文化的所有领域,其影响之深远超过了任何一种思想理论。它蕴含在社会政治制度之中,体现在思想文化和民俗心理等各个文化层次之内。"礼"的本质是上下尊卑的等级伦理秩序。具体到传统民居院落型制,就单体而言,如建筑的形式、屋顶的式样、面阔开间、色彩装饰等,就群体组合而言,如整体院落的方位朝向、间距、前后的定位等,几乎所有细则都有明确的等级规定。由于"礼"文化的影响,东北满族传统民居的院落型制发生了颠覆性的变化。第一,在院落形态方面放弃了旧有的以防御为目标的环形"古列延",吸收了汉族象征着"天圆地方",且带有明确等级观念的方形院落形态(图2.2)。第二,改变

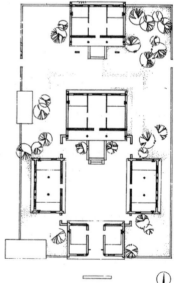

图2.2　汉族方形院落

了以往无序而零散的群体组合,引入"进"作为合院的基本组成单元,通过"进"来控制院落的南北向空间,强化轴线感。第三,单体建筑按正房与厢房的顺序和位置排列,正房面南背北,无论在朝向还是高度上均优于厢房,从而体现伦理上的等级,如图 2.3 所示。第四,院落的道路纵横相交,与正房及厢房关联紧密,联系正房与入口的道路在宽窄和材质选用上较与厢房相连的道路为优,以突出正房的地位。第五,院落大门的形式在保留满族自身特色的基础上,在艺术造型和平面布置方面借鉴吸取了汉族的手法,由衡门形式发展和衍生出屋宇型大门、四角落地式大门、木板门等多种宅院门形式,印证了满族对汉文化中"门第"观念的接纳。

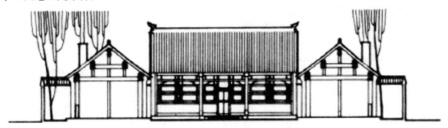

图 2.3　正房与厢房的高度关系

2. 传统环境观念的影响

"环境观"是汉文化中房屋建造与环境关系思想观念的反映,其历史源远流长,从形式上说,它发端于殷商之际卜宅、卜地术,后来发展为相土、相地、相宅、相墓等实践。到汉代已初步形成理论萌芽,并有《堪舆金匮》与《宫宅地形》两大类型。到明代,宋明理学日趋兴盛,五行生克、阴阳八卦等理论也成为当时乃至以后一段时期内中国思想的主要内容和无法摆脱的总背景。以五行之说、阴阳八卦、太极等为理论基础和框架也随之复盛,并发展至极点。在满族文化中有关"卜决吉地以兴宅"的记载也不乏其文,只是出发点是通过对天地风雷等自然现象的敬畏来趋利避害。例如,满族在建宅之前会对行将建宅的基地进行"堪舆",以确定吉宅基地。此外,满族还有建房要躲避和远离沟渠之说,认为迎面的水流会威胁子孙后代的幸福与安稳,因此从来不选择有迎面水的地方建房。汉文化传入以后,其"环境观"补充和扩大了满族传统民居的禁忌习俗,尤其在院落型制方面产生了显著影响。

2.1.1.3　兼容并蓄的满族传统民居院落布局

在汉文化的传入和影响下,东北满族传统民居摒弃了原有的不分主次和杂乱无章并且带有明显山地聚落形态色彩的院落型制,取而代之的是一种主次分明、尊卑有序、男女有别,以空间的层层递进为组合方式并具有较强私密性的院落型制。这一院落型制从深层上体现出一种受儒家伦理道德观念所左右的居住空间意识。但是,由于生产方式、生活环境、历史因素的综合作用,东北满族传统民居的院落型制并不是全盘照搬中原的汉族传统民居院落型制,而是采取了相对灵活的态度,更多地反映了涵化而非同化的特质。这使得东北满族传统民居的院落布局与空间形态呈现出既有中原大部分地区的汉族传统民居院落空间的协调性,又有一定独到的创造性与气候适应性,表现出兼容并蓄的特征。具体体现在以下几个方面。

1. 院落布局的组成与秩序

方形合院的院落形态是东北满族传统民居向中原汉族传统民居学习和借鉴的产物，它通过围合的方式和院落的空间层次体现出居住者所属的阶层。一般情况下，富裕阶层住宅以四合院为主，而平民的住宅则以三合院居多，三合院、四合院平面如图2.4所示。空间层次的构成上，只有少数权贵的院落建成三进以上的套院，多数合院的组成格局为一进或二进。

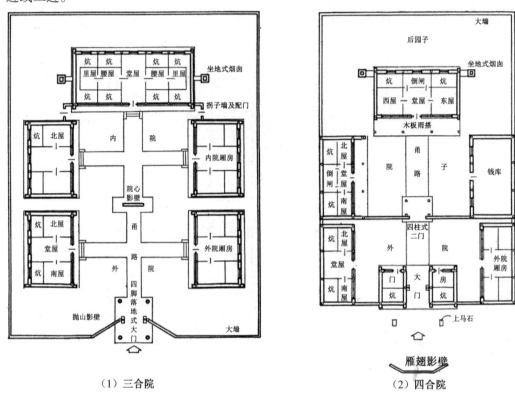

（1）三合院　　　　　　　　　　　　　（2）四合院

图2.4　东北满族传统民居的三合院与四合院平面图

四合院由外院（包括左、右厢房）、内院（包括正房和左、右厢房）、门房（包括门房的左、右耳房）组合而成。正房为内院的主体建筑，两侧厢房与正房呈"冂"字形，其间距离以正房面阔为标准。外院的建筑，为左、右厢房，即外院厢房，是内院厢房的延伸，中间一般以小间阁相连接，其高度比内厢房略低一些，以示等级。外、内两院中间以腰墙隔开，腰墙正中修建二门，也有不设腰墙和二门改用影壁分隔的。四合院房屋平面布局较三合院更为完整紧密，有屋宇式大门三间。与此相反，一般满族平民的"大套院"普及于广大农村，分"海青房"和"泥草房"两类。所谓海青房即以大青砖、小青瓦建房。院落布局一般是：大门前过道设影壁一个，大门有四脚落地式、屋宇式、木板门等几种；有的还在院心处置影壁；正房和厢房的布局，大体分为五正三厢式、五正五厢式、五正六厢式、三正三厢式、三正六厢式等，既有有檐廊的，也有无檐廊的；正房左右均有拐子墙和配门。

无论四合院还是三合院，每组院落仅由一条纵向轴线控制，呈现为单向纵深发展的空间序列关系，而无横向跨院。相邻的套院呈现为一组平行线，院落之间无横向联系。这种院落的布局形成,不仅体现了中原汉族传统民居"完全采用对称式,以正房为主"的布局理念,亦来源于早期满族"依山为宅"的山地聚居习惯。他们将院落建造在狭窄的山脊上面,借助山势的起伏、依托山脊走向由前向后延展排列,而向两侧发展空间则受到地势条件的限制。这种单向纵深发展的院落型制,甚至影响了后期迁都沈阳时皇宫的建设。

2. 院落布局的空间规律

以牧猎为生的满族人,追求"近水为吉,近山为家",在其居所由山地向丘陵再到平地的迁移过程中,常把"背山面水"作为他们理想的宅地选择条件。将院落建造在山脚下,面向河流等水面,院落地坪随山势由前向后逐渐升高,以后背的山作为防风避寒又保安全的天然屏障。

当他们迁往平原之后,在富贵阶层的宅院里,用作主人起卧的第二进或第三进院落的地坪,还要特地用人工填土夯造的方法抬高,形成特色极为鲜明的满族"高台院落"(图2.5)。不同高差的二进院落之间用一片挡土墙分隔,并设有门房和单跑室外大台阶,用于竖向间的相互联系。这种高台院落是满族人长期山地生活的一种延续,是他们赖以获得生存安全心理的有效办法,也是他们对崇高地位的一种标榜。

图2.5　高台院落

3. 院落布局的特色元素

(1)栅栏。

东北满族传统民居的院落一般是以一家一户为一个单元,通过栅栏对庭院施以围护、分隔及界定。作为保护宅院内人们生活的防御装置,防御野兽或外部入侵者是栅栏的主要功能,同时栅栏也是体现民居主人身份与地位的构筑元素。满族民间有"穷夹障子,富打墙"之说。因此,栅栏的构筑材料和样式种类繁多,如图2.6所示。平民阶层多用泥土坯混合木条编织,或以柴秆、木板为之,垒成木栅栏,俗称"障子";富裕人家则筑有门楼和院落,最讲究的是用青砖砌筑,其次是夯土筑制。砖墙一般高3~4 m,厚度一般在30~90 cm之间。墙基多用石头,以防止青砖受潮蚀损。土打墙无须石基,可直接夯筑,其寿命较短。选用木材修建栅栏,是东北满族在早期山地狩猎生活中对抗自然侵袭的有效手段,是满族人对自身生活环境的适应与总结。随着生活地点从山上移向平野,满族人建栅栏的时候也使用了在农业生产过程中能够获得的材料。

（1）木栅栏（障子）　　　　　　　　　　　　（2）夯土围墙

图2.6　满族传统民居的院墙

另外,在很多东北满族传统民居中,栅栏与房屋的窗户距离很近,这样就对户外的冷风和雨雪起到了遮挡作用,在一定程度上降低了风雪等恶劣气候对窗户的打击,有效地减少了热能的散失。

（2）大门。

对于传统民居而言,大门的主要作用是进出宅院及与外界相联系,后来大门逐渐发展成在原来功能的基础上具有象征意义的重要构筑物。因而出现了"门制"和"门第"观念,由此引发了对大门的形态、规模、方位以及材料的规制。例如,北京的四合院民居中,将大门分为广亮大门、金柱大门、如意门、蛮子门等几类等级,以彰显宅主的身份。东北满族传统民居也吸取了这样的"门第"等级观念,但出于生活和生产的需要,表现方式有所不同。东北满族传统民居的大门可以分为"杆式"（图2.7）和"房式"（图2.8）两种。杆式大门是平民阶层的大门,以方便出入为设置目的,体现门的基本属性,不代表主人的财力或权威。杆式大门,大体上可以分为光棍儿大门和木板大门。光棍儿大门（衡门）,是满族传统民居固有的式样,起源于满族氏族聚落时期的寨门。它结构简单,立木柱两根,上架一檩一枋,均用圆木。木板大门,俗称板门楼,它是因木板障（木板墙）的产生而出现的,其两端和板障相连接,十分和谐。满族很早就开始制作这种大门,它构造精巧,充分运用地方特有的木板材。其实,木板大门就是衡门式样上部加建了顶板,并以悬山顶覆盖其上的一种变体。

与此相反,在满族的官宦门第中,大门则被作为一个代表等级的构筑物建造,最具代表性的就是房式大门。房式大门大体上分为屋宇式大门和四脚落地式大门。屋宇式大门,俗称砖门楼,用在三合院平面的最前端,就是独立式的门楼。两端连房的变成了四合院式的门房。门房布局一般三间的较多,特殊的大宅也有采用五间门房的。四脚落地式大门,俗称瓦门楼,是吉林一带满族住宅特有的式样。它在三合房的住宅内,因为宅前无房而需要宏伟庄严,所以做四脚落地式大门,以重观瞻。四角落地式大门的构造简单精巧,特别是瓦顶、瓦脊的曲线,自然而有力,表现出浓郁的地方特色,是满族纯朴、刚劲民风的反映。

东北满族传统民居大门方位上的特点是以民居的中心轴为中心,在南侧的正中央位置上设置大门,形成左右对称的住宅布局,这与在中心轴的东南侧设置大门的中原汉族四合院不同。这主要源于两个方面:一是不同民族的环境观念中对于"吉位"的认知差异,

（1）光棍儿大门（衡门）

（2）木板大门（板门楼）

图 2.7 杆式大门

（1）屋宇式大门（砖门楼）　　　　　　　　（2）四脚落地式大门（瓦门楼）

图 2.8 房式大门

二是马车等生产工具在满族的生活中是必不可少的,为了方便马车的进出而采用正对轴线、直来直去的大门布置方式。

(3)苞米楼和索罗杆。

①苞米楼。在东北满族传统民居庭院的东西两侧,一侧建有哈什,即仓房,另一侧建有木阁楼,即苞米楼(图2.9),楼上存放苞米,楼下放车辆农具等物,一举两用。东北称玉米为"苞米",这是过去居住在东北地区各族人民的主要粮食作物,既供人食用,也可作为牲畜饲料。在靠近东部和北部山区的地方,苞米楼普遍存在,其建造的式样很有实用性。仓底离地面较高,可以防止老鼠和家畜、家禽偷吃,糟蹋粮食,又可避免因距地面太近而使粮食受潮发霉。四面的仓壁留有很宽的缝隙,以利通风。有的地区苞米楼只有四壁而没有顶盖,也是便于晾晒通风。还有一些地方把苞米楼下部的空间也围以木、石结构的墙,前留小门,为存放杂物之处,成为上下两层的"楼"。

图2.9 苞米楼

苞米楼的形态是满族氏族社会时期,部落公共仓库"欧伦"形态的遗存。苞米楼除实际的使用功能外,亦承载着满族对五谷丰登、丰衣足食的生活的向往。所以,苞米楼的存在有其独到的精神含义。

②索罗杆。大部分东北满族传统民居,在院内影壁墙东南角竖立一根木质高杆——索罗杆。索罗杆其形式有几种。比较"标准"的如现存沈阳故宫清宁宫门前所立者(图2.10),选用碗口粗细、一丈多长的直树干,去掉枝杈和树皮,并把顶端砍削成渐尖的形状,套上一只空底的锡碗,使之卡在距杆顶一尺多的地方,下面立在高约二尺的石座上。

图2.10 沈阳故宫的索罗杆

竖杆子的地点,一般在宅院东南方正对屋门的位置。比较宽敞的庭院中,索罗杆立于第二进院落的正中,并以砖砌或木制影壁遮挡,这是由于受汉族宗法理制中居中为尊的影响。因杆子较高,人们从院外就可以看到,它也成为东北满族传统民居的标志。

2.1.2　交互异化的传统民居构筑形态

2.1.2.1　满族族群的构成及其特征

东北地区的满族是以建州女真人和海西女真人为主体的共同体,但并不是仅包含女真人。融入满族的成员还有众多的汉族和少量的朝鲜族、蒙古族。明末时期在女真人集聚区内有大量汉族人,他们有的是从中原来此避难谋生的,有的是被女真各部掳掠来的。这些汉族人"久居彼土,则语言日变,忘其本语势所必然",因而"逐渐融入女真人中……汉人占女真人中大约七分之二",这一点可以从满族发祥地和主要聚居区之一的辽宁满族的族群构成中得以证明。

辽宁的满族按其聚居地域划分,可分为辽西满族与辽东满族。从辽西满族和辽东满族发展的历史来看,辽西满族的历史和源流较为复杂,辽西满族大约由三部分组成:①留守满族,这部分满族人人数非常少,可以说是微乎其微。②驻防满族,这是辽西满族的主体,这里的驻防满族由三部分组成,一部分是从北京派驻的,当地人称为"老满洲",另一部分是从白山黑水一带迁来的"新满洲",这两部分统称为满洲八旗,第三部分是汉军八旗。③因罪被贬、避难、卸任、结亲、"三藩之乱"以及受牵连被迫迁居辽西的,这些人有的原来就是在旗之人,有的是在这里定居后入旗,他们在这里世代繁衍,成为今天辽西满族的重要组成部分。

相对而言,辽东满族的族群构成则较为单纯。辽东满族的构成主要有三部分。第一部分是"佛满洲",即"陈满洲",属于建州女真的后裔,祖籍多居长白山一带,跟随努尔哈赤、皇太极、福临入旗当差,初驻兴京(今新宾),后进驻盛京(今沈阳)。1644 年以后随主入关,进驻北京,康熙年间拨还盛京,再拨来辽东驻防。这部分人世有战绩,地位较高。第二部分满族是"依彻满洲",即"新满洲",是皇太极统一黑龙江和乌苏里江流域时被编入八旗的人口,这部分满族原住乌拉(今吉林市),康熙十七年(1678 年)经议政王大臣奏准,兵丁眷属万余人移驻盛京,编入各牛录当差,后又拨往各城,附入八旗,部分来到辽东。第三部分是"包衣满洲",即家仆,主要是战争中的被俘人员,编入旗籍。辽东满族的源流比较单一,主要是女真后裔,编入八旗后是满洲八旗,按照满族族群的划分,这里的满族都是留守满族。

辽西满族和辽东满族由于民族源流和族群构成有所差别,因此虽同属满族但文化和习俗却有很大的不同。辽西满族正是由于源流复杂,由不同的民族融合而成,因此,他们在融合到满族的同时也把各自的文化融进了满族的机体。而辽东满族由于生存环境的因素,他们同外界的接触较少,从长白山、吉林一带迁移过来,一路上很少受到其他民族的浸染,虽然有一部分满族曾经随主进京,但旋即返回。因此,由于民族成分的原因,这里的满族受到其他民族文化浸染的机会和概率非常少。

2.1.2.2　族群环境流变对满族传统民居构筑形态的影响

随着满族向内地的逐步迁移及与明朝之间各种矛盾的不断激化和对明战争的逐步升级,满族以女真人为主体的"满洲八旗"已不能满足与中原王朝对抗的需要。因此,满族的当权者效仿"满洲八旗"的形式,编成了"汉军八旗"与"蒙古八旗",来补充和加强战争中的减员和经济生产上劳动力的不足。此时满族共同体中的汉族已经脱离了原先的社会地位,拥有"旗籍"成为"旗民",成为满族民族共同体中名副其实的一分子。这主要是由于与明朝战争的扩大化,使当时的战场由东北腹地逐渐推向东北与华北的交界地带,在大量汉族破产农民融入满族的同时,有相当一部分汉族的士族阶层亦投奔到新兴的满族政权旗下,并效力于此。汉族士族群体和中原农民的加入,在增强了清朝政权与明朝之间对抗实力的同时,也为满族社会文化的涵化进程注入了催化剂。

2.1.2.3 地理环境差异的制约

地理环境差异不仅决定了房屋的建筑材料的选用,而且对建筑的形式也产生了很大的影响。满族传统民居外观上最大的区别是,有的是起脊房,有的则是拱形平房。之所以出现这种差异皆在于二者处于不同的地形地势或不同的气候条件中。使用起脊房的满族处于东北山区,各村镇都是群山环抱,地形以山、丘陵为主,间有小块冲积平原和盆地。低山约占总面积的78%以上,主要山脉属长白山山脉,支脉众多、分支遍布、山水相绕的村镇无风沙之虞。而使用拱形平房的满族处于辽西平原的腹地,一马平川的地势特点,使得这里经常遭到风沙之患,为风口地带,由于风沙大的特点,使得居住于平原地带的满族选择了拱形房顶,以减轻风的阻力。若是采取起脊房顶,大风来临的时候,就很容易被掀翻,而拱形房顶抗风吹能力非常强,拱形的好处在于既可以阻挡春季的南风,也能有效地抵御冬季的北风,因此地理环境和气候特点造就了满族传统民居构筑形态的不同。具有相同气候特点的吉林省双辽、白城一带传统民居是这种拱形平房。其他的平原地区虽然也为平顶房,但是,那里的平顶房和这两个地区的平顶房不同,屋顶前高后低,呈坡状。同为辽西平原,在东南部地区的乡镇则是"人"字形屋顶,原因在于这里位于京沈铁路以南,是海拔5 m以下的洼地,由于这里地势较低,每到雨季到来的时候,土地非常湿软,若是水大还会遭受水灾。所以这里的满族因地制宜,建造了适合本地特点的草房,这种草房与满族传统民居的原始形态较为接近,用泥垒墙而上架人字架并苫盖芦苇。其目的是减轻房体的重量,防止房子下陷。这是处于低洼地势地带满族在建房中所采取的方法。

2.1.2.4 社会环境差异的影响

由于有的满族处于群山之中,交通不便,而另一部分则处于平原开阔地带,地理位置的差异导致两地满族处于不同的社会环境。

山区满族比较闭塞,在文化方面受到其他民族的影响较少,所以在山地满族中本民族传统文化的积淀较为浓厚。因而,在其传统民居的构筑形态中还保留着满族传统民居的某些古老形式。例如,在吉林东部的山区有一种以木板制作墙体、中间夹以锯屑的草房,其屋顶覆草,为双坡式,在脊部用木杆压草,杆头相连接至坡顶相交叉,反映出满族传统民居的原始特点。

而平原地带自古就交通发达,是各民族会集之地,形成了文化上各民族的交融。比如辽西的锦西,军事地位非常重要,自古就是军事重地,在辽、明、清时期,一直是我国北方有名的交通要塞,而北镇市素有"幽州重镇""冀北严疆"之誉,北方少数民族政权和中原汉族政权在这里频繁争斗,互有掠夺。因此它是北方民族同中原接触的交汇地。锦西的特殊位置,使这里因连年的战乱、戍边、屯田、移民而成为我国历史上少有的多个民族与汉族杂居区之一,形成了颇有特色的"移民文化圈"。各民族文化互相融汇,形成了该地区满族多元的文化属性,在传统民居的构筑形态方面体现出的文化涵化现象要远大于山区满族。因而,锦西一带满族传统民居的构筑形态逐渐与邻近的华北平原地区的传统民居构筑形态趋于一致。由于辽西地区旧时是商贾云集和各民族会集之地,由此而带来了一些负面的影响,就是这里的社会人口成分比较复杂,因此居住在这里的人们在构建居所的时候也在牢固和防御上下了很大的功夫,形成了一些特有的形式,如有的满族传统民居就在北墙上钉一层厚木板、地面上也铺一层厚木板,目的是防贼。

2.1.3　传统民居构筑形态的多样类型

2.1.3.1　屋顶形态

在满族传统民居的构筑形态上,屋顶的差异表现最为明显,如吉林地区的满族传统民居都是起脊房,"人"字形的屋架(图2.11),这是一般认为的满族传统民居的基本特点,如图2.12所示。而辽西地区满族传统民居绝大多数是平顶房,房顶呈拱形(图2.13),于辽西居住的其他民族传统民居都是这种拱形平房,出沈阳一过新立屯镇基本上都是这种型制的房屋,中间高两头低的平缓弧形房顶,这是东北地区一种独特的房屋建筑形式。除了屋顶形态外,两地屋顶的苫盖物材料也不尽相同,在吉林北部和西部地区,传统民居苫盖的主要材料有四种:芦苇、秫秸、苞米秆和苫房草。苫房草是当地天然生长的野生草,细长而坚韧,比较难得,所以除非比较富裕的人家,一般家庭都不用苫房草。用得比较多的是芦苇和秫秸。将草、芦苇、秫秸铺好后抹泥、压瓦。吉林东部地区的满族传统民居苫盖的是稻草,草顶构造如图2.14所示。辽西满族屋顶的苫盖物同吉林北部、西部地区有相同之处,苫盖物主要是秫秸和芦苇,但是辽西满族的屋顶不覆瓦,而是直接压土抹泥。辽西满族屋顶铺盖方法有两种:一是用芦苇铺,二是苫盖秫秸,即高粱秆子。

图2.11　满族传统民居的"人"字形屋架

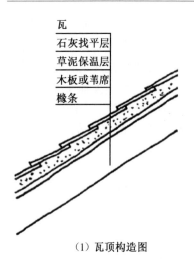

瓦
石灰找平层
草泥保温层
木板或苇席
椽条

（1）瓦顶构造图

（2）瓦顶

图 2.12　瓦顶构造

图 2.13　满族传统民居的拱形顶

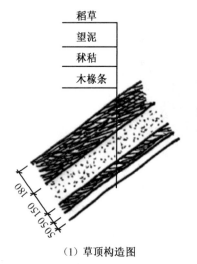

稻草
望泥
秫秸
木椽条

180
150
50 50

（1）草顶构造图

（2）草顶的椽条

图 2.14　草顶构造（单位：mm）

2.1.3.2　围护体系

1. 墙

墙体是传统民居建筑的围护体系,并承担着部分结构作用,是传统民居建筑的重要组成部分。墙体可以抵御不良气候侵袭,在心理上保护了居所内人的安全,也分割了室内外的空间。墙体根据使用的材料分为砖墙、土墙,如图2.15所示。在满族传统民居中占重要比重的草房的墙壁有垡瓮、土筑、拉核墙等不同的垒筑方法。垡瓮的做法是把野草甸子盘结的草根用力切成块,趁潮湿砌筑,挤压密实形成墙体,不用抹泥,不怕雨水冲刷,表面整齐。土筑墙是先将泥土做成坯,然后用黄泥砌坯成墙,表里抹细泥,光滑可观。拉核墙,也称挂泥墙,草辫墙。“核,犹宫骨也,木为骨而拉泥以成。”“……又有拉哈墙,纵横架木,拧草束密挂横架上,表里涂以泥,薄而占地不大,隔室宇宜之。”建墙方法是先在地基处埋数根木柱,木柱之间,编结成墙体,一直编至屋顶。这样墙身便可自成一体,异常坚固耐久,这种屋子保暖防寒,深受满族人喜爱。

（1）砖墙　　　　　　　　　　　　　　　　　（2）土墙

图2.15　墙体

墙壁根据所在位置,有不同的称呼,大体分为檐墙、山墙。檐墙是屋檐下的墙壁,按部位又分为前檐墙和后檐墙。檐墙上边设置窗棂和门楹等附属构件,所以前檐墙的大部分由门和窗户占据。山墙是房两端的墙壁。凡呈三角形(即山状)的也称大山墙。按款式又分罗汉式、硬山式等几种。满族墙壁的特点之一,是在前檐墙东侧部位设置凹龛(图2.16)。凹龛的用途在不同的地方有所不同,主要用以供奉神灵。

2. 门

按照满族传统习俗,房门开在一侧而不在中间,如南向正房三间则屋门开在东侧一间,四间或五间则开在东侧第二间。满族建筑的门窗也有特点,满族传统民居的大门、房门、屋门的门扇,主要有对开拍扇式和单开拍扇式两种类型。通常正房中间的前开门叫房门,里面有东西两扇门,每扇门的上部都镶以棂条,糊以纸;外面的是一扇,上面刻镂得更为细致,也糊以纸,多为冬季防寒之用,所以叫风门。外屋靠门侧有一个小窗,俗称“马窗”,如图2.17所示。室内,从堂屋连接东西各卧室的东西侧有隔扇门(图2.18)。隔扇门在比较大的房屋中为对开拍扇式,在一般的房屋中则为单开拍扇式。室内隔扇门是从厨房通向寝室的门,在过春节时贴各种祈福的对联。

图 2.16　凹龛

图 2.17　马窗和双扇大门

图 2.18　隔扇门

3. 窗

东西屋前皆开支摘窗。每个窗户分上下两层,上层糊纸,可向内吊起,用棍支起;下层为竖着的二三格,装在窗框的樟槽,平时不开,但可随时摘下。窗棂格一般有方格形、梅花形、棱形等多种几何图案,如图 2.19 所示。上层窗往往为雕刻"万"字形、"寿"字形等的棂条。糊窗所用的窗纸是一种叫"豁山"的纸,满语称之为"摊他哈花上",普通话为麻布纸或窗户纸,是用破衣败絮经水沤成袅绒,再在致密的芦帘上过沥摊匀,经日晒而成的。这种纸坚韧如革,主要用于糊窗户。这种纸应糊在窗户的外边,一方面可以避免窗档中积沙,另一方面可避免窗纸因冷热不均而脱落。窗纸糊上后,还要淋以油,这样,既可增加室内的亮度,又可以使窗纸坚固耐用。此外,每间屋都有后窗,呈长方形,结构细致,窗格花饰简单。北面的窗户很小,主要是为了夏季开窗户能保证形成一定的"过堂风",冬季又能保证免受强劲的北风之害。

| （1）方格形窗棂格 | （2）棱形窗棂格 |

图 2.19　满族传统民居的支摘窗窗棂格图案

满族窗户的一大特征是"窗户纸糊在外"(图 2.20)。窗户纸糊在窗外是满族祖先在克服冬季寒冷的气候过程中,获得的适应自然的方法。众所周知,东北地区冬天以寒冷著称,而室内又是以火炕、火地取暖,因此,在严寒季节室内外温差很大。如果窗户纸糊在里面,窗外所结的冰霜在室内温度高时会融化,水就会流到窗户纸和窗棂结合处,不仅容易使窗户纸脱落,而且还会造成窗棂构件腐烂,影响其使用寿命。而且把窗户纸糊在外面,才能盖住窗棂构件,防止窗户被风刮开,还可以防止在炕上玩耍的小孩撕破窗户纸。此外,窗户纸糊在外面,不仅窗户纸受阳光照射的面积大,而且还可以防止窗台上积雪和进灰尘。内糊与外糊窗户纸作用对比如图 2.21 所示。这些都是满族人根据所在地区的环境,在生活实践中总结出的妙法。

图 2.20　窗户纸糊在外

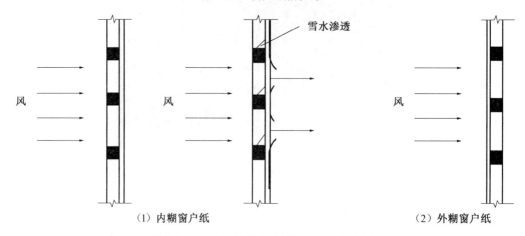

（1）内糊窗户纸　　　　　　　　　　　　　　（2）外糊窗户纸

图 2.21　内糊与外糊窗户纸作用对比示意图

2.1.4　多元共生的传统民居室内布局

2.1.4.1　满族传统民居室内布局的组成形式

东北满族传统民居其室内布局大多为"一"字形,组合简单,很少有凸凹或其他变化,如图 2.22 所示。这种形状由于平面紧凑、外墙面积较小,非常适宜寒冷地区使用。正房平面开间数不定,分西、中、东三间,大门朝向南。西间称为西上屋;中间称为堂屋,堂屋是做饭、供暖的场所,同时也是进东、西屋的通路,洗漱、沐浴也在这里进行;东间称为东下屋。基本的组成形式是中间一间是厨房,由隔扇间壁分割为灶间和使用空间,灶间前后墙都开门,形成前后门,有利于使用者从房间进入后院,更方便通风;厨房主要由灶台组成,一般左右对称,烟道直通居室炕,再到户外烟囱,形成做饭与取暖同步的功能。尽管满族传统民居受到汉族文化多方面影响,在灶间的功能处理上则保留了最初的功能需求。中原汉族传统民居的灶间慢慢发展为客厅,而满族传统民居仍做成灶间。入口两侧为灶台(图 2.23),与两侧居住空间的东、西火炕相连,是冬季取暖的最主要方式。由于这一点非

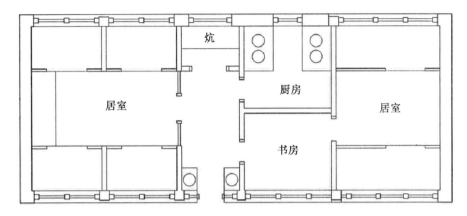

图 2.22　满族传统民居的平面布局

图 2.23　满族传统民居的灶台

常符合东北寒冷的气候特点,因此,直至今天这一地区的很多满族传统民居依然采用这种布局形式。有的人家在外屋的后半部设一道与北墙平行的纵隔墙,将其隔成小屋,俗称"倒闸",室内设有小炕。倒闸的目的主要在于用它将南间与北墙隔开,有利于室内冬季保温,同时满族人又赋予它以一定的使用功能,使这一空间得到充分的利用;有的人家用作贮藏或设炕住人;有的人家用它为老人暖衣物,以避免冬季出门穿衣时感觉寒冷。倒闸的进深尺寸根据其使用目的而定。三面筑火炕,为"匚"字形,如图 2.24 所示。这种炕也叫蔓字炕、万字炕,实为弯子炕。由于东北地区冰封期较长,火炕成为满族传统民居中必不可少的采暖设施,而且占据了室内的大部分空间。最大的特点是一般南、北炕为大炕,东端接伙房炉灶,西炕为窄炕,下通烟道。南、北炕宽 5 尺多,厨房的左右两间是卧室,居室三面环炕。在三间中,西屋面积最大,环室长与住室的面宽相等,一般长 1 丈左右,连接南、北两炕的西炕较窄,通常不超过 3 尺宽,如图 2.25 所示。西屋也是饮食和招待客人的场所。就餐的位置为西屋的南炕。就餐时,在炕上放桌子,置饭菜于其上。当有客人到访的时候,也在西屋招待。几代同堂的家庭里,也有把东屋改造成生活用房的,一般南炕住人,北炕存放粮食起到仓储的作用。厕所一般建在正房后面的屋角上,在厕所旁边一般为

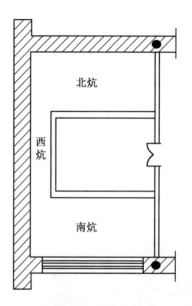

图 2.24　西屋火炕

图 2.25　西屋室内空间

垃圾堆放场所。食物垃圾等堆放在这里,腐烂以后留做农田肥料使用。

满族传统民居的室内布局特点是以厨房为中心,左右两屋没有形成绝对的对称形态。根据满族的房门一般开在正房右侧的习惯,住人的居室成为两间或三间相连,从东侧中间开门的格局,形似口袋,民间俗称为"口袋房"或"筒子房",又称"斗室"。至今在哈尔滨市依兰县、阿城区料甸街道,牡丹江宁安市江南朝鲜族满族乡,齐齐哈尔市富裕县三家子,黑河市大五家子等等满族人口较多的地区,这种"口袋房"的形式仍很常见。

2.1.4.2　反映多民族文化的室内布局

东北满族的生存地域,一直是北方少数民族主要的活动区域。满族的先民在此地与其他民族交互杂居,共同生活。所以,满族作为汇聚了汉族、蒙古族、达斡尔族等多民族于一身的民族共同体在其生产和生活方式及与之相关的民俗中也深受东北其他民族的影响。这种影响是文化相互的传递过程,对民居的居住文化施以作用,并以物质形式反映在民居的室内布局上,使满族传统民居的室内布局呈现出多民族文化共生的特色。

　　"一正两厢"是一般东北满族传统民居院落单体建筑的基本构成形式。所以,在满族住宅中,正房是主要建筑,厢房属于附属建筑。但无论正房还是厢房皆以"间"作为划分室内空间的单位。以正房为例:一般取坐北向南的朝向,通常为三开间(图2.26),或有五开间(图2.27),每间长4 m左右,中间开门。以"间"为民居室内划分单位的方式,源自中原地区的汉族传统民居,可以说在汉族传统民居的草创和形成阶段,其以"间"为民居的室内划分方式即已有之。从入关以后开始,随着满族与汉族之间联系的增多和满族传统民居形态的定型,"间"的概念也被作为定制固定下来。

图 2.26　三开间正房　　　　　　　　　　图 2.27　五开间正房

　　但是在东北满族传统民居中,屋舍的间数不一定要单数开间,也不一定要对称处理。大门可以设在中央的明间,也可以设在偏东的灶间,具体的位置由室内的布局而定。这是因为在满族的居住习俗中其对西向的屋子有特殊的需求,所以在对整个单体进行"间"的划分时,往往要自西向东多划出半"间"的空间,在满族的居住习俗中称为"借间"(图2.28)。"借间"的手法是东北满族传统民居的一项创造,是对中原汉族传统民居"间"这一单位的灵活运用。

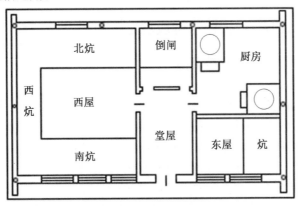

图 2.28　"借间"布置

　　以"间"为单位对民居室内进行划分,使东北满族传统民居的室内布局变得更为清晰。同时也明确了每间屋舍的功能含义,从而把东北满族传统民居的室内布局按布置方位定义为西间、堂间、东间等,再将居住习俗和禁忌赋予其上。

2.2 东北满族传统民居演进中的文化涵化特征

文化涵化指不同民族接触引起原有文化的变迁,涵化研究是研究不同民族由于接触而产生的文化变迁过程及其结果。从文化涵化的概念中可以看出文化涵化所强调的是一种动态变化,并且是以文化接触和文化传播为前提的。因此,文化涵化的特征被概括为传播性、变异性及稳定性。文化涵化的传播性使一种文化在与另一种文化相互接触时向其转移和扩散自身的文化特质,从而引起两种文化间的互动、采借以及整合,其先从观念上与对方文化建立联系,并在两种文化接触时以一种媒介的作用出现,通过该渠道实现二者之间文化信息的大量交流,进而促成涵化的实现。文化涵化的变异性所反映的是文化涵化的过程与结果,指在民族间的文化变迁过程中,由于与其他不同民族的接触,受到其他民族文化传播的影响,进而出现借用其他民族的先进文化,并结合本民族的文化特点加以创新而导致本民族固有的某些文化发生变异,以及这些变异的结果。但是在涵化的过程中,对于被涵化的一方来说并不是所有的文化都产生变异。变异所能影响的范畴仅限于文化中开放的、流动的表层部分,而涉及文化深层结构的部分在涵化中变化十分缓慢,或者不产生变化。因而,对于文化涵化而言,还存在涵化的稳定性特征。文化涵化的稳定性特征说明了文化的交流与变迁是两个独立的文化系统中某些因素的交互,并不是一方对另一方的同化。

在东北满族传统民居的演进中,东北满族的传统民居建筑文化与其他民族的传统民居建筑文化相互接触,最终导致满族的传统民居建筑文化发生涵化,并由此产生了从构筑观念到构筑形态的更新与变化。这些更新和变化与文化涵化的特征之间具有一定的关联性,并与文化涵化的诸特征构成成对出现的关系。我们接下来将对文化涵化特征是如何影响东北满族传统民居演进的加以分析。

2.2.1 文化涵化的传播性与构筑观念更新

2.2.1.1 传播性的概念与意义

1. 传播性的概念

从广义的文化涵化角度来看,文化涵化是一个"常量",也就是说,社会文化的演化和变迁是一种必然的、绝对的原则。因此,任何社会、民族(或族群)都要面对来自不同方面的压力。不同形式多种多样的文化交流与接触引起的多种多样的文化涵化形式,导致每一方都会通过"借入"另一方的文化因素使自己的文化产生某些变化。根据这样的原则,文化涵化的发生自然存在着两方面的因素:一是外来因素的介入,使某一种原生性的文化产生作用,进而发生变化。二是内部因素,即一个群体或族群的内部凝聚力对外来因素介入的认同与承受。文化涵化过程所表现出来的内部因素和外来因素的各自表现过程以及含义是不一样的。内部因素主要表现为某一个社会文化体系根据群体的内部需要所产生的发明与创造。外来因素则主要是在外部力量的影响和作用下所发生的作用和改变。而这二者之间的交流与接触是借助某种传播的作用实现的,并且通过传播的作用帮助完成外来因素与内部因素之间的交互影响。这就是文化涵化过程中所体现出的文化涵化的传播性。

2. 传播性的意义

文化涵化的传播性为两个不同文化系统间的相互接触建立纽带,从而使它们得以在相互的、双向进行的、有选择的条件下采纳对方的文化特质,进行文化交换和采借。该过程是建立在相互的、双向进行的前提基础上的,是两个文化系统缺一不可的文化传递。其传递的范围或借用的程度决定于两者之间接触的持续时间和密切程度。持续时间越长,接触越密切,则文化间交互传递的广度与深度就越大,由此所导致的两种文化间的相似性就越高。相比较而言,文化特质和文化丛的相似性越高,其对于所采借的文化也比较容易适应,进而会促使两种文化间互相借用数量的增大。

涵化的传播性对两种文化间的传递具有选择作用。人们并不是完全接受他们面前的所有东西,对接受一方来说能用的、适应性较强的、有意义的内容更容易被接受,否则可能会被拒斥,而选择的结果则直接反映了接受一方的需求。但这种选择的结果并不是直接的、未经加工的拿来主义,接受一方会依托自身的需求,对所采借和选取的文化加以重新解释,对新引进的文化特质和文化丛在形式、功能和意义上进行改变,以适应自己的需要。

对东北满族传统民居而言,在与中原汉族传统民居涵化交流的过程中,借助文化涵化的传播渠道,首先传递和介入满族传统民居中并对其产生影响的是与中原汉族宗法伦理秩序息息相关的汉族传统民居的构筑观念。这种构筑观念的背后所透射出的是农业社会特有的静态、稳定与井然的秩序性。这与正在发生社会变迁的由聚落型社会向等级型社会演变的满族社会需求不谋而合。所以,东北满族在接纳了中原汉族的经济形态后,自然对能体现家庭结构关系的汉族传统民居构筑观念予以借鉴,但这种借鉴是建立在东北满族原生的以适应自然环境和氏族血缘社会为基础的与生态构筑观念相结合的前提下,并吸收了满族本身重血缘、尊长者的习俗特色。

2.2.1.2 "质朴和谐"自然生态构筑观念的萌生

由于东北满族的文化在同中原汉族文化发生广泛接触以前是以长期的渔猎(图 2.29)和采集经济为基础孕育出来的,而渔猎和采集经济本身并不是一种具有"造血功能"的消耗型经济,其物质来源主要依靠从自然界中的攫取,因此这种"靠天吃饭"的渔猎和采集经济,使东北满族对自然的认识在敬畏自然的状态中终于找到了一条最好的生存道路,即顺应自然、尊重自然,达成人与自然和谐共存,最终形成了东北满族传统民居生成和发展的质朴和谐的自然生态构筑观念。因而,长期以来满族传统民居的发展,始终以尊重自然为前提,而人们的创造力也是先融入自然和社会历史传统,并以此为前提再表现出来。崇尚天地,适应自然,对自然资源既合理利用又积极保护成为东北满族传统民居发展的主要特征。早期东北满族传统民居的自然生态构筑观念有"天人合一"的整体观念、"依托地利"的营建思想、"朴素适度"的发展目标三个主要方面。

1. "天人合一"的整体观念

东北满族具有"早熟"的环境意识,这是因为东北满族先民很早就生活在东北的山地河泽之间,与周边的自然环境建立了密切的联系。由于山林生活的影响,人们祈盼猎获顺利、物产丰富,希望自然能够给予一种亲和的关照。在"万物有灵"的满族传统信仰观念的支配下,与人息息相关的自然事物,包括天地、日月、风云、山川都成了人们的崇拜对象,这种对自然的崇拜,经过漫长的历史过程而积淀为民族的文化心理结构,表现为"天人合

（1）捕鱼的场景

（2）打猎的场景

图2.29　渔猎生活

一"的思想。天人关系也就是人与自然的关系。这里的"天"，是指自然，所谓的"天道"就是自然规律。而"人"是指人类，"人道"就是人类的运行规律。因此，"天人合一"指的是人与自然之间的和谐统一，体现在人与自然的关系上，就是既不存在人对自然的征服，也不存在自然对人的主宰，人和自然是有机的整体。"天人合一"不仅体现了东北满族的生活理想，而且是东北满族传统民居构筑中的重要指导思想，是其生态观和审美观形成的重要影响因素。因此，在满族村落建设和满族传统民居的建筑活动中，表现出重视自然、顺应自然、与自然相协调的态度。以长白山地区的满族草房（图2.30）为例，在整体布局上其依山傍水，借地成院，墙体厚重，格局紧凑，既方便了生产和生活资料的获取，又化解了寒冷气候带来的不便。在构筑材料上其就地取材、简单加工、合理使用，实现了建设上的多快好省，并在景观效果上体现了因地制宜、力求与自然融合的环境意识。

图2.30　长白山地区的满族草房

2."依托地利"的营建思想

"营建"一词的"营"有经营、运作之意，而"建"则是建设、构建的意思。既然营建含有经营运作的含义，那么在营建的过程中势必要包含某种设计和规划的成分，来体现运作的意义。东北满族传统民居的营建，就明确反映了有组织、有计划地利用和依托地利条件的营建思想。在满族社会以氏族聚落为组织形态生活的时期，满族的生活空间主要集中在山区。这使得满族传统民居在营建的选址阶段首先要寻找一块依山之地，然后再将院落在狭窄的山脊上展开,并依托山势的高差来修建房屋。对整个聚落而言,也是利用地利条件构成聚落,如图 2.31 所示。"依托地利"营建思想的基本出发点基于两个原因。第一,满族早期的渔猎和采集的生产模式,决定了其必须借助有利的地形条件获取生活及生产资料来繁衍生息。第二,出于防御需要,因为存在山区不可预知的自然灾害和以争夺生产与生活资料为目的来自于其他聚落的侵扰等自然环境和社会环境的不利因素。

(1) 满族聚落全景　　　　　　　　　　(2) 满族聚落平面图

图 2.31　依托地利布置的满族聚落

3. "朴素适度"的发展目标

"天人合一"的生活理想直接导致了满族传统民居"朴素适度"的发展目标。"朴素适度"体现在满族传统民居中主要表现为"节制奢华"的构筑思想,尤其突出的是不追求房屋的过大、过高,如图 2.32 所示。满族传统民居与自然的关系是一种崇尚自然、追求和谐的关系,从而达到与自然的共生共存状态。由此可见,"朴素适度"的发展目标是把民居建筑的发展连同经济的发展、自然的承受力一起结合起来考虑的综合的目标。它代表着一种辩证的思维方式,强调对立面的相互转化和事物的发展变化。因为事物的发展一旦突破中间的界限就要向另外一极发展,最后必然走到自身的反面。明代学者陆楫曾说过,"天地生财,止有此数",认为自然资源只有一定的数额;司马光也说过,"天地所生财货百物,止有此数,不在民则在官",非此即彼。所以不如维持较低水平的消费。这种提倡节约、为后来人着想的发展目标,对满族传统民居的影响,不仅表现在不追求房屋的过高、过大,还表现在整体构筑风格上的朴素与简洁。朴素与简洁的背后实际上是人们对生活实用性的一种追求,是由于满族长期游猎生活对其民族心理产生作用的结果。游猎民族特

(1) 乡村满族传统民居　　　　　　　　(2) 城镇满族传统民居

图 2.32　朴实的满族传统民居

殊的生产和生活方式使他们的文化形态质实贞刚,注重实用,他们狩猎的对象往往是凶猛的野兽,倘若猎手的动作稍微迟缓一点,转眼之间很可能就会变成猛兽的口中之物,所以要求猎手要以实用而快捷的手段战胜对手。迅速、紧张、准确的狩猎动作经过千万次重复,就变成了东北满族世代传承的思维定式,沉积在共同的民族心理意识中。这种注重实效,不转弯抹角的思维定式表达在民族性格上则反映为一种直率与质朴,体现在民居的构筑观念上则表现为对空间实用性的追求。

"朴素适度"的发展目标,表现在建筑上也以适应环境为主。人们向自然环境进行少量的索取,对生态环境造成的破坏未超出自然环境的调控能力,有利于自然生态平衡的维持。把当前的发展连同后人的发展结合在一起考虑,也为后代保留了一个和谐的生态环境。"朴素适度"的发展目标是一种可持续发展的目标,也是满族传统民居得以延续发展的重要原因。

2.2.1.3 "尊长崇礼"人文构筑观念的融入

在早期东北满族传统民居的构筑观念中,"质朴和谐"的生态构筑观念是其强调的重点。这是由于满族早期的生产和生活对自然条件的依赖性很强,一旦脱离了自然界的供给或其生存的自然环境发生剧变(如林火、雪灾、山洪等),对其造成的影响和打击是致命性的。所以,为了应对这些危险,早期满族社会以氏族血缘为纽带组成聚落,共同生产,共同生活,共同抵御来自外界的种种危机。以氏族血缘建立的生产、生活模式,强调的是氏族成员之间团结与协作的合作精神,通过集体的力量实现生存目标。另外,由于外界危险的不可预知性,适应环境的生存经验就变得尤为重要。所以,在这种生存聚落中,长者的地位就变得十分重要了。一方面是源于氏族血缘的伦理关系,更重要的是,他们具有同生存环境多年的斗争经验,懂得如何去适应环境、趋利避害。这就是满族"尊长"习俗的社会基础。只不过这种"尊长"的习俗在民居最初的构筑观念上还没有体现。

在满族早期的社会观念里,等级观念并不强烈。部落首领虽享有一定的特权,但其自身依旧需要参与全部的生产和建设。其所居住的房屋与其他部落成员相比也没有太大差别,从外观上很难区分等级。因此,可以证明满族早期的构筑观念中是没有"崇礼"意识的。而满族传统民居中后来体现出的"崇礼"思想,应当说是由于中原汉族传统民居构筑观念的流入。

宗法思想是上下等级、尊卑贵贱等明确而严格的秩序规定的基础,不仅包括各种礼节、仪式的规定,而且包括政治制度和道德规范,在此基础上形成了以"三纲五常""忠孝节义"为中心内容的封建礼教思想,具有强制性、普遍性、规范性的特点,在中国古代社会形成了严格的等级制度,在建筑上也有着深刻的反映。比如街区的空间组织,从公共空间的街道,到公共性降低的胡同,到半私密性的开敞院落,再到私密性的住宅,空间层层递进,私密性则逐步加强,从深层上体现出一种受儒家伦理道德观念所左右的构筑观念。同样在迁居到平原地带以后的满族传统民居的布置上,每一个院落里面都主次分明、尊卑有序、男女有别,如图2.33所示。建筑细部的装饰上也都或平和,或隐约地体现出一定的礼制伦理主题。并将原来以方便瞭望敌情为目的民居中的高台,逐步定义为体现居住者身份地位的象征。可以说,整栋民居在构筑观念上愈来愈明显地突出了"尊长崇礼"的主题。

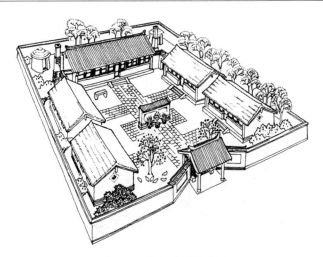

图 2.33 等级分明的布局

2.2.2 文化涵化的变异性与构筑形态演进

2.2.2.1 变异性的概念与意义

文化涵化的变异性是指在文化涵化的进程中群体要面对促使其社会文化发生变化的外部因素,并对社会结构、功能进行调整,以适应来自不断变化的社会因素产生的影响和作用。

冲突、选择、融合、整合使居住文化内部在文化涵化过程中进行适应性的调整,这是量的积累。如果这种调整在时间上保持基本平衡并持续发展,就意味着居住文化在特定历史阶段的传承;量变到了一定的程度,平衡被打破,发生质变,意味着新秩序的产生和居住文化的涵化。在居住文化演化传承过程中,各种要素所起的作用、所处的地位是不同的,这直接影响居住文化涵化过程的导向。

2.2.2.2 "选择融合"的构筑方式转变

东北满族传统民居建筑在构筑方式上经历了由从穴居/巢居发展到半穴居/半巢居又发展到地面居所的历程,如图 2.34 所示。选择、融合一直伴随这一历程。渔猎和采集是自古以来就生息繁衍在长白山以北的松花江和黑龙江中下游这一广阔的地区里满族先民的主要经济生产活动,这一严重依赖自然资源供给的经济文化类型从肃慎人到挹娄人并一直延续到勿吉人与靺鞨人的时代。相对低下的生产力使得满族先民一直处于原始的社会形态之中。由于营造能力有限,穴居和半穴居成为满族先民居所的主要构筑方式。

通过文化的接触与传递,以渔猎和采集为主要经济文化类型的满族先民同以农耕定居生产为主要经济类型的中原文明在相互磨合中产生了剧烈的文化碰撞。碰撞的结果促使生产力较低一方的经济文化类型开始向生产力较高一方的经济文化类型转化,经济上的转型带动了整个社会的转型。反映在文化上则出现了高端文化特质和思想借助传播的各种媒介传递到接受这一特质和思想的一方,产生影响,发生文化涵化,并在文化涵化的过程中改变了旧有文化的部分特征,引起文化变异。因此,同为满族先民的女真人随着农牧业经济的发展,逐步摒弃了传统的渔猎和采集生活,开始修筑城寨走向定居。随着定居

79

生活的发展和火炕这一采暖设备的引入,女真人从生存模式到建筑技术上对外界自然环境的适应性较之前代都大大加强。他们摆脱了过去穴居式的居住方式,开始在地上建造居住场所,于是出现了地面居所。尤其在明末清初之际,这时的火炕由原来的四壁之下皆设长炕,逐渐演变为南西北三面相接连的万字炕,受热方式也不再是"炽火其下",而是锅灶通内炕,已接近今日的满族火炕。

(1) 穴居   (2) 半穴居   (3) 地面居所

图 2.34 穴居、半穴居发展到地面居所

东北满族传统民居构筑方式的转变,有文化涵化变异性动力作用的影响,同时也是居住本体——人选择的结果,并以这种选择为契机促成两种建筑文化之间的相互融合,融合的过程建立在建筑文化的主动适应与环境整体压力的动态平衡发展中,通过对外来建筑文化的吸收、改造和重建及对自身建筑文化的重新估价、反思、改进来实现。在这种动态的演变过程中,两种以不同经济文化类型为背景的建筑文化体系相互对流、相互作用,接受了外来建筑文化的某一特质的一方用与自身建筑文化传统相和谐的方式加以理解、消化和吸收,并且在建筑文化之间的接触和转换过程中,渗入了自身理解的信息转译结果,其准确精度是难以把握的,但恰恰是这些不准确的、变异的"译本"适应了社会的需要,因为它们适应了接受方建筑文化的传统习惯,很快便传播开来。

2.2.2.3 "去粗取精"的构筑材料转变

在以采集和渔猎经济为主导的年代里,满族先民要根据需要去搜集生态系统在循环代谢过程中产生的剩余能量,从而形成了移动迁徙、逐水草而居的生存模式,在这种状态下,满族传统民居在修筑居所时自然不会将永固、耐久和精神层面的奢华需要作为头等要务加以考虑,所以,在选材上俯拾即是的木材、茅草、石块和黏土等天然材料就成了理想的构筑用材。由于满族先民只采取粗加工或不加工的方式而因时就势地将这些材料应用于民居的构筑,因此早期满族传统民居的构筑形态较为粗陋。

随着采集和渔猎经济与平原集约农耕经济的进一步交融,满族自身的文化系统与外来文化系统的涵化趋势愈加明显,文化涵化变异作用的巨大推进力凸现出来。平原集约农耕经济相对稳定的收获使满族不必再为生存而奔走,满族人走出山林,走向平原。生存环境和生存方式的变迁带动了居住文化的变迁,较为安稳和静态的生活使他们的居住方式向永固、耐久、精致的居住方式转变。折射到民居的物质因素上则表现为转变了对原有民居构筑材料的认识,转而把目光投向了青砖、泥瓦等平原集约型农耕文化所创造出的人工建筑材料。满族在与汉族杂居中逐步掌握了这些人工材料的制作方法和加工工艺,进而在与本民族传统材料体系整合的基础上,创造了"砖石混砌""内生外熟"等复合型砖石用材体系,并在满族传统民居墙体的砌筑上大量应用。以"砖石混砌"方式(图 2.35)砌筑成的"五花山墙"(图 2.36),石材多用于墙心,砖材则多用来组成不同的形式图案。在增加了墙体的耐久度的同时,也打破了大面积山墙的单调感,成为一种十分经济的装饰手段。以砖砌墙外皮、土坯为墙内皮的"内生外熟"墙,不但有利于提高墙体的保温效果,而且节省了用砖量。

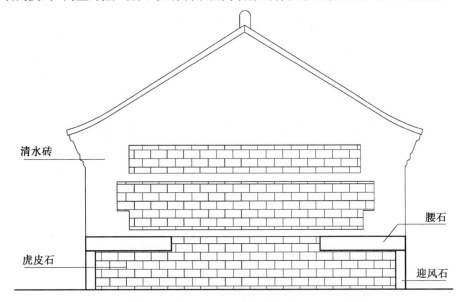

图 2.35　"砖石混砌"方式

图 2.36　五花山墙

　　"瓦"原本是中原汉族在构建民居时经常使用的屋顶材料,后来满族也将其应用到民居的屋顶中,瓦屋面在城镇和部分乡村的满族传统民居中替代了草顶屋面。满族对瓦材的使用,犹如使用砖材一样,依据其所处的地域气候条件进行改造。东北地区气候寒冷,冬季积雪很厚,如果采用合瓦垄,雪满垄沟,雪融化时,积水侵蚀瓦垄旁的灰泥,屋瓦容易脱落,因此,采用小青瓦仰面铺砌,瓦面压边纵横整齐,可以避免屋瓦脱落,如图 2.37 所示。为了减少单薄感,在坡的两端做三垄合瓦压边,形成"仰瓦屋面"的效果,并在房檐边处以双重滴水瓦结束,滴水瓦既有装饰作用,又能加快屋面排水速度,如图2.38所示。

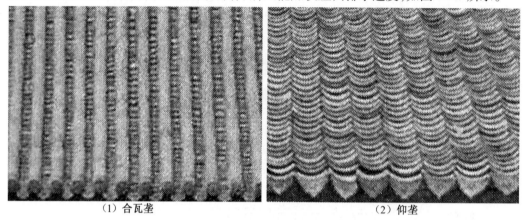

（1）合瓦垄　　　　　　　　　　　　（2）仰垄

图2.37　满族传统民居屋面瓦形式

（1）仰瓦屋面　　　　　　　　　　　　（2）滴水

图2.38　仰瓦屋面与滴水

东北满族传统民居中具有显著特征的"跨海烟囱"的用材(图2.39)亦是如此。早期满族在民居中制作这种烟囱选用的材料,既不是砖石也不是土坯,而是利用森林中被虫蛀空的树干,截成适当的长度直接埋在房侧。为防止裂缝漏烟,用藤条上下捆缚,外面再抹以泥土。如此高效率的材料应用适应了早期满族游居生活的需要。迁入平原地区以后满族并没有放弃这种烟囱,将其一并带到这一地域,但砌筑的方式和用材则发生了变化。新的构筑材料与稳固的生活方式很适配,更显示了居住者的生活水平,于是土坯或青砖砌筑的烟囱替代了原有的老树干,并在截面形式上也吸收了汉族传统民居中烟囱的砌筑方式以方形为主。整个烟囱的造型逐级上收、状如小塔,亦是汉族砖构筑技术的沿袭。

2.2.2.4　"整合创新"的构筑技术转变

以天然材料粗加工为构筑用材的早期满族传统民居,其建筑形式主要以地窨子、撮罗子(图2.40)和木刻楞草顶房为主。不论从坚固耐久还是构筑形态的美观的方面讲均显现出粗陋的一面,反映出早期满族在建筑构筑技术方面的欠缺。在构筑方式和构筑材料与汉族和其他民族逐渐合拢以后,尤其是木材作为结构承重材料的确立,标志着满族传统民居在构筑技术方面已经接受了中原地区的木构架系统,放弃了原先的"棚架式"或"井

（1）树干　　　　　　　　　　（2）土坯　　　　　　　　　（3）青砖

图 2.39　跨海烟囱的用材

干式"的木构架形式。满族传统民居的结构形式大体上也分为抬梁式与穿斗式两种,但有所创造。其中抬梁式的大木作与清式做法有差别,在于它以一种双檩结构代替枋。同传统抬梁式木构架相同,檩枕式木构架也是在地面上立柱,柱上架梁,梁上架檩和瓜柱,以此组成房屋的受力系统,承担自然荷载以及材料自重。之所以形成具有地域特色的檩枕式木构架,如图 2.41 所示,主要就是在檩的下方用横截面为圆形的枕替换

图 2.40　撮罗子

了抬梁式木构架中处于同样位置但横截面为矩形的枋,这是由于早期加工材料的技术比较落后,用圆形的木料可以省掉加工的麻烦,久而久之这种习惯就流传下来了。后世又对这种木构架体系做了一点改造,结合穿斗式木构架的做法特点,在有些建筑的灶间和卧室的隔墙处设"通天柱",以减小梁的跨度,节约木材。由于有隔墙,因此通天柱的设置对于室内空间并无多大影响,而室内其他位置都不再有柱。

　　檩枕式木构架的屋顶举折与清式做法相似,亦呈折线起坡,但比清式做法要缓。这种情况与东北地区的气候情况有关:夏季降水比南方要少,坡度可以缓些;冬季略缓的屋面使屋面积雪不致被风较易吹落,而起到一定的保温作用。屋顶的坡度虽然较缓但不会影响屋面排水。由于相对平缓的屋顶坡度使室内空间高大开阔,而天花板置于梁上皮,也显示了满族人豪迈大气的民族个性。

　　为了适应东北地区严酷的气候条件,东北各族传统民居的墙体厚度普遍大于起结构支撑作用的柱子宽度。因而在处理墙柱关系方面也有其各自的手法。汉族传统民居的柱一般是暴露在外,柱不会因为墙内结露而受潮,木质也就不容易腐烂,但是保暖性能就相对较弱,柱也容易受到外力的损害。

　　东北满族传统民居在吸收和改进了汉族传统民居有关墙柱关系的处理手法基础上一

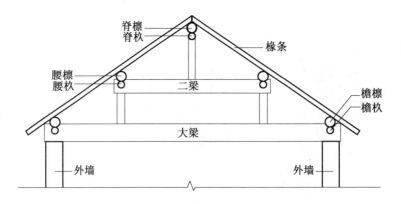

图 2.41　檩枋式木构架示意图

一般将柱埋在墙内,不暴露在外,如图 2.42 所示。这样的做法提高了民居的保暖性能,柱也能免受外力损害。但是这样做的弊端就是当室内外温差较大时,墙体内部会产生结露现象,埋在墙体内部的柱会因此受潮,并且水汽不容易向外蒸发,久而久之木柱就会腐烂损坏,造成房屋坍塌,严重影响房屋寿命。为了防

（1）满族传统民居　（2）汉族传统民居

图 2.42　满族和汉族传统民居
墙与柱位置关系比较

止柱子受潮,在外墙上对着内包柱子的柱脚部位开洞或砌一块透空的花砖,以利墙内通风,称为"透风"(图 2.43)。在砌筑墙体时,在柱的周围卡一圈瓦,沿柱的周围形成一个空气间层,"透风"与空气间层相通,使潮湿水汽向外散发,从而延缓柱子腐烂损坏。

（1）透风实景　　　　　　　　　　（2）透风作用示意

图 2.43　透风

2.2.3　文化涵化的稳定性与特色型制延续

2.2.3.1　稳定性的概念与意义

1. 稳定性的概念

文化涵化的稳定性是指在发生文化涵化的时候,被涵化的一方要试图维持来自本社会的传统的内部力量,以维持传统社会的稳固形式,保持社会功能最低限度的变化。对于民居建筑的涵化变迁,文化涵化的稳定性表现为一种对使用群体适合的民居模式的规范和约束力。另外,文化涵化的稳定性还体现为对民居模式中部分反映文化特征的元素的传承。在民居模式形成以后,其原初起决定和限制作用的元素之影响并不一定仍起到十分重要的作用,而更多地表现为惯性的传承,好比遗传因子的母子相承,尽管这种因子的作用未必是积极的。例如,今天河南窑洞已失去了其原初战乱等因素的制约,但其习惯性的窄窑脸形式,却沿袭了下来。

2. 稳定性的意义

文化涵化中的稳定性是民族文化特征在文化涵化过程中传承的保障。民族文化中所蕴含的是这个民族对于伦理道德、思维方式、价值观念等文化因素的理解,这些理解直接或间接地作用于本民族的居住文化当中,并最终指导着居住空间的型制。作为居住文化载体的居住空间,虽然也通过文化接触与文化传播的途径参与涵化,但由于文化涵化稳定性的作用,促使其随着民族精神的传承而得以沿袭和保留。通过对满族传统民居空间的解析不难发现,虽然其汲取了其他民族建筑文化中实用而有效的部分加以重构,但其首要考虑的则是以本民族建筑文化为前提,满足民族文化习俗对于居住空间的使用要求。

2.2.3.2　"拓扑变换"的居住空间

"拓扑变换"的本意是表示在弯曲、扭转、扩大、收缩的表面上事物之间的一种关系。它是研究不变关系的变换以及位置和变形的数学分支。"拓扑变换"的基本点是:原有图形上的任何一点,相应于由它所变换的图形上的一点,而且是唯一的点。

东北满族传统民居的居住空间与生活方式和观念习俗直接相关。在传统社会中,平衡稳定的社会结构、相对静止的社会形态、步伐迟缓的生活节奏所引起的在生活方式和观念习俗方面的变化不大。因此,东北满族传统民居的居住空间的变化是缓慢的,形成了相对稳固的形体格局,许多实例都展示了这种稳固形式的存在。但另一方面,其在文化涵化的过程中与其他文化之间的接触以及受外部文化动力因素的推动及自身内部社会变迁的影响时,这种形式也会相应地有所变化。不过可以发现,在这种变化发生时,仍然有一种保持固定型制的惯性,这种惯性使得构成民居建筑居住空间诸要素的相对关系在根本上依然保持不变。这种保持根本关系不变而发生的形式变换可称为居住空间的"拓扑变换"。

也就是说,居住空间的形式由于社会文化的变迁、建筑技术的进步会相应地发生变化,但它与人们之间的习俗联系的约定依然保持不变。习俗联系源于一定的社会文化,本身也并非一成不变,新的习俗常常取代旧的习俗,但这中间总是有一种延续的因素。这是由于社会文化具有历史的延续性,所以由社会文化的原因并依托习俗而建立的某些约定,自然是比较稳固并容易为广大的社会成员所接受和理解的。它们在文化涵化过程中的变化只是一种由"菱形"向"正方形"的"拓扑变换",而不是从"方形"到"圆形"形态上的同构变化,从而在文化涵化中突出的表现为某种"形变器不变"的稳定特性。图2.44所示为满族与汉族居住空间的比较。

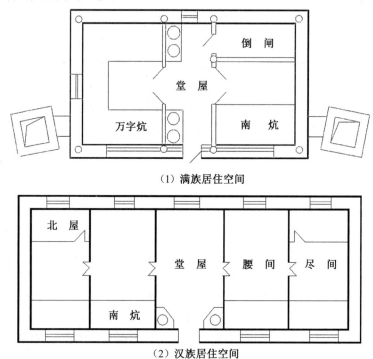

（1）满族居住空间

（2）汉族居住空间

图2.44　满族、汉族居住空间比较

就东北满族传统民居而言,其居住空间"口袋房"就是一种"拓扑变换",是对满族传统民居中最尊贵的西屋空间的"拓扑变换"。西向崇拜早在满族先民在东北地区活动的时候就已经形成。当时的满族并没有引入汉族以"间"为单位的民居空间划分方式,全部家庭成员都居住在一间房屋内,卧室、厨房、仓储等各类居住空间均混于一处,房间的门开向东面。这种民居在东北被称为"马架子"。随着满族传统民居的发展,和汉族传统民居空间划分方式的引入及出于防止冬季冷空气入侵的考虑,厨房和部分仓储空间从原先的一间中分出,并以隔墙分开形成了一间半的格局,房门的开启方向也由东转向南,从而初步形成了今天满族传统民居的格局。后来,在与汉族的进一步接触中,由于受到汉族堂屋居中布置、两侧房间相连的轴线布局的影响,半间扩大为一间,这一间的东面又接出一间,形成三间制,进而又为五间制。但不论三间还是五间,西面的一间始终大于东面,有的甚至已经超出了"间"的限制,这既反映出西间的重要性,也说明了其他房间不过是西间的某种功能延续,是空间的"拓扑变换"。

2.2.3.3　寄托民间礼俗的建筑构件

满族的灶台是满族传统民居建筑中的一个重要构件。灶台位于满族传统民居的堂屋之内,是满族人用来做饭和加热取暖的主要设施。灶台的尺度为1.2 m×0.7 m,以砖砌

成,灶坑留在旁侧。灶台在堂屋的布局模式为堂屋南、北两面有 4 个,灶台后放餐具。值
得注意的是,在满族的灶台上,灶台的烧火口均不两两相对(图 2.45)。这是基于满族家
庭伦理观念的产物。满族民间认为若家中灶台的烧火口两两相对,则会带来婆媳不和。
这一禁忌从一个侧面折射出满族人尊老爱家的礼俗意识,寄托着满族人浓郁的亲情观。
这种做法在东北地区对其他各民族均有较大的影响。

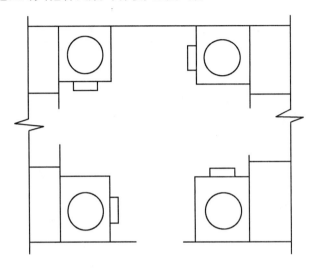

图 2.45　灶台烧火口均不两两相对

跨海烟囱是满族传统民居的一大特色,是区别满族传统民居与其他民族传统民居的
重要标志之一。满族传统民居中烟囱既不是建在山墙上方的屋顶上,也不是从房顶中间
伸出来,而是像座小塔一样立在房山之侧或南窗之前三四尺远的地面上,再通过一道矮墙
内的烟囱通道(图 2.46)连通室内坑洞,达到排烟效果。民间称之为跨海烟囱、落地烟囱,
满语谓之"呼兰"。

图 2.46　烟囱通道

跨海烟囱是生活在山林中的满族人的创举,之所以形成这样的形式,主要是因为有一

部分早期的满族住宅,在构筑材料的选取上以桦树皮为屋顶材料,以木克楞为围护板材,若将烟囱置于山墙或房顶,极易引起火灾,故而如此为之。但迁居平原以后,满族人的房屋构筑材料发生了转变,"青砖墙、泥瓦顶"建筑材料自身的防火能力较之从前大为改观,可烟囱的形式依然如故,既占用地又费材料,究其原因方知其故。由于这种烟囱与满族人的丧葬习俗有关,因此民间又把跨海烟囱称为"望乡台"。

2.3　东北满族传统民居文化涵化的成因

民居的生成,是出于人的需要,它的发展和完善与建造它、使用它的主体——人的生活方式、生产方式、思考方式、认知方式等密切相关。与农业文明相关的东北满族传统民居,它的使用者是从事农业生产的人,他们日出而作日入而息,这里便是他们休息的场所,赖以生存的民居与土地共同组成了他们生活的世界。一切生存需求在这里得到满足,一切精神需求也在这里找到了寄托。因而民居的生成与发展,不仅是物质上的,也是精神上的。随着农耕文化的繁荣与完善,文化的影响与作用已深深地反映到民居自身的个性中去,并借助其外部形态体现出来。

引起东北满族传统民居文化涵化的原因是多方面的,是多种因素复合作用的结果。从根本上讲,文化涵化的发生与两种文化持续的长时间的紧密接触息息相关。正是由于接触的量化积累所产生的刺激作用,加速了文化自身以自然进化方式发生文化变迁的速度。造成文化特质间相互传递,并通过与外来文化中与之相适配的文化特征的结合,来代替自身原有文化中不利于文化发展的部分,进而产生文化涵化。在满族传统民居文化涵化的过程中,民居的居住形态因素、居住行为因素、居住观念因素,均对满族传统民居的涵化产生影响。就其居住形态因素而言,人口的迁移流动、聚落模式的更替、家庭结构的转型为满族传统民居的文化涵化创造了接触条件和发生环境。而居住行为所包含的生产活动与生活方式等方面的因素改变了满族传统民居自身的居住需求并推动了满族传统民居的文化涵化进程。居住观念因素的变化则直接影响满族传统民居的居住文化,并促成文化涵化的发生。

2.3.1　文化涵化的居住形态因素

居住形态是人类居住活动的形式和状态的总称,是人类居住方式在行为上的体现,是居住行为的表象的总称。它既包括特定地理环境和特定社会条件下的人的社会组织结构、生活方式、行为心理,又包括人类居住的生理的、心理的、文化的以及社会的活动形式和内容的选择。同时,居住形态的形成与功能是由居住需求和与之相适应的物质基础和社会文化基础等诸多因素共同决定的。所以居住形态是一个有机的整体结构,各部分紧密相连、相互制约。

居住形态的存在条件在社会上会停留相当长时间,存在条件的滞留依赖于社会生产模式的惰性,特定居住形态的存在后期往往被存在条件所限制,直到对新居住形态的需求动力冲破惰性的网罩。新居住形态的诞生排挤了旧居住形态的供给系统在社会市场中的生存,造成这样一种状态:即使社会个体依然钟情于旧有居住形态,但是由于维持旧有居住形态继续生产的资源配给变得十分稀少,使得旧有居住形态的获得变得困难,迫使需求个体只能在新居住形态中选择,反过来促使其更蓬勃发展。当某种居住形态不能适应环境的变化时,即使人们不去主动认识这点并仍然试图维护其现有的居住形态,完成这种居住形态的自然与社会保障的变化仍会能动地扭转这种形态的图景,使其向着有利的保障条件所许可的模式转变,发展成为新的居住形态。

2.3.1.1　人口迁移流动的冲击作用

文化涵化的发生是由不同文化的接触而产生,没有文化的接触,涵化不会产生。因此,文化接触是文化涵化发生的重要前提,而人口的流动和移民则是实现两种文化相互接触的重要途径。正是由于异地人口向其他区域的迁移,从而使不同民族间的文化不可避免地进行不间断的交流,先进文化对落后文化加以冲击和影响,形成了民族文化共性和个性并存的格局,为不同文化间的互相采借直至文化涵化创造了条件。并且在内部人口与资源发生矛盾的情况下,人口迁移有向与原居住地条件相似的区域迈进的趋势,即尽可能寻找能维持其原有生活和生产方式的地域。在这个过程中,旧有的居住形态随人口迁移而扩展,并在新地域与现有自然供应条件相结合,产生变异并发展新的居住形态,这种变化既是对新地域自然环境的适应也是对新地域人文环境的适应。但这种迁移往往是被迫的,并不能保证迁移人口可以获得与原住地相似的居住环境,并且原有社会结构不一定能很快地复制建立,因而社会生活和社会结构与当地的社会现状迅速结合形成新的社会形态,并直接影响居住形态,使之确立了新的形象。

以中原地区的人口向东北迁移为例,早在清兵入关前,在与明军的战争及入关侵扰的过程中,清军俘虏和掠获了大量的中原汉族人,并将他们作为奴隶带到东北。清兵入关后,为了改变东北地区"沃野千里,有土无人"的状况,清朝政府曾鼓励关内汉族人到辽东等地居住垦荒,并于顺治十年(1653 年)颁布了《辽东招民开垦令》。该令规定:"是年定例,辽东招民开垦至百名者,文授知县、武授守备;百名以下六十名以上,文授州同、州判,武授千总。五十名以上,文授县丞、主簿,武授百总。招民数多者,每百各加一级。所招民每口给月粮一斗,每地一晌给六升,每百名给牛二十只。"这样,进一步加强了招民垦荒的力度。在顺治时期的辽东招民垦荒过程中,有大批的关内汉族人移居东北。清朝统一全国后,将东北看作满族的"龙兴之地"。为了保护满族"国语骑射"的固有习俗,使之免受汉文化的影响,康熙七年(1668 年),清朝政府撤销《辽东招民开垦令》,限制汉族人出关进入东北,此后便实行封禁东北的政策。尽管清朝前期实行了严厉的封禁政策,但仍有数以万计的中原汉族人迁到东北地区,而且数量在不断增多。其原因在于:首先,东北地区地处边塞,人烟稀少,环境艰苦,豺虎四嗥,霜雪遍野,是经济文化非常落后的极边苦寒之地,因此被清朝政府定为发遣流人的重要地区,而这些流人基本上都是汉人。其次,清初,沙俄侵略者不断侵扰包括黑龙江流域在内的东北广大地区。为了驱逐和防御侵入边疆地区的沙俄侵略者,加强和巩固东北北部边防,清朝政府在调派大批满洲八旗官兵的同时,还调派大量的汉族官兵及汉族流人等到黑龙江地区参战驻防及充役。再次,雅克萨之战前后,随着东北地区的驻防八旗官兵急剧增多,而当地落后的民族农业经济已经不能满足形势发展的需要,因此清朝政府便大批向东北地区发遣汉族流人来耕种土地,充当苦役。对于进入东北地区的汉族流民,地方官员及当地各族人多采取默许和欢迎的态度。

汉族人口的迁入,打破了东北地区人口分布的格局,在增大了人口密度的同时,使当地从事农耕的人口数量急剧增加。农业化进程的加速,改变了当地的社会形态。中原汉族先进的社会文化冲击着当地各族残存的原始公有制经济,使其氏族制度开始解体,并确立了以农业为主的生产方式。这样,汉族移民初步改变了东北当地民族孤立缓慢的社会发展状况,使其原有居住形态折中于与新环境要求之间的某种状态。新居住形态在短时间内成为主导形态参照物,在新拓展地,当家庭人口增加时,他们参照自己的经验,各个新家庭从大家庭中分离出来,再重建个人的单户住宅,至乾隆中叶,随着准许驻防官兵携带家口政策的确立,大量满洲八旗开始在东北建立新城和新居,这种新居所被称为"老官房"(图2.47)。"老官房"在整体的室内布局上依旧保持着满族传统民居原有的尚西模式,外屋西墙上设有祖宗板,上供宗牌、家谱等。但材料特性的变化对居所的影响却无法掩饰,由于中原地区的砖、瓦等材料代替了满族传统民居传统的土坯、茅草等材料,所以房屋的构筑形态显现出中原地区的风貌。室内火炕设置上亦受当地汉俗影响,出现了部分只设置顺山炕,而不设置南炕的布局。"老官房"结构严谨,美观坚固,从中既可以看到满族老屋的影子,亦可以看到中原传统民居的特征,显示出明显的文化涵化印记。

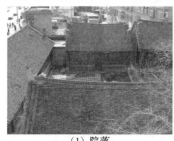  

（1）院落　　　　　　　　（2）建筑单体　　　　　　　　（3）建筑细部

图2.47　满洲八旗"老官房"

2.3.1.2　聚落模式更替的能动作用

聚落模式的更替是社会环境变迁的信号。聚落模式的更替直接影响生存在其内部的聚落成员的生活模式,进而对其居住形态产生作用。

满族早期的社会组织较为松散,多是以氏族为中心的部落聚居模式。传统的集体力量是进行社会生产和氏族对外交往的基石,因而,聚落就一个氏族来看就是一个完整的社区,它的成员只具有两种存在模式:核心支配力量与所有被支配对象,所以各社区成员的居住形态之间可以完全无差别地相同。唯一不同的是在社区中距核心区域较近的住居的主人可能在社区中的地位较高,重要性更强,从而有利于快速召集成员一起对事务进行协商或对外作战。这时的社会结构可以说是完全封闭的,个人的意愿必须完全服从于集体意志,否则无论对个人还是对集体都会形成生存利益威胁。在这种社会组织的制约下,早期满族村屯形成了"联木而居、筑城圈寨"的格局。在此基础上,有的满族村屯还在村屯外围筑起土木夹层,形成厚实坚固的寨墙,使村屯成为集军事、生产为一体的城堡。这种城堡满语称为"霍吞"。出使后金的朝鲜文学家朴趾源在他的《热河日记》中记载了"入燕使节团"有关"霍吞"城寨的见闻,他说,他们到达了一个"刳木树栅"的满族村寨。村寨外边,猪羊满山,早晨的炊烟缭绕,栅门被苫草覆盖着,木板门紧紧地关闭着。到了栅外,望见栅内起脊的房舍用苫草覆盖着,高高的屋脊,门户整齐。两旁的街道,平坦笔直,墙垣都是用砖砌筑的。乘车纵横,看着摆列出带画的瓷器,绝无村野的样子。"霍吞"城寨如图2.48所示。从这段描述中我们可以看出,"霍吞"城寨实际上就是氏族村寨的模式,其间的满族传统民居建筑多为就地取材、易于拆装、相对简陋的形态,反映出满族早期社会生产力较低和流动生活的特点。

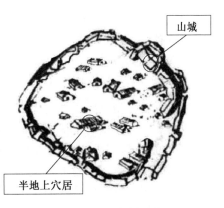

图2.48　"霍吞"城寨

随着满族社会生产力的发展与生产剩余的产生,人们获得生产结果的能力差异也明显化,为了保存剩余生产结果和有效控制生产活动不被干扰,家庭规模得以扩大,并逐渐与区域人群的集体利益联合起来,形成有效的体系。因此,满族的社会组织发生了变化,以氏族为中心的部落聚居模式被打破,取而代之的是军民一体的八旗制度和农奴制度。八旗制度和农奴制度将整个满族社会编为一体,增强了满族的生产力和战斗力,推动了满族社会的封建化进程,也加深了其私有化程度。依托氏族部落血缘关系形成的"霍吞"城寨不复存在,传统意义上的合族聚居发生了变化,出现了新兴的自然屯(图2.49)。"屯"一词的来源是"戍边军队屯田为生的方式",因八旗制度下的满族"出则为兵,入则为民",所以将这种聚居模式称为"屯"。自然屯较之"霍吞"城寨有这样几个方面的不同:其一,自然屯是以"户"为单位的聚落模式。一般以每屯30～80户为常见规模,也有上百户的大屯。以编户齐民的方式说明家庭在所代表的社会生产中占有与控制的能力。其二,在自然屯内,满族传统民居的四周围以横墙,大户人家用砖石,小户人家用木栅,形成各自独立的院落,院内种植青菜和花卉,这种以独立家庭为核心形成的院落空间反映了一定程度的阶级意识和私有化。其三,与"霍吞"城寨相比,自然屯的组成和维系不再单纯地以血缘为纽带,其间以多姓氏合居、满汉杂居的现象较为普遍,这是由于某种意义上的共同点使人们居住在一起,并受共同意愿支配,通过在相似条件下相互参照而形成的某种新的特定居住形态,在一定程度上为满族传统民居发生文化涵化创造了社会环境。

图2.49　满族自然屯

总之,聚落模式的更替,适应了生产力的进步,推动了社会环境的变迁,这不仅使其向更高级的社会形态发展,从而加快其发生文化涵化的脚步,而且使其在接受外来文化特质方面变得更为容易。

2.3.1.3 家庭结构转型的主导作用

家庭结构是指家庭成员的构成和相互作用的状态,以及由这种状态形成的相对稳定的联系模式。它包括两个基本因素:家庭结构的规模和家庭成员的相互关系。就此而言,家庭结构的规模反映了家庭成员的多寡,也对居住空间提出需求。同时家庭结构的规模也对聚居模式产生一定的影响,家庭结构的规模差异造成其不尽相同的聚居模式,从而影响民居的构筑。家庭成员的相互关系从一个侧面说明了不同成员在家中的地位,反映出伦理道德规范的约束力。其中,家庭结构对居住形态影响最大,也最为深远。在普通人心目中,家庭的具化形象等同于人们所居住的房子。李松涛在《家庭教育的社会支持研究》一书中说:"不管是东方还是西方,家庭都首先是作为一个经济单位,一个生产、繁殖单位而存在,它保证了人类生存、发展的基本需要。"而住宅又是家庭的主要使用对象,因而,与其说居住形态是"人"的居住形态,从某种意义上,毋宁说是"家庭"的居住形态。家庭结构随着社会形态和社会分工的进步发生演变,并造成居住形态上的差异。就满族而言,其家庭结构的转型也经历了一个过程,即由聚族合居的公共氏族家庭向单户独居的封建小家庭演化,家庭结构的转型对居住形态产生了重要影响。其一,它形成了居住的等级性;其二,它促使住宅各部分功能的明确化;其三,它使家庭成为社会的基本经济单位。家庭结构的转型通过居住形态的影响,使居住空间的组合关系由分散向聚合发展。所以家庭结构的转型对满族传统民居居住形态的变化起到了主导作用。

早期满族是以氏族部落为单位聚居生活,家庭形态还比较模糊。因劳作活动由氏族统一组织,生活资源分配模式是集中分配,并且经济生活风险比较大的时候,不稳固的收获使个人从属于公共家庭以求可互相依赖。渔猎与采集活动使生活物品的获得带有概率性,且公共家庭可内部互通有无,虽然有能力获得较好收入的个体有脱离家庭的愿望,但受到确保家庭公共利益的强制力量束缚,公共家庭还没有分裂成小家庭。所以在这个时期,财产私有制程度还不高,几乎不需要门前场地来存放生产工具与剩余消费品,因此居所之间的距离在没有院落的情况下往往很小,人们对私密性与不被干扰性的重视几乎还没有产生。

在社会经济向农业转型以后,私有化的加深使满族的家庭结构愈加明朗。因而以父姓血缘为纽带建立起的家庭形态愈发成熟。在这种家庭结构中,以父姓长辈作为家庭的核心,体现出传统社会的经验主义和父权在家庭中的统治性。随着满汉文化间的交流与相互扩散,汉文化中的礼制因素被纳入满族的家庭形态,由于它更适应也更好地加强了父系血缘在家庭中的正统地位,所以得到了广泛的接受和认同,从而使满族家庭结构的伦理次序表现出尊老重长、礼制教化的特征,因此,满族传统民居的院落层次所表现的正偏位次、尊卑差别,都是与这个系统中的差序相对应的。满族家庭里实施家长制的家庭管理,以老人为家庭的核心,家庭是一个集生产、赡养、生育等多种功能于一体的社会经济单位。在自然经济占统治地位的条件下,一般家庭的生产都是以自给自足的方式进行,并向当时的国家提供赋税,依靠的是自己家庭成员或帮工的有限力量、父祖辈传统的经验以及改进极为缓慢的生产工具进行物质再生产。所以满族崇尚"多子多福，养儿防老"的伦理观念。继而出现了规模较大、成员较多的家庭，并显现出主干联合型的居住形态组合。父母和已婚子女同住，三代同堂非常普遍。各种居住功能都要在住宅中体现，大家庭聚合模式使得庭院组织的组合住宅成为满族居住模式的主体形态，不论这一大家庭的具体规模有多大，它们都是以共同认同的一个核心为基础呈树枝状竖向发展的。于是满族传统民居就形成了以正房为核心组织院落，并向纵深发展的狭长平面布置方式。

2.3.2　文化涵化的居住行为因素

民居是自然、社会和经济的复合体，是进行所有动态的、生理的以及生活情感的等心理行为的场所，是人类居住行为的产物，同时也是传统观念和生活理想的空间载体。民居的自发形成或精心设计，总是与一定的时间、地点以及在特定的自然与社会条件下人的行为需要和心理需求相适应的。因此可以这样认为：在居住行为和民居这一对综合体中，居住行为是主导和决定因素，民居的产生和演化源于以居住为目的的居住行为。居住行为创造、发展并开拓了人们的居住空间；行为内容及含义的丰富和复杂化导致了民居结构的发展演化。

居住行为从属于人的行为这个大系统中，是其中的一个重要子系统。居住行为作为人类行为的子集，具有其他人类行为所具有的构成要素和系统活动结构。在狭义上讲，一般把与衣、食、住有关的行为称为居住行为。从广义上讲，居住行为可以这样界定：所有以自身居住为目的的人类行为都是居住行为。所以居住行为还包括在民居中进行的家务劳动和生产活动。在传统民居中，家务劳动和生产活动甚至是居住行为中最重要的组成部分之一。衣、食、住是狭义居住行为的三个基本要素，可以分别从衣生活、食生活、住生活等角度进行考察，但无论是衣生活，还是食生活，大部分都在民居内进行，因此包含在住生活的范围之内。所以，住生活是人类一切居住行为的基础。居住行为所反映的不仅是个人的生活行为，而且与家庭、社会发生着密切的关系。社会环境的变迁使社会内成员的生存状态发生改变，进而推动生产活动与生活方式的转变并最终引起居住行为的改变。这种改变令民居的使用者对民居本身提出了相应的需求。当这些需求在民居无法通过自身的演化得以实现时，唯有通过借助其他已有居住文化的特质来达成目的。而在与其他已有居住文化交流的过程中，必然会产生文化间特制的相互转移和替代，从而造成自身居住文化的涵化，并作用于民居的居住空间。这一出发点就是满族传统民居能够实现文化涵化的动因之一。

2.3.2.1　生产活动的变革

早期满族社会的生产活动以采集和渔猎为主，并兼有小部分原始农业。因此，自然生态系统中循环剩余的能量就成为其赖以生存的物质基础。对当时的满族社会而言，怎样更好地获取并在居所内储存这些自然供给的能量，是其在东北地区严酷的环境下得以生存的必要条件。所以，早期满族在构筑居所时充分考虑自身生产活动的特征，采取了相应的措施，以适应这种生产活动为居住带来的种种影响。

根据满族有关的史诗和英雄传说的口碑记载，早期满族曾采用过树居（图 2.50）形式的长方形木建大屋作为居所。其建造方法是：选择一片狍鹿也难以寄身的密林，砍去相邻的一排树冠,在离地一定距离的众多树桩上,铺一层木头当地板,然后于其上积木为屋,以木梯上下,形似现在东北地区的"苞米楼"。这种居所是当时氏族部落的集体居所。其形态说明由于早期满族社会改造自然的能力较弱,均是因借自然条件而居,人为的作用较小,显现出生产活动对密集型人力的倚赖。在这种居所中,通常居室与仓库集于一体,甚至还出现了人与家畜同居一室的情况。据《绝域纪略》记载:"其居室象鸟兽而为巢、为营窟。木颇材而无斧凿,即樵以架屋,贯以绳,覆以茅,列木为墙,而墐以土,必向南,迎阳也。户枢外而内不键,避风也……牛马鸡犬,与主伯亚旅,共寝处一室焉。近则渐分别矣,渐障之成内外矣。渐有牖,可以临窗坐矣。渐有庑庐矣,有小室焉,下树高栅曰楼子,以贮衣皮。无栅而隘者曰哈实,以贮豆黍。"反映了当时的社会结构具有明显的单一向心性特征,氏族作为一个

图2.50　树居

单元体,为了在低水平的基础上强有力地保障社会的供应与安全,必须使社会意识高度统一,任何有可能妨碍社会运转效率的分散意识均得到压制。社会总资源集中汇集再统一分配,所以住宅内部不可能向农业社会那样保有生产与储藏功能,实际上由于生产力水平的制约,物质资料的收获量也不需要居所提供单独的仓储空间。同时也说明在当时的社会条件下,虽然居所具有的居住功能占据着首位,但居所已经承担了部分生产功能,只不过居住行为的混沌化使民居的生产功能与生活功能的分区还不甚明显,发生在居所内以对收获物的加工、储藏为目的的生产活动在居住行为中所占的比重还不大。

随着与中原汉族文化涵化进程的不断深入,农业社会先进的耕作经验、耕作技术以及生产工具陆续传入满族聚居区。技术的改善提高了生产力水平,继而引发满族社会生产活动的变革。集体性的渔猎和采集生产逐步被家庭的农业和手工业生产取代。生产活动的变革影响居住行为的变化。由于收获量的增加和物资种类的多样化,要求仓储空间较之原先在整个居所的空间中所占的比例加大,并且一些特殊作物的存储还要求仓储空间独立设置,因此,仓储空间完全从居住场所中独立出来,但相互之间仍需紧密联系,作业面与居住地的对应关系十分强烈。而在两者之间没有中间环节,作业所需的工具、原料以及作业产品均不能脱离居住场所。脱离住宅之外的生产专用建筑,即使它在建筑实体上是一栋独立的建筑,但在从属关系上仍是住宅的一部分,体现在满族传统民居中即出现了被称为"苞米楼"(图2.51)的专用仓库。苞米楼的出现使满族传统民居的生产功能与生活功能产生明显的分区,改变了满族传统民居居住空间的比例划分,使其民居形态愈发接近农业社会居住形态。同时围绕苞米楼出现了一些与之相关的居住行为,这些居住行为衍生出了新的居住习俗。满族同传统从事农业生产的民族一样,过年时,会把"福"字和"五谷丰登"的喜帖郑重其事地贴在苞米楼上面来祈祷上天保佑来年丰收。不仅如此,每

年农历正月二十五还被定为"填仓节",出现了"祭仓神"等活动,祈求风调雨顺,粮食满仓。

图2.51　贮满的苞米楼

生产活动的变革,还促使满族社会小聚居形态形成的加速。在发展较快的村镇中,合院形式成为满族家庭的主要生存空间,院落空间形式很适应农业生产方式的需求,院落内的空场常常用于晾晒粮食和用作打谷场(图2.52),并方便家禽、家畜的饲养,使满族居民告别了"象鸟兽而为巢、为营窟""牛马鸡犬,与主伯亚旅,共寝处一室焉"的原始生存状态,实现了"炕暖窗明有书册"的生活。同时源于以生产活动为目的设置的院落空间还增加了满族居住行为的丰富性。一些原本在室内进行的婚礼、丧礼等仪式的部分内容均改在院落内进行,并且院落空间亦是节日里扭满族大秧歌、踩高跷的重要场所。

图2.52　院落打谷场

2.3.2.2 生活方式的演化

生活方式是社会文化的载体。社会文化对居所的作用就是通过居民的生活方式来具体实现的。生活方式的范畴比较宽泛,人类的衣食住行等各方面的活动都是生活方式的具体体现。同时,生活方式具有时间性和空间性。不同时期、不同地域的人们,其生活方式也是千差万别的。并且,生活方式并不是一成不变的,它随着时间的推移发生演变,进而与当时的社会环境相适应。生活方式与行为方式之间有着密切的联系。拉普普在他的《住屋形式与文化》一书中说:"生活方式产生行为方式。最具体、最特别的行为方式将生活方式与建成环境联系在一起。"因而,生活方式的演变对行为方式的改变起决定性作用,生活方式发生变化,人的行为模式必然改变,并最终影响着与之相关的居住空间即居所本身的演变。

早期的满族传统民居中,并没有火炉和灶台等取暖和烹饪设备。其对抗严寒气候与烹饪食物均采取"炽火其上"的明火加热方式。之所以采用这样的手段与当时满族社会的生活方式有关。生活在山区林地的满族先民,依山而居。游移不定的牧猎生活使他们时常要在野外随时随地获取食物充饥。因此,明火烧烤猎获就成了满族先民的"家常便饭"。在山林中,以明火加工食物的方式简单易行,很适合野外生存的需要。而且,熊熊的篝火不仅为处在户外凛冽寒风中的人们带来些许温暖,还驱散了生活在山林中的猛兽。令人在体力得以恢复的同时,也可以安全地休息。所以,满族人崇拜火,当时即便在居室内,也要用火盆(图2.53)生起一堆火焰围而居之。也正是居无定所的牧猎生活方式,决定了满族先民以明火取暖和烹饪的居住行为。

(1) 火盆的形态　　　　　　　　　　　　　(2) 火盆的使用

图2.53　火盆

在定居转产以后,伴随生活方式的演变,满族的居住行为也发生了新的变化。定居生活使农业生产活动成为满族社会主要的生产方式,农业社会的生活方式为满族社会所普遍接受。由于农业生产的收获较之原先的收获大为增加,造成满族原有的饮食结构改变,使农副产品在很大程度上替代了原先的天然猎获,从而引起食物加工方式的改变。明火烧煮的方式由于对火势的大小缺乏有效的控制,使食物的精细加工变得很困难,已经无法满足新生活方式的需求。因此,满族借鉴了汉族的烹饪方式,使用灶台(图2.54)来加工和烹煮食物。灶台的选材用料和砌筑方式亦源于汉族传统民居。灶台以生土或砖石砌筑,分上下两层,中间以铁箅分离方便燃烧后的炉灰掉落,上层有可供铁锅嵌入的灶口,既便于炊具的加热,又可有效控制火势,并提高了能源的使用效率。同时,以灶台进行食物加工的居住行为还与满族的炕居生活相联系,进而改变了民居内部空间的布置形式,使之与农业社会的居住空间更加接近。满族厨房按其民族原有的风俗习惯布置在东屋的后半部,使厨房内的杂乱物品隐藏于后面,这是比较好的处理方法。随着生活方式的变化,发生在厨房内的居住行为较之以前有所增加,因为间架窄小不易操作,所以满族人学习了汉族的习惯,将厨房搬于外部,灶炕留在旁侧,锅台上方的西墙上,供奉着灶王爷,配有对联。在灶间西墙上供奉汉族民间神的行为,一方面反映了满族在生活方式上与汉族的融合,另一方面也反映出满族传统观念中尚西思维的根深蒂固,是文化涵化的有力说明。

（1）汉族传统民居的灶台　　　　　　　　　（2）满族传统民居的灶台

图 2.54　汉族传统民居与满族传统民居的灶台

2.3.3　文化涵化的居住观念因素

居住观念是以民居为媒介形成的认知意识。在产业社会以前建造的传统民居是集团选择的结果,而不是个别形成的,它反映了一个集团文化认知的许多侧面。由此,居住观念作为一个特定的社会文化观念而产生。

一个民族的民居是我们了解该民族社会的重要途径。民居虽然是由物质组成的造型物,但它的产生、发展乃至演化与社会的总体环境以及社会成员的居住观念有密切关系。不同民族对居住观念的不同理解,不仅造就了不同民族民居形态的差异,也是形成那种民居形态的原因之一。同所有的文化观念一样,居住观念也不是固定不变的。承载在民居物质外壳中的居住观念随着时间的流逝不停地发生变化。就居住观念而言,家庭形态的变化和居住意识的变迁所带来的价值观变化等内部因素以及外部社会状况的变化、技术的发展、外来文化的流入等均会对其产生影响,但这种影响对居住观念并不是完全意义上的改造,而仅仅是对其中某些与社会变迁不匹配的内容加以改革。因此,在居住观念的结构中,并存着从始至终没有发生变化而维持下来的永恒面和对应时代的条件发生变化的可变面。当一种居住观念的可变面与其他居住观念的可变面产生重叠,并且这种重叠积累到一定程度时,就会引发两种居住观念的内涵走向趋同。它不仅打破了介于两种居住文化间的壁垒,使之在不断的接触中发生文化涵化,同时也通过民居的形态表现出来,令二者之间的物质形式愈加相近。所以,居住观念的趋同,对于存在于民居建筑中的文化涵化现象的生成起到了重要的促进作用。

2.3.3.1　农业定居观的确立

传承至今的东北满族传统民居是典型农业定居观的产物,在满族的社会经济形态由渔猎社会经济向农业社会经济不断的转型中,越来越多的满族人被牢牢"固定"在自己耕作的土地上。农业耕作使食物的来源和获取愈发趋于稳定,并将原本动态的生存形式变得静态化。因此,满族社会需要找到一种新的居住形式来适应这种经年不变的生活和生产方式。经济形态和居住需求的变化改变了满族的居住观念,使他们放弃了原有迁居生活中形成的居住观念,转而在与外来汉族文化的接触中表现得更为迫切,所以由汉族成熟农业社会所缔造出的适合农业生活和生产需求的居住观念很快就在满族的本土居住文化中得以确立,并借助民居的构筑实体表达出来。

1."安土重迁"的定居思想

土地是农业经济中最为重要的生产资料,是从事农业生产的人口赖以生存的基础。由于农业生产不同于渔猎和采集,其生产对时间的规律性和周期性要求较高,因此生产者要依托土地、依照农时进行生产。所以对于生活在农业社会中的人们而言,最需要的就是能够长久地在自己所掌握的土地上得以稳定地耕作,由此就产生了"安土重迁"的居住观念。在满族步入农业社会以后,经济形态的转型使之在接受了农业定居形态的同时,也使自身的居住观念与农业民族趋同,将居所与土地的安置视为生活的头等大事。因此,定居形态下的满族传统民居在满足实用功能的同时,亦追求质量上的坚固,以达到使用上的耐久性。其因有二,一是将居所作为其实现农业长期生产的保障,二是将居所作为固定资产以遗子孙后代。所以在这种居住观念的指引下,满族院落的主体建筑不仅以五檩五椽作为基本的结构体系,并且为了增加结构的稳定性和强度,其柱基均以巨石雕凿,如图2.55所示。在墙体的砌筑上,整个房体除以青砖作为材料外,其磨砖对缝的部位常以白灰和糯米汁混浆浇注,强度堪与如今的混凝土材料相媲美。另外,满族传统民居除通过牢固的结构和砌筑来表达对"稳定生活"的追求,还以构件的防腐处理来实现其"经年不变"的耐久性,从而体现出"安土重迁"的居住观念。东北有"出头的椽子先烂"的俗语,为此,椽头的防腐就成为居住者思考的重要问题。为提高建筑构件的耐腐性,东北满族传统民居在如一般房舍出檐的同时,又在"檐外加檐"——加筑宽约半米的"假檐"(图2.56)。这不仅使雨水无缘与房椽子接触,也为人们或家畜在檐下提供了纳凉、避雨之所。这一形式是东北满族传统民居的创举,是对中原汉族建筑加以理解以后的改造,反映出居住观念趋同而非雷同的特点。

2."趋吉避凶"的生活憧憬

安定与和谐是生活在农业社会中人们的基本追求。而趋吉避凶是实现安定与和谐的前提,也是人类的生存本能。因而,在传统民居中,人们通过对吉祥纹饰的描绘和刻画来表达对美好生活的憧憬。吉祥纹饰是借自然物象以表达理想、追求、情感的一种艺术手法,其基本特征是用表征祥瑞的仙禽神兽、奇花异草、戏文故事、日月星辰等纹样为装饰题材,往往通过某种自然现象的比喻关联、寓意双关、谐音取意、传说附会等形式和手法来表达趋吉避凶、祈求幸福的思想感情。其中,以暗寓、象征为特征的手法有含蓄隐喻的特点,以一个个独立的图像为单词组合的谐音借代的表现手法就简单明了,如蝠(福)、桃(寿)、金钱(禄)、石榴(百子)、葫芦(万代)、花瓶(平安)等图案使用很多,反映出人们趋吉避凶的居住观念。东北满族传统民居亦是如此。入关前,满族传统民居的装饰比较朴素,多以木制几何纹样作为门窗等构件的装饰,如图2.57所示,山墙表面则不做装饰,体现建筑材

图 2.55　圆形石柱础

图 2.56　假檐

料本身的肌理、色彩和满族质朴、率真的民族性格。入关后,东北满族传统民居的装饰纹样发生了很大变化,在门窗、山墙、影壁、搏风等组成元素和构件上出现了大量以砖雕(图 2.58)或木浮雕为装饰的纹样,其内容多借鉴汉族文化中的装饰符号,所要表达的寓意也符合农业社会的追求,突出体现了祈求安定祥和的心理。吉祥纹饰在中原地区主要以暗寓象征为主,而在东北满族传统民居上则主要以谐音、借代为特点,而这里的谐音与借代均是取自于汉语的音和意。例如,枕头花(图 2.59)上的牡丹寓富贵,以三级莲台为饰上承牡丹表示"双喜"富贵,喜庆连续不断,莲台下接蝙蝠寓"多福"。檐头的万字图饰寓"福寿万代"。虽然东北满族传统民居的吉祥纹饰及艺术表现形态不及同时期中原汉族传统民居的丰富多彩,但其转型为农业民族的趋吉避凶的居住观念却一览无余。

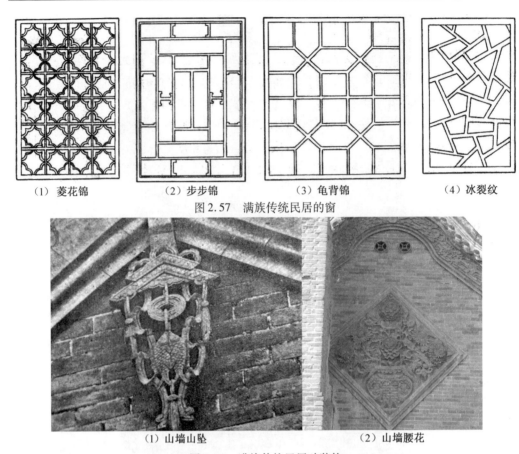

（1）菱花锦　　　　（2）步步锦　　　　（3）龟背锦　　　　（4）冰裂纹

图 2.57　满族传统民居的窗

（1）山墙山坠　　　　　　　　　　（2）山墙腰花

图 2.58　满族传统民居砖装饰

图 2.59　满族民居枕头花

2.3.3.2　个体行为空间的形成

人类的隐私心理是源自于动物性的领域感发展成为的个体与群体的私密性需求,基于对隐私心理所派生的私密性活动如睡眠、洗浴、便溺、更衣等的尊重,人们对其自己创造的居住空间也有了防卫、划分、分隔,从而满足人们对于独处与视线禁忌等行为的需求。

不同的文化对同一行为私密性的理解和要求是不一样的,但是独处与视线禁忌却是人类共同的心理。当同一文化中的人们对私密要求具有近似形式时,就形成了共同的伦理文化要求,并反映在居住观念上,而这种居住观念的发展指导了居住空间私密性的发展。形成居住空间私密性的方法有分割和附加两种方式。生活的进步导致居住平面的功能分化,隔断的发展带来了功能的分区,因此说,正是这种独有的领域感造成了住宅私密空间的形成和确立。

从满族居室的平面布置上看,在早期满族的居住观念中其注重的是家庭成员的共同活动和交流,对居住隐私的关注程度并不高,因而不大重视个人居住空间的分割。这种居住观念一方面反映了早期满族集聚的聚居习俗,同时也反映出满族在婚姻制度和家庭伦理规范方面的特征。随着满族社会文明的进步及汉族的伦理道德和价值观念对满族文化的渗透,尤其从对偶婚过渡到一夫一妻制,满族的婚姻制度与家庭伦理规范逐渐与汉族趋于一致。在崇德元年(1636 年),《登基(极)议定会典》五十二条就仿效汉族,对身份等级、婚姻、分家、僧道等做出明确规定,使汉族的伦理道德观念成为满汉人民共同遵守的道德准则。满族的居住观念中开始注重对个人隐私的保护,从而,对个人的居住空间加以分割。

在满族传统民居中南炕为家长(老人或家中父母)的住处,西山墙边的炕为客人来往暂居之处,东山墙边的炕为放炕琴柜或木箱子的地方,北炕为晚辈、儿孙住处。未成年子女大半同父母或祖父母同居一室南北炕或同一铺炕。炕沿上拉上帘子(幔帐)(图 2.60)以示分隔,这种分割方式比较简单,虽然起到了空间化分的作用,但对隐私的保护还不强。因此,后来在满族传统民居中出现了以木材制作的分隔墙——炕罩(图 2.61),炕罩作为硬质隔断,将整个卧室的炕分成几个空间,既兼顾了隔辈人同住一屋的习惯,也使得整个屋内既有分隔,空间上又不阻断。而且炕罩以网格和框格为主,网格由纵横棂条交搭组成,呈现出匀质的、无偏倚的、无方向的格式,对居室空间起到了丰富层次和装饰美化的作用。

图 2.60 幔帐

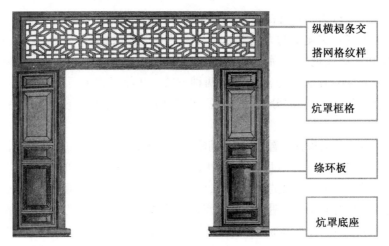

纵横棂条交
搭网格纹样

炕罩框格

绦环板

炕罩底座

图 2.61　炕罩

受汉族伦理观的影响,婚后的成年子女都有独立的居室,各居室间有墙分隔,有了独处的空间和时间,这是居住观念和家庭生活上不可小觑的进步。但是满族对个人隐私的保护观念是有时间限制的,一是局限于夜晚,二是白天不能待在自己房间里过久,体现了满族对于家庭成员间交流的重视。

2.3.3.3　炕居等级观的耦合

火炕作为室内卧具,本应是生活私密性的空间载体,但由于东北自然条件和物质条件的影响,使得东北满族传统民居的明间厅堂不再作为最重要的公共活动场所,而变成生火、煮食、取暖、杂役活动集中的场所。而会客、吃饭、睡眠、议事等主要活动都集中在正房的两侧室内,尤其是在炕上进行,从而形成了满族特有的炕居生活(图 2.62)。这种公共化的私人生活,一方面虽然促进了社会交往,平易的聚会方式拉近了人与人之间的距离;但另一方面,也使得家庭内部成员行为活动的私密性无法得到保障。客人来访,主人会热情地邀请客人上炕,空间的有限使得人与人之间的交谈限定在一个近乎亲密的尺度上,无话不谈很自然成为这种聚会方式产生的"习惯"。同时,炕采用集中式或连通式的方式布局,使得家庭成员的男女老幼都不得不在一个空间范围内生活作息,一些私密行为受到了压抑。狭小的炕居空间为就餐等活动带来不便,妇女为照顾全家的饮食起居,经常忙于灶台前和炕沿,炕上也几乎没有她们正式坐下来就餐的地方。正是这种炕居的生活模式,对以男性为中心的家庭伦理观念起到了催化剂的作用。

满族人初建火炕之时,并没有想到更多的方面,只是为了满足取暖和住宿的需要。作物秋收后,还可在炕上烘干粮食。至于火炕上的等级观念则是在与汉文化的接触中融入的。在汉族的生活中,屋内的火炕被赋予了礼法的内容。曹雪芹在《红楼梦》中对此有生动的描述,他通过黛玉拜见王夫人的情节展现了一个礼仪森严的社会,而这些礼仪都是围绕着火炕引发的。"老嬷嬷们让黛玉炕上坐",而"黛玉度其位次,便不上炕,只向东边椅子上坐了","王夫人再四携她上炕,并往东让,黛玉料定是贾政之位,便挨王夫人坐了"。表明围绕着火炕所形成的封建礼教已完全为社会上层所接受。人们在思想中,已逐渐形成了炕上为尊、地下为卑,炕上则东尊西卑的等级观念,且这种观念约束并规范着人们的行为方式。

图 2.62　炕居生活

在满族的居住观念中也有在火炕上体现等级划分的礼制,如宁古塔家中居处有"男女各据炕一面"的习惯;另有记载佐证,满人寝居的顺次是"南曰主,西曰客,北曰奴",表明满族普通人家的睡卧也按身份之不同划分出主次。而且,其礼节还规范到睡卧的细节。例如,清代柳条边外的满族人,"卧时,头临炕边,足抵窗,无论男女尊卑,皆并头。以足向人,谓之不敬。惟妾则横卧其主之足后,否则,贱如奴隶亦忌之"。火炕对满族人来说,不仅是"寝食其上",还是待客的最佳场所,有记载曰:"辽东民风朴质,雅尚礼数,⋯⋯客至,均延入卧室,主妇必出礼额。室中两面皆炕,速客登炕,盘膝时不可去履,虽泥污坐褥弗顾也。去之,则主人怒为无礼矣。"也正因满族人的这种习俗,使得"昔年行柳条边外者,率不裹粮,遇人居,直入其室,主者尽所有出享。或日暮,让南炕宿客,而自卧西北炕"。这些记载说明了满族民居中火炕已经完全融入了儒家的礼法观念,无论是自家寝食,还是待客,都有约定俗成的礼节。

第3章　东北传统民居的文化生态研究

3.1　东北传统民居的文化生态环境分析

3.1.1　文化环境概述

东北地区融合了多种复杂的文化要素,如鄂伦春族、鄂温克族、赫哲族以及满族、朝鲜族等不同民族的文化,同时也涵盖了多种外来的文化,如日本、俄罗斯以及朝鲜等国家的文化。其中又以汉族的文化要素统领着各种其他的文化要素,它们共同构成了东北地区多元的文化格局。这些不同的文化民俗不论是在语言方面还是在饮食娱乐方面都影响着东北地区文化的发展,促成了东北地区继承又发展了的多元文化层次。例如,在饮食方面,东北地区深受俄罗斯的影响,苏伯汤、俄式煎饼等等有特色的食物在东北的餐桌上也是很受欢迎的。由此可见,东北地区的文化环境是一个融合了多种不同文化的复杂的文化系统。

3.1.1.1　根据文化生态环境分类

所谓文化生态环境,指的是文化的生存和发展赖以进行的自然、经济、社会和文化的各种条件的总和。文化的存在和发展也是在一定的时空中进行的,需要一定的外部条件,而所谓时空和条件,也就是环境。根据文化生态环境的特点,可把东北传统民居的文化生态环境归纳为文化内环境和文化外环境。

1. 文化内环境

所谓文化内环境,是指文化领域内部各种不同文化形态、模式、类型、形式、项目之间的关系。文化生态环境的观念建立在系统论基础之上,将文化系统内部的主要因子分成若干个层次,即文化形态、文化模式、文化类型、文化形式、文化项目等,各层次之间横向、纵向的关系错综复杂。其中的各因子不是一个独立的事物,而是以相互联系的状态存在于文化系统之中,它们互为条件,相互渗透,相互制约。

2. 文化外环境

非文化因子也对文化生态起作用,它们构成了文化生态的外环境。自然界、自然事物等就是十分重要的文化外环境。一方面,自然事物为文化提供了物质载体和手段。另一方面,自然事物也为文化提供了创作对象。最为重要的是,不同的自然环境直接影响着人们的实践,使得各地的区域文化各具独特的风格,地理环境决定论者甚至把自然条件当作文化状况的决定因素。

3.1.1.2　根据文化环境要素分类

1. 人文地理环境

东北地区属于我国纬度最高的几大地域范围之一,冬季较为寒冷,是典型的寒地气候区。这一特定的地理位置必然形成了这一地区独特的人文、历史环境,历史上人们在这种独特的环境下必须采取一定的手段来满足自己的生活需求,但与此同时又受到当时经济条件以及技术水平等方面的限制,房屋也仅仅能够满足一些基本的生活需求,如通风、采光、防寒等,因此呈现出如今这一独具自然环境及地域特色的民居形态表征。

2. 传统文化环境

中国传统文化是各地方民族特有的文化的集大成者。它的形成是历史积淀的结果,它是各民族文化的总体概括,然而对于不同的民族、不同的地区来说,由于所处的特定的自然环境,各自又会形成区别于其他民族的独特的文化环境,充分体现了历史文化的多样化特征。东北地区相对其他地区来说,位置相对偏远,气候相对寒冷,在文化方面也相对落后,但具有自己独特的文化特点。

3. 地域人口环境

在东北地区,民族分布是以汉族为主的。其他的民族主要包括满族、朝鲜族和蒙古族。在各民族长期的"大杂居、小聚居"的生活气息下,不同民族的民族传统和文化习俗都得到了充分的交融,在长期的生活过程中虽然有同化的部分,但是各自还是保留了自己独特的部分。

东北地区除了汉族以外在其他三个主要的民族中,以农业生产为主要生活方式的满族是人口数量最多的民族,占全国全部满族人口的 3/4 还多。而以种植水稻为主要生活方式的朝鲜族,主要分布在东北地区的吉林省,几乎全国的朝鲜族都分布在这一地区。同时,还有许多其他的民族散落在这一区域的各个部分。

4. 政治经济环境

东北地区林区、平原、河流分布较广,因此长期以来在这片富饶的土地上一直呈现多种经济形态并存的态势,以农耕为主,渔牧等为辅,它们是这片区域人们主要的生活方式和经济来源。农业在这里一直是最重要的经济形态,延绵几千年不断发展繁荣。较早出现农耕业的地域主要是东北的南部和中部,最北的位置靠近呼伦贝尔地区,几千年的历史进程,农业在这片土地上生生不息,最繁荣的地带莫过于辽河两岸附近。而东北丰富的林业及水资源更是注定了渔猎业的繁荣。凡是有山林湖泊的地区都是渔猎人民的驻足之地,渔猎成为他们生存的重要技能。渔猎文化建筑建造活动的关系结构如图 3.1 所示。它们共同成为东北地区政治经济环境的重要组成部分。

5. 民俗文化环境

东北各民族在历史长河的积淀中,每个民族都逐渐形成了不同的民俗,这其中有自己独特的文化内涵,同时也受其他各种文化的熏陶。东北各民族的饮食、服饰、礼仪、生产、生活等习俗都是各具特色,决定这些特色的重要方面就是自然地理环境、文化渊源、经济条件,且它们也具有一定的共同点。在时代日益发达的今天,仅仅从表面上已经不容易分清各种不同的民族来,所以区分民族不同的重要参考就是其各自不同的民俗风情。

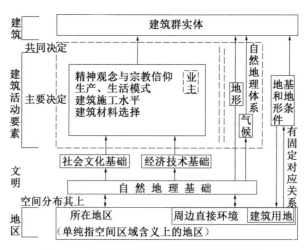

图 3.1 渔猎文化建筑建造活动的关系结构

3.1.2 东北传统民居的文化资源分析

3.1.2.1 传统空间形态

东北传统民居形体以横长方形居多,该形体的形成源于东北地区的寒地性气候特征。从这一平面布局就可以看出地域性在东北传统民居上的体现,比如崇尚南向,将房屋大面积的一侧以及大部分门窗置于南面从而获得南面光照带来的温暖并且减弱北风的侵袭。在主次的布置上依据居住者经济条件,面阔小于三间的民居在布置门窗与室内间壁位置时无须按章守纪,可随主人喜好而定;三至七间民居大多数都采用以中央明间为中轴,其他房间左右分布于其两侧的方式。根据地域特点不同,房屋形式也千差万别,如屋顶形式有近乎平顶的单面坡与双落水,以及囤顶、攒尖顶、硬山顶、悬山顶、歇山顶、四注顶等不同的式样。以上布局部分不受汉族礼教束缚的旧式满族民居和部分偏远乡土民居不适用。

3.1.2.2 特色行为场所

依据用途的不同东北各民族传统民居中都有着相对应的活动空间。以汉族传统民居中的院落为例,汉族人民一般习惯在院子中圈养马匹、堆置柴垛及进行劈柴晒谷等劳动作业,所以相对于以上要求来讲院落的尺寸上就有了一定的需要,必须有足够的空间来满足所有需要,而相对于前院来说后院用途比较单一,利用率也较低,通常就是用于屯粮和运输。一般会在外围墙与主建筑间留出道路既满足交通需要又能进行空间上的划分,使院落布局划分清晰。如图 3.2 所示为房墙相离式的院落布局。

在满族传统民居中,院落里会立有索罗杆。这种民间称为"神杆"的立柱也有多种形式。一般为 1 丈多长的笔直树干,直径在 15 cm 左右,人们将多余的树枝树皮削去,并将顶端削成锥形,在尖部扣放一只空锡碗并固定在端顶 1 尺之下,并将此柱立于 2 尺高的石基之上。索罗杆的位置一般选择立在整个民居的东南方向。受汉族的传统礼制中居中为尊的影响,索罗杆会被立在中间的第二进院落的中心位置,并用砖砌或木制影壁遮挡。因为杆子高于院墙,所以人们远远的便会看到此杆,这也就是此杆为何会成为东北满族传统民居标志的原因。

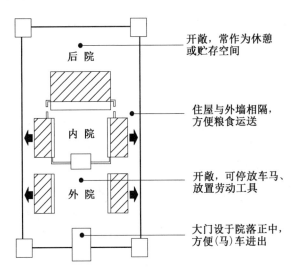

后院　——开敞，常作为休憩或贮存空间

内院　——住屋与外墙相隔，方便粮食运送

——开敞，可停放车马、放置劳动工具

外院　——大门设于院落正中，方便(马)车进出

图 3.2　房墙相离式的院落布局

　　更值得一提的还有东北传统民居中最常见的"火炕"(图 3.3)。由于东北地区位于北温带，因此东北地区的冬天异常寒冷和漫长，于是室内供人们取暖坐卧之用的火炕便应运而生。随着火炕的产生也同时衍生出一系列围绕火炕的东北习俗。比如谁家要是有客人来访，自家主人会将最暖的热炕头让给客人就座。客人若只是小坐拜访、停留片刻就会侧身坐于炕沿；若是接受主人邀请、脱鞋上炕的客人则是打算停留较久，如此便可与主人在热炕上畅谈小憩。在有火炕的东北传统民居中吃饭时需要在炕上放一张约 30 cm 高的四腿小桌，也叫"炕桌"。开餐时把饭菜趁热从灶台直接端到炕桌，特别是在长达半年的冬季里，全家人围坐在温暖的火炕上吃着烫口的饭菜，而一墙之隔的室外却是寒风凛凛，白雪皑皑。

图 3.3　火炕

3.1.2.3　建筑景观符号

　　经过长时间岁月的洗礼和历练，各民族在东北传统民居建筑中都融入了自己民族的特点，这些民族特色以民居建筑中的景观符号为载体传达给人们并将各民族的风土人情完全展现。下面将以满族民居为例做具体陈述。

满族人民有着质朴、豪爽的民族性格,这点在满族民居中建筑的装饰上就可以体现出来。例如其门窗等构件的装饰大多以木质几何纹为主;山墙表面为突显建筑材料本身的质感而不做任何装饰等。

在满族入关后,其民居的装饰风格也发生了一些转变,建筑的很多构件上相继出现了许多精美的木雕、砖雕,其纹饰图样也异常精美。这些装饰纹样的原型大多取材于汉族传统文化中的一些装饰符号,中心主题都是表达了对于原始农业的兴盛期望以及对于平安幸福的祈求和暗示。这些吉祥纹饰图样在中原的表现形式主要为暗喻象征,而在东北地区满族人们则通过谐音、借代来表现祈福。

3.1.2.4 地域营建形式

首先,从建筑的选材入手,根据地区自然、气候特征的不同而因地制宜地选择满足居住需要的建材是十分重要的。东北地区的气候特点就是冬季异常寒冷漫长,所以保暖对于居住者来说便是最重要的需求,因此用砖石和泥土砌筑的厚实围墙便成为东北传统民居必不可少的构成因素。从汉族在东北传统民居中所运用的建材的丰富多样性就可以发现汉族的建造水平在历史上一直处于相对领先的地位,在民居建造中会使用各种不同材质特性的材料(类似于毛皮、石灰、泥土、植物等)拼搭而得到满足生存需要的房屋。而相对于汉族,其他民族则会选取简单易行的天然材质进行民居建造,如鄂伦春族的昆布如安口、撮罗安口、树上安口以及冬季渔猎活动时期特有的胡如布等就是只以单一的木材和苦草为建筑原材料的典型民居形式。

其次,在构筑形式上要求民居要根据东北寒地的特殊地域特点而因地制宜。这一特质在东北传统民居室内的代表性建筑构造火炕上体现得淋漓尽致,火炕结构如图 3.4 所示。火炕利用砖、石、土这些重质材料的蓄热性,将通过炕洞的空气加热,随着空气的流通,垫在下面 30 cm 厚的黑土或黄土开始蓄热并缓慢持续地向外散发热量来保持上面的炕可以余温不断。火炕的形成也展示了人类的聪明智慧,火炕的主要原料——土壤的应用也是最早对于节能和可持续材料的探索和发现,它不仅具有冬季蓄热的功能,就算在潮湿炎热的夏季同样可以吸收地面的湿气保持炕面干燥舒适。在东北地区,不同民族的火炕在布局、用途、构造及高度方面各有其特点,见表 3.1。

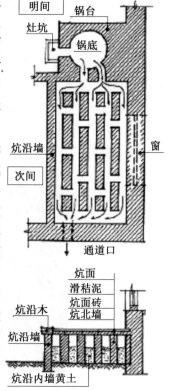

图 3.4　火炕结构

表 3.1　满族、汉族、朝鲜族火炕对比表

民族		满族	汉族	朝鲜族
火炕的室内布局		沿墙呈"匚"字形	单面或双面布置,为"一"字形	满铺
火炕的用途		睡觉、生活、取暖、在家族活动时亲戚朋友聚于此	睡觉、生活、取暖	睡觉、生活、取暖、交通
炕在室内总面积所占比重		占室内 50%	占室内 30% ~60%	占室内 100%
火炕的构造方式	材料	砖、石、土砖、土	砖、石、土砖、土	砖、石、土砖、土
	烧火口	灶台(不两两相对)	灶台	焚火坑(一个下凹的可容一人的坑)
	内部构造	炕垅、炕腔、落灰堂、窝风槽	炕垅、炕腔、落灰堂、窝风槽	炕垅、炕腔、落灰堂、窝风槽
	烟囱形式	独立式,通过水平烟囱脖与炕相连	附着在山墙上,与炕直接相连	独立式,通过水平烟囱脖与炕相连
火炕的高度		与室内地面高差为 500 mm 左右	与室内地面高差为 500 mm 左右	与室内地面高差为 200 ~300 mm
火炕下空间使用		交通	交通	无炕下空间
烧炕燃料		煤、柴草、秫秸	煤、柴草、秫秸	煤、柴草、秫秸

最后,随着筑构方式的改变其所带来的热效应也会跟着改变。其中一种使用井干式结构的砌筑方式将草泥内壁与木结构相结合从而达到了最佳保暖效果。赫哲族的树上安口(图 3.5)也是典型的因地制宜的民居代表之一,它通常安筑在树上以抬高建筑的水平标高。这样当洪水来袭时冲刷的只有支撑的树干而建筑底面不会受到任何影响从而使赫哲族人民免于洪水期的侵扰。赫哲族是东北地区临水而居的民族,生活补给也以打鱼为主,所以赫哲族民居需要防水,又由于地处严寒地带其民居的第二大特点则是保温,胡如布(图 3.6)作为赫哲族冬季渔猎时的主要民居形式,其建造方式亦很独特。首先需要在江边选合适位置向下开凿一个坑,然后在其中树立起稳固的木屋架作为胡如布的骨架,最后上覆盖物,属于半穴居类型的建造。其利用土壤的保温特性和木构架简单易取的特点,造就出了最原始的具有保温性能的覆土式"帐篷",也体现出赫哲族人民伟大的劳动智慧。

图 3.5　树上安口

图 3.6　胡如布

3.1.3 东北传统民居的文化生态相关理论分析

3.1.3.1 环境决定论与外部形态

东北传统民居的地域特点与降雪量密切相关。由于满族人所处居住地区的自然环境因素,冬天降雪量大,其屋面形式直接影响屋顶上堆雪存留时间,即雪负荷存在时间,因此将屋顶坡度设计得较陡,减少雪负荷,如图3.7所示。风大则直接影响满族民居屋顶的坡度及硬山式屋顶的形成方式。但硬山式屋顶不能抵抗强风,为适应当地风环境,东北地区西部的传统民居多采用平屋顶形式。建筑形式的生成是适应当地气候环境的结果,平屋顶、窗户纸、口袋房等应对环境因素的策略都是满族民居环境的重要事例,其在决定人类生活形态的建筑布局中发挥了很大的作用。

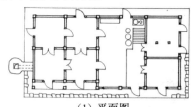

（1）平面图

（2）屋顶主图

图3.7 传统坡屋顶民居

由于牛在劳动生产中的农作能力超过使用原始农耕工具人类劳动力的六七倍,因此,朝鲜族的社会生产及生活中农耕牛占有很重要的位置,体现在建筑上,就是把牛舍放在住宅的正屋内。

在东北传统民居中,不同地区使用的建筑材料有较大区别。平原地区用于农业生产的民居,大多采用在当地容易取到的材料,如稗草、稻草、苇芭、秫秸等用作建筑的屋顶。朝鲜族地区以种植水稻为主,因此多采用稻草作为建筑屋顶材料,而满族和汉族种植旱田,因而采用秫秸等作为建筑屋顶材料。

由于满族、汉族与朝鲜族建筑屋顶材料不同,因此,屋顶形态有较大的差别。朝鲜族使用稻草等柔韧性的屋顶材料能够体现出四坡式屋顶的曲线美,而满族和汉族屋顶倾斜角度较大,不采用四坡式屋顶,建筑屋顶材料柔韧性较差,因而显得相对粗糙和陡峭。所以在东北地区,由建筑屋顶形式即可辨别朝鲜族和满族、汉族的民居。

3.1.3.2　文化决定论与空间布局

文化决定论认为,不同的地域经济文化特点,会产生迥异的民居形式。地域文化决定当地人民的生活方式,当地的经济因素和文化因素决定了民族居住建筑的空间布局方式和民俗文化。

首先,东北传统民居空间布局形式与经济生产生活方式直接相关。不同使用性质的空间因经济生产的需要而存在,住宅的规模、仓库等储藏设施、正门的大小等都与居民的经济水平有紧密的关系。如朝鲜族的牛舍就反映了水稻农耕的经济生活方式。

其次,由于各民族的生产生活方式及民族文化特色不同,其民居的建筑形式和室内布局也有很大差异。汉族以左为尊,以东为贵。三间房,堂屋在中间位置,西屋作为卧室,东屋作为粮仓。在火炕的形态上,由于满族和汉族两族的祖先有不同文化环境背景和不同的生产生活环境及常年积累的生活方式,因此火炕的形态也有很大的区别,汉族使用"一"字形火炕,而满族使用"冂"形的万字炕(图 3.8)。朝鲜族民居起源于朝鲜半岛南部,该地属于湿热气候,因此民居带有通风的廊子,由于受民族居住文化深远影响,建筑在东北地区的朝鲜族民居仍然带有通风的廊子,这不是地理气候原因导致的,而是深层的民族文化现象。

图 3.8　满族万字炕

与此相反,东北地区的汉族民居的室内结构特点大多不同,这是由于东北地区的汉族居民大多是从较温暖的山东地区迁徙而来,室内向阳的南面建造"一"字形火炕,其余空间作为生活空间,这是民族文化对生活方式的影响。

再次,由于各个民族之间生产生活方式与住宅空间布局及传统风俗的不同,因此民居产生了差异性。虽然在各民族交融式生产生活中的生活交流和文化交叉的背景下,表现出生产生活方式的转变大多部分较相通,但究其根本还是具有一定差别的。民居的禁忌和建筑空间使用方式也有较大区别。

汉族居民认为厨房是神圣的地方,将掌管厨房的灶王神作为家神来供奉,其渊源可追溯到清朝初期,同时汉族居民对大门、厨房、卧室等也都有信仰;朝鲜族以厨房、里屋和酱缸台为重,他们在此举行风俗礼节和祈祷;满族以西炕为尊贵的领地,家族重要活动在西炕举行。由此可见,此类风俗文化现象,是无法通过自然环境、生产生活及经济环境等相关因素所解释的,它们是民族文化的传承、地域环境的特点和生产生活方式的发展变化共同作用的结果。

3.1.3.3 文化生态论与居住文化

居住文化是在地域气候的影响、经济发展的变化、生活方式的变迁、思想认识的提高等多因素共同作用的动态变化中产生的。地域生态环境在基础层面决定了民居的建筑形态和建筑材料。同时,居住空间的布局及民居建筑风俗上的差异,大多是因为经济和民族文化等其他方面的影响。东北地区的居住文化,是具有地域性生产生活背景的,是在各民族文化相互交融及影响中产生的,在此基础上形成了东北地区独具特色的民族居住文化。同时民族居住文化在时间维度上会发生嬗变,但民族居住文化的根本不会受环境改变的影响,其在漫长的生产生活过程中形成的民族特性已固化为民族的文化特征。

东北传统民居随着自然环境和民族文化的变化而变化。不同民族的民居受到二者影响的程度有所区别,比如朝鲜族民居,其民族文化对其影响更甚深,东北地区的朝鲜族民居虽扎根于东北这块大地上较长时间,但由于其对于原生民族文化非常重视,因此,东北地区朝鲜族民居民族风格保有原生的民族风格特点。

任何一种民居的形成都是文化和自然相互作用的结果,不可能会不考虑当地自然环境的影响而完全将先前自己的民居形式原封不动地在新的土壤上落地生根,在东北地区亦然。比如,朝鲜族民居大厅前面都有廊子,很有民族特色,但由于这种形式并不适合于东北地区的气候环境,因此其失去了原来的功能,逐渐被淘汰了。宏观上说,人类生活在这个自然环境中,就与生俱来地带有了这个自然属性,因此人的所有活动都或多或少地受到自然环境的影响,只不过现在人类科技的进步以及知识的增长使人类驾驭自然的能力也随之变强,自然对于人类文化的影响变得不再像以前那么深远,人类可以更加自由地随着自己的意愿而建立文化。

因此可以看出,民居以及居住文化是以民族所特有的文化为依托,扎根于其所在的地域环境,并与之相适应,进而形成特有的区域民居以及文化,如图3.9所示为吉林魁府民居细节的文化性。

（1）影壁　　　　　　　　　（2）砖雕　　　　　　　　　（3）大门装饰

图3.9　吉林魁府民居细节的文化性

东北地区主要的民族有汉族、满族、朝鲜族、鄂伦春族等,一些民族世世代代生活在东北大地上,也有一些民族是由于生计需要迁移到此。迁移到此地的外来人带来的外来民族文化也慢慢扎根于当地环境氛围,并逐渐融入其中,形成了新的文化成分和观念成分,而外来的民族文化也对当地的民族文化产生了影响,进而推动了地区文化的进程与发展。

3.1.4 东北传统民居的文化生态特征概述

3.1.4.1 民族文化的生态特征

不同的自然环境,催生了不同的民族文化、习惯以及生活方式等,也包括不同的民居文化,它们都是世界文明里的宝贵财富,它们在特定的自然环境、特定的时间存在,就有着其存在的理由和价值所在。民族文化作为一个民族同世界文化交流的媒介,可以让外界直接了解这个民族,它最能体现一个民族的特点、风俗及生活习惯,其生存和发展需要与之相适宜的环境,当这个文化生态环境发生变化或消亡时,民族文化也就随之改变。

民族文化的生态性旨在从环境因素上解读民族文化的变化,发掘二者之间的联系。这里的环境囊括众多,其中的文化应该是扎根于当地的自然社会环境并很好地融入其中,从而形成适宜当地的文化特色和观念。民族文化在生态学上不仅仅体现在自然的生态性这一层面上,还将整个人类的文化看作一个有机体,驱使人类文明整体发展。

3.1.4.2 居住文化的生态特征

文化可以从很多方面去解读,同样,居住文化也不能单单从一个层面上去研究。从社会学层面上说,居住文化是人类居住的观念思想的统一体。从建筑学角度上说,可以从其所处的环境以及其布局形态上分析。

首先每一个民居都有各自独特的自然和社会环境,这种自然和社会环境会随着时间的变化而发生变化,有些是主观自身的变化,也有些是受到客观因素影响而发生重大的改变。一个居住文化的形成与发展离不开其所处的环境,抛开环境去分析和解读一个居住文化是没有立足点的,而许多的外界及内界的环境因素构成了影响居住文化的整个大环境。

社会的进步、技术的发展、材料的演变等致使居住形态的演变,这是社会历史的变革,是居住文化特性的写照。从现在与过去的民用建筑实例中不难看出,居住形态与社会历史有着必然的联系,从某种意义上讲,社会的发展与进步决定了民居建筑意识形态的发展,其在居住文化中具有生态性。

满族的传统建筑意识形态出现于清初时期。特殊的地域性条件和生产生活方式及其他因素,造就了东北地区满族人的独具特色的民居建筑。图 3.10 为满族民居采用地域材料建造示意,图 3.11 为满族民居的屋顶构造详图。朝鲜族的生产生活方式及其思想意识都是基于其民族祖先时期的情况形成的,其中对于民居建筑的建设方式也都采用原有形式。但在迁徙之后,这种建设方式由于地域性原因,伴随着新的自然地理环境和社会文化环境的变化而发生了融合性的变化,并伴随着区域性发展而得到新的变革。直至后期汉族出关后,受汉族各方面生产生活方式和文化及汉族人民带到东北的民居建筑建设方式习俗和地域性自然环境的影响,朝鲜族民居发生了本质性的融合改变。朝鲜族民居建筑建设方式为适应寒地自然气候而改变,并由于地域性建筑材料的发现及应用,因地制宜、慢慢地变化为极具地方性特色的民居建筑建设方式,发展出具有民族特色的构造特点。

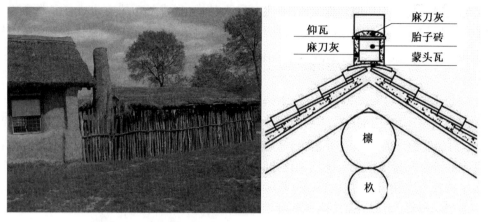

图3.10　采用地域材料　　　　图3.11　满族民居屋顶构造详图

3.2　东北传统民居民族文化的生态特征

民族文化是各民族在其历史发展过程中创造和发展起来的具有本民族特点的文化,既包括饮食、衣着、住宅、生产工具等物质文化内容,也包括语言、文字、文学、科学、艺术、哲学、风俗、节日和传统等精神文化内容。本书由于研究范围的限制,主要从民族文化中的语言文化、历史演化和民俗文化三个方面对东北传统民居的民族文化进行研究,分别论述其生态性,继而从文化的三个特性谈起,论叙其与文化外环境——非文化因子的相互作用,最后着重从东北地区分布最为广泛的及特点较为突出的三个民族分别论述了在文化内环境——文化领域内部各种不同因子作用下形成的独特民居空间。

3.2.1　民族文化主体的生态构成

3.2.1.1　语言文化与民居的生态映射

在东北地区存在的语言主要有汉语、满语和朝鲜语。一种语言作为文化重要载体在语言学上的依据是该语言是否有属于自己的文字,由此可见,东北地区的语言主要有以汉字为基础的汉语、以满文为基础的满语、以朝鲜文为基础的朝鲜语。

北方方言是东北地区汉语最重要的组成部分,原来称为"官话方言",由于其在北方汉语区使用,因此其文化内涵受到了较大的影响。满洲人使用的语言称为"满语",这种语言属阿尔泰语系满-通古斯语族满语支,满文在蒙古文字母基础上创制,直写左行。朝鲜族的通用语言叫作朝鲜语,或称韩国语,这两种语言具有相同的实质,略有差别,世宗大王在1443年发明完成了韩文字母。

语言文化对建筑的影响主要是语言所包含的文化内涵对建筑的影响。不同的语言代表着不同的文化根源,而这种根源的差别最直接地影响人们的日常生活,虽然同为在东北生活的人群,虽然抵御自然的寒冷都是民居的第一要务,但是因为语言所承载的生活文化的不同,各族的民居还是产生了明显的局部上的差别。

所以,虽然处于相同的大气候环境中,东北传统民居中的汉族民居、满族民居和朝鲜族民居还是有很多差别的。这是因为语言文化的差异使得各个民族对建筑局部的处理产生的倾向不同。汉族民居受到中原传统民居文化的影响,满族民居在适应气候的同时,则更多地保留了满族作为游牧民族的一些建筑文化,而朝鲜族民居则有着浓浓的朝鲜族建筑的特征。东北汉族民居依然保留以院落为中心和承接单位,有二合院式、三合院式(图3.12)和四合院式(图3.13)等各种形式。

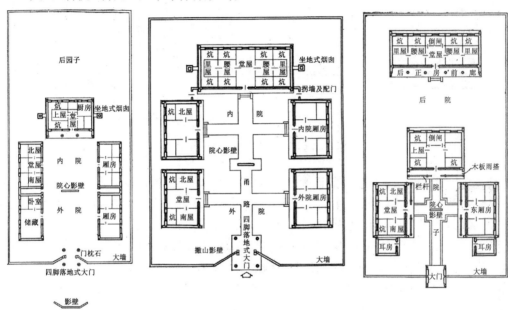

图 3.12　汉族民居三合院式

满族民居的建筑细节有些和汉族的不同,比如把穿斗式引入抬梁式木构架的建造中;从外面看屋顶是起脊式而从里面看却是卷棚式;外廊加在硬山顶上构造出歇山顶的建筑形式,类似的改造现象普遍存在于满族民居中。游牧民族文化作为满族的传统文化促进了这种建筑形式的形成和发展。

朝鲜族民居的演变中保留了传统的建筑特点。内部构造最主要的是土炕的保留。内部构造包括卧室、厨房和储藏室。房子的出口通常被设置在厨房的方向;卧室设置火炕,炕下设有环型盘绕的烟道,烟气通过火炕抵达排烟口,将炊烟余热作为供暖再次利用;储藏室通常布置在厨房旁边或卧室的北侧,根据地区的差异,也有安排在西面卧室一侧的特例,形式多种多样。

由此可见,虽然气候相同,各民族民居还是保存有自己鲜明的文化特色。

3.2.1.2　历史演化与民居的生态关联

在中国乡土文化历史中满族民居占有十分重要的地位,它是满族文化形成发展中的重要标志。其中,尤以三合院和四合院最为突出,这两种形式无论是在我国文化史中还是

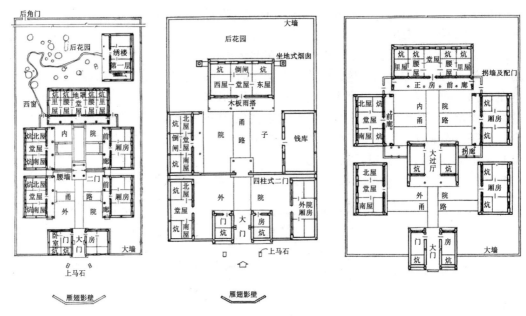

图 3.13　汉族民居四合院式

在世界文化史中都具有它独特的代表性。满族民居有鲜明的民族特色。房屋建筑布局的形式受到民俗文化的影响,影响经历了三个时期:先民时期、中晚时期和现代时期。"撮罗子"和"地窨子"是满族民居中先民时期的主要考证对象;"口袋式"和"钱褡式"民居形式是满族民居中中晚时期的代表性房屋建筑;具有满族民居特点的"三合院"和"四合院"是现代时期的研究对象。通过对这些民居进行研究来论证满族民居与文化生态的相关性。这种影响产生的结果往往并不能通过单纯的理性分析建筑空间的构成来说明。

3.2.1.3　民俗文化与民居的生态互动

由国家或民族中广大群众所创造、推行和传承的生活文化称为民间风俗,简称"民俗"。在人类社会群居生活的需要下,产生了民俗,它在特定的民族、时代和地域背景下,在服务群众的日常生活过程中不断形成、扩大和演化。它是一种源于民众生活同时又在民众的日常行为和语言中表现出来的精神。

民俗文化与语言文化有交叉,二者相互影响,但又有自己的特点。民俗不同于语言文化的抽象性,它更多的是一种生活上的习惯传承。民居作为人们生活的场所,无论是整体的建筑构成还是室内装饰与细节,都受到民俗的很大影响。东北地区存在的典型民间风俗,主要分为汉族风俗、满族风俗和朝鲜族风俗。

1. 汉族居住建筑与汉族风俗

许多来自外省的汉族人聚居在吉林境内并同当地满族人居住在一起。民居建筑外部主要是三间,特殊情况下可设置五间,每间的尺寸设定范围为$(3 \sim 3.4)$ m×$(5 \sim 6)$ m,相对满族民居建筑,进深要略小。汉族民居建筑每间面积基本相同,布局类似,正中间为门是汉族的习俗。图 3.14 为吉林榆树市汉族民居。

2. 满族居住建筑与满族风俗

"间"是满族民居建筑的平面划分方式,它的尺寸主要是 3.5 m×$(6 \sim 9)$ m。普通人家

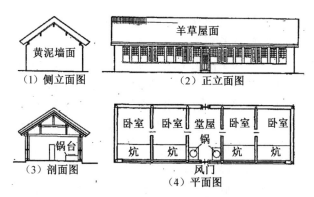

图 3.14　吉林榆树市汉族民居

通常有三间。火炕置于居室内部。西端的尽间是所有满族建正房的主间,此屋也称作"上屋"。由于它是主人所居之室,因此此间是满族人民眼中最主要的房间。

　　室内出入必经的房间称为"堂屋",类似近代房屋的过厅。暖阁位于堂屋之后,东屋和厨房列于东侧。子女所居之室在东部尽间的前半部,即东屋;后半部即为厨房,如图 3.15 所示。

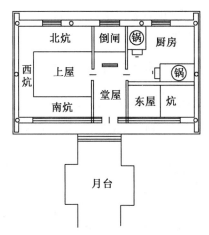

图 3.15　吉林龙潭区乌拉街镇民居平面图

3. 朝鲜族居住建筑与朝鲜族风俗

　　朝鲜族民居建筑和汉族民居建筑有较大的区别,比如没有墙和院子,就是单独的房体,他们的活动是围绕屋子内部,而不是围绕院子。朝鲜族民居建筑的平面规则多种多样,如图 3.16 所示,有矩形房还有拐角房等不同形式,根据具体的安排灵活设置。

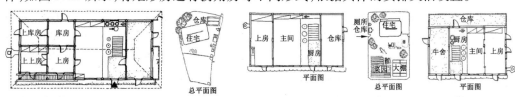

（1）长财村林氏住宅平面图　　（2）延吉市台岩村某民居平面图　（3）延边汪清县某村落民居平面图

图 3.16　吉林朝鲜族自治州不同民居建筑平面形式

117

　　另外,有些细小的生活习惯,也会影响房屋结构布局,比如如厕习惯对厕所设置的影响,认真研究就会看到其中微妙差别。

　　在南方水乡地区,民众习惯于使用坐式马桶,作为一种移动厕所,在河边清洗起来也比较方便,就不必在屋子里再建个厕所了。因为这一习惯,南方的合院都是房屋边角相连,形成个四方形的漏斗式屋顶,俗称"四水归堂",下雨天雨水会顺着屋顶流进合院内的水井里,有聚敛财气的寓意。在这一点上东北地区与之有所不同,因为干旱缺水,人们比较倾向于去蹲坑式厕所,所以在房屋的布局上就要考虑这一点。入口位于每个院落的角落处,厕所位于倒座的西南角,远离人们的活动范围。

　　在房屋布局的细节中可找到许多布局都受风俗习惯影响。民俗在建筑中发挥了巨大的作用,它给许多建筑创造了形态和点缀,又将生活的内涵通过建筑的形式表达出来。"吉庆有余"就是来自中国传统的悬山式屋顶,这种建筑是将搏风板下正中做悬鱼,两旁做惹草(云状装饰物)。

　　民俗文化是人们日常生活中最常接触的,也是地域性最强的文化。不同地区的同一民族最大的区别也在于他们的民俗文化。民俗文化这种地域性使得它在研究地方民居时的地位十分重要,透过民俗我们可以解释不同地区同一民族建筑的差异存在的原因。相对于历史演化和语言文化,民俗文化有着很强的地域性。在东北传统民居特异性形成过程中,民俗文化是一种重要的力量。

3.2.2　民族文化与文化外环境的生态关联

3.2.2.1　文化的地域性与自然环境系统的联系

　　要说明自然环境和东北地区特殊的文化地域性之间的联系,首先需要了解的就是东北地区独特的自然环境特点。

　　东北地区地表结构由流域低地,大、小兴安岭和长白山地区以及东北中部平原组成。西北—东南走向的小兴安岭海拔在 600 ~ 1 000 m。多系列山地构成了山体,这些山体大部分顶部都比较平坦,呈圆形,有和缓的坡度、高低起伏的分水岭和宽广的河谷。东北地区内部多沼泽。这些沼泽主要分布在长白山至鸭绿江一带。长白山一般海拔在 1 000 m以上。山脉的主要特点是:山脉平行,宽广的丘陵和山间盆地与谷底交错分布;按东北—西南的方向分布;本区季风方向与其相垂直。东北中部平原在略有起伏的地表上形成的松嫩平原和四周的冲积台地海拔基本在 120 ~ 250 m 之间,地势比较平缓。我国纬度位置最高的区域就是东北地区,它位于北纬40°~55°之间,温度带包括寒温带、中温带和暖温带,属于温带大陆性季风气候,这种气候具有冬季寒冷漫长、夏季温暖短促的特点。东北地区的冬季盛行寒冷干燥的西北风,是同纬度各地中最寒冷的地区,温度与之相较大致低15 ℃。夏季由于有低纬度的海洋湿热气流,其温度又高于同纬度地区。由此可见,东北地区的年温差与同纬度各地相比高出许多。在这里,冬季可持续半年以上,最北部最长时能有 8 个月之久,最低气温可达到 -52.3 ℃。这里还有寒潮,多出现于冬季和早春。冬季的降雪也是东北地区的一个显著特点,这里最大积雪可达 50 cm 以上,降雪量高于其他同纬度地区。夏季在 7、8 月份时温度最高,整个夏季的平均温度一般在 20 ℃以上,但夏季持续的时间较短。另一个显著气候特征就是这里雨热同期,建筑热工设计区划指标见

表 3.2。

表 3.2　建筑热工设计区划指标

区划名称	区划指标	
	主要指标	辅助指标
严寒地区	最冷月平均温度≤-10 ℃	日平均温度小于等于 5 ℃的天数≥145 d
寒冷地区	-10 ℃<最冷月平均温度≤0 ℃	90 d≤日平均温度小于等于 5 ℃的天数<145 d
夏热冬冷地区	0 ℃<最冷月平均温度≤10 ℃ 25 ℃<最热月平均温度≤30 ℃	0 d≤日平均温度小于等于 5 ℃的天数<90 d 40 d≤日平均温度大于等于 25 ℃的天数<110 d
夏热冬暖地区	最冷月平均温度>10 ℃ 25 ℃<最热月平均温度≤29 ℃	100 d≤日平均温度大于等于 25 ℃的天数<200 d
温和地区	0 ℃<最冷月平均温度≤13 ℃ 18 ℃<最热月平均温度≤25 ℃	0 d≤日平均温度小于等于 5 ℃的天数<90 d

在这种自然环境的影响下,东北地区的文化也与中国其他地区有着明显的不同。因为气候寒冷,东北人冬季普遍在室内活动,所以相应地产生了许多适应这种室内活动的习俗。与此同时,大量的山林与广袤的土地和相对稀疏的人口,使得东北地区的文化带有较强的游牧特色,其文化外向型明显,散发着浓浓的游牧民族彪悍的气息。也因为人烟稀少,人们与自然接触的方式也与关内地区有所不同。例如,将婴儿床吊起来的文化习俗正是为了防止野兽的袭击,这种情况只会发生在人口稀疏、野兽相对容易接近人类定居点的地区。

由此可见,东北地区的文化地域性的形成与东北地区独特的自然地理环境密不可分。寒冷与广袤的环境影响了生活在东北地区人群的文化生态,而这种影响,也透过文化影响了人们生活的方方面面,自然也包括人们的居住场所。

3.2.2.2　文化的特异性与人文环境系统的联系

在分析了自然环境对东北地区独特地域文化的影响之后,我们不能忽视独特的人文环境对于东北地区的文化特异性形成的重要性。在分析人文环境对于东北地区文化的影响之前,让我们先来了解下东北地区的人文环境概况。

汉族是东北地区人口的主要组成部分,在经历了长期的交往和融合后,各民族人民将各自的民俗文化不断改进和发展,在保持着自己民族特点的基础上又有相同的部分。东北地区人口众多,其中满族是东北民族中人口数量最多的,经济来源主要依靠农业生产。在西部地区居住着蒙古族,畜牧业是蒙古族的主要经济形式。聚居在东部地区的朝鲜族以水稻种植为生。除了这些人口比较众多的民族,东北地区还分散聚居着一些人口较少的民族,如达斡尔族、鄂伦春族、锡伯族、鄂温克族、赫哲族等。在清代之前,满族和蒙古族经常在东北北部地区进行狩猎和放牧,很少进行农业耕种,而汉族却在东北南部地区进行农业开垦和耕种,并以此为生。清朝建立后,清帝将此地奉为"圣地",实行"封禁政策";西方列强发动鸦片战争后,清政府被迫实行"移民实边"政策,以此补充人口,这些人在东北地区进行种植和资源的开采,由此,东北地区才增加了大量的人口。

在简单了解了东北地区的人文环境背景之后,我们不难发现,东北地区民族主要以满族为主,满族文化作为与汉族文化有着很多差别的一种文化生态对于东北地区的整体文化生态影响巨大。作为先进农耕文明代表的汉族文化生态系统,则是东北地区传统文化形成的核心。与此同时,朝鲜族文化对于东北地区文化地域性的形成也有着重要的影响,同样作为先进的农耕文明,朝鲜族文化生态系统受其他系统影响较小,保持着自身的很多鲜明的文化特点,而这种民族文化特点的多元化存在正是东北地区地域文化的一个重要特点。

由此可见,东北地区独特的地域文化生态系统形成,与其独特的人文环境背景是分不开的。

3.2.2.3 文化的稳定性与经济环境系统的联系

一个区域的文化生态系统的形成,除了与这个区域的各民族发展历程、地域特点等有关之外,与这个区域各民族所处的经济环境系统之间的关系也是密不可分的。

经济环境系统的先进性,直接影响依托于这种经济环境系统的文化保持自身特点的能力,也就是这种文化的"稳定性"。而在一个区域文化形成的进程中,该区域内各民族文化系统的稳定性对于整体文化形成的最终结果有着十分重要的影响。

在东北地区,汉族处于自给自足的农耕定居经济系统中,是典型的封建经济系统;满族处于游牧向农耕文明过渡时期,其经济系统也是兼有游牧和农耕的特点;朝鲜族是另一个处于封建经济系统的民族;蒙古族属于游牧经济系统;而其他民族大部分处于游猎的原始经济系统中。

经济对于民族的文化生态影响巨大,这主要体现在不同的经济环境可以支持的社会人口数量与所需的生存空间大小的不同。一般来说,农耕文化在相同的空间内可以养活更多的人口,也意味着可以有更多的人口脱离食物等必须生存资料的生产转而进行其他工作,而这部分人对一个民族文化生态的形成和发展是至关重要的,同时由于定居的特点,农耕民族的文化更加稳定与易于保持,所以相对于游牧文化,农耕文化的生态系统稳定且保持其内在特异性的能力也更强。这使得农耕文化在一个地区的文化形成过程中,往往成为主体。在东北地区这一文化的代表就是东北汉族,这也是为什么东北汉族文化最终成为东北地区文化生态的主体的原因。同时,从这一角度我们也阐释了存在于东北文化生态系统中的一个现象——朝鲜族文化受汉族文化影响较小,而满族文化受汉族文化影响较大。

由此可见,具有先进经济系统的民族,往往具有先进的文化生态,而这种先进的文化生态,可以借由其经济优势推动其他落后的文化生态向先进的文化生态发展,与此同时,落后的文化生态在向先进的文化生态发展的同时,也会大量吸收先进文化生态中的内容,从而形成一种属于本民族的混合文化生态。

这种现象在东北地区文化生态的形成过程中十分重要,正是这一原因,使得满族等游牧民族在向封建经济系统过渡的过程中,不可避免地吸收了大量的汉族文化,而朝鲜族的文化却只是与汉族文化做一些小部分的互换,其核心系统未受到较大影响。这种文化影响与发展轨迹的不同,直接反映在人们日常生活的场所——居住建筑上,而东北地区独特的居住文化也正是在这一过程中形成的。

3.2.3　民族文化内环境作用下的东北传统民居

要素以某种逻辑构成组分,组分再以某种逻辑构成系统的这种逻辑关系称为"系统结构"。这种层级形成的原因和系统的构成过程都由逻辑关系反映出来,结构的层级性体现出系统的多级别和多层次的有机结构,而这种层级性存在于所有系统中。

3.2.3.1　变迁的汉族文化内环境作用下的传统民居

以往汉族人民聚居在东北时,为了适应当地生活而建造的反映汉族特色和生活特色的民居就是东北汉族的传统民居。在历史发展的不同时期,它们有民族特点,也有与中原汉族传统民居相同的特点。北迁移民将中原汉族人的建造习俗带到东北后使东北的建造习俗发生了巨大的变化,引起这些变化的发生因素能够对传统民居型制产生重要影响,地域环境、社会历史背景以及居民的生活方式等都属于对传统民居型制产生重要影响的发生因素,由于地域迁徙,生活方式导致传统民居有别于原有的地方建筑样式,因此这也就决定了传统民居型制本身发生改变具有必然性。

首先,从传统民居适应地域环境方面来看,东北地区与中原地区相比较具有冬季寒冷、冬夏温差巨大的大陆性季风气候特点。能够适应寒冷冬季和能够因地制宜、合理利用所在地的筑房材料这两个方面体现出东北汉族传统民居在历史的发展过程中能够逐步适应东北地区气候和环境的特点。在这一基础上,东北汉族传统民居渐渐地形成其独特的民居形态和构造特点,这些特点都带有地域特色。"高高的,矮矮的,宽宽的,窄窄的""黄土打墙房不倒""窗户纸糊在外"等都是用来形容东北传统民居建筑立体形态的谚语,这里说的"高高的,矮矮的,宽宽的,窄窄的"分别指房屋的台基较高、房屋室内的净高较低、南窗较宽大、房屋的进深较窄,这样建造的好处是可以防积雪、防寒保暖、收集更多的阳光,可以防止冬季寒风将窗纸吹破或由于堆积在窗棂的积雪消融后使窗纸被浸湿后破损、可以对室内进行御寒取暖。山区居民多用木材建造井干式民居形式,这种房屋也叫"木楞子房",由于东北地区森林较多,所以便于山区居民就地取材建造此种民居;黏土和碱土具有价格低、保温和隔热效果好的特点,由此,在平原地区聚居的居民因地制宜,以土为主要建筑材料,当地民居的典型就是"土坯房""碱土平房"等。秫秸、芦苇、羊草等在东北地区也是普遍存在且易于采集,由于其还具有保温的效果,所以居民常常将这些材料做屋面材料进行叠加式铺设,有时为了增加夯土墙或土坯砖的拉结力,也将草筋与土混合使用。

其次,与采用严谨的"庭院深深"民居平面建筑形式的北京四合院以及具有精美绝伦、颇深造诣的装修装饰的山西乔家大院相比,东北汉族传统民居在院落营建、房屋的构造形式和民居的外部修饰上都散发出一种简单、粗犷的原始性古朴气息。探其究竟,东北地区复杂的历史变迁和在变迁中发生的"萎缩"现象造就了此种东北汉族传统民居建筑型制。

从历史的角度来看,东北地区历来是民族、部落战争不断,加上长期的不断的迁移,使得社会的发展处于不稳定的状态,当中原陆续进入奴隶社会时,东北却依然处于原始社会,明末清初的战争更是导致其人口锐减和经济衰退,这严重阻碍了游牧业向固定的耕种农业的转变,也由于清朝时期的文字狱,严重禁锢了思想,堵塞了言路,阻碍了科学文化的发展,也阻碍了中原文化向东北地区的传播,同样也使得东北地区的建筑技术水平停滞不前,和中原地区拉开了很大的差距。但独特的地域条件也影响了东北传统民居,使其出现了一些与生产、生活方式有很大关联的新特征。

第一,防御性是东北汉族民居的主要特征,这与东北地区长期的动乱和不稳定有一定关系,这一点对于移民群体民居的影响是比较普遍的。具有代表性的富豪传统民居都有很高的围墙,有的甚至在围墙上设置炮楼(图3.17),高度为4～5 m,厚度为1.2～1.5 m,建造的目的是抵御盗贼和土匪。夯土筑成的炮台数量较多,同时也有青砖、石块砌造的炮台,这种用青砖、石块筑成的炮台样式方正整齐,坚固耐用,它们融于大墙并与大墙一起保卫"家",使大墙角落处的墙体也能坚固耐用。东北汉族传统民居与中原传统民居相比较具有防御性的特点,这种特点使合院式传统民居的形态特征更加显著,即具有对外封闭和内向性。

图3.17　东北汉族传统民居中的炮楼

第二,传统民居院落空间形态的变化。通过图3.18的对比可以看出北京四合院和东北传统民居院落是有较大的不同的,比如院子大门的位置、内院和后院的大小比例、院内建筑与围墙的布局等都有很大的差别,应该和人们的日常生活习惯有很大的关联。因为地域的差异,北京四合院的大门都设在院子的东南角上,而东北的院子大门设置在南面的正中央,直接对着门厅,显得大气通透,同时也方便了马车的进出,从图中可以看出北京四合院院子的外院比东北传统民居外院小,只是作为一个过渡空间,而东北传统民居的外院较为宽阔,也因生活方式的不同而有更多的实用价值。由于冬季气候条件恶劣,外院的厢房多用来磨米、饲养牲畜等,院子正好用来停放车马、堆放柴垛还有劳动工具等,所以院子的尺寸也相对宽敞,同时后院也具有储藏的功能。

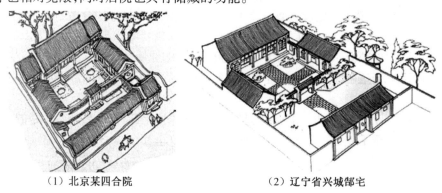

（1）北京某四合院　　　　　　　　（2）辽宁省兴城郜宅

图3.18　东北地区汉族传统民居与中原汉族传统民居比较

　　第三,东北民居的炕头文化也是很有特色的。在东北地区跨度达数月的寒冷冬季里,炕头成为人们主要的活动地点。中原民众的堂屋也变成了东北的厨房和暖阁。"亲戚朋友串门来就炕上坐"中说的炕位于堂屋两侧的腰屋或里屋(中原传统民居称次间及梢间)。堂屋的地位较之中原明显降低,在某些方面其地位或许还不及屋里的南炕头,堂屋其名也被改称"外屋地"(图 3.19)。

图 3.19　辽宁开原某宅外屋地

　　堂屋不再受到人们关注的地方还有其室内的装饰和装修,人们将屋内特别是炕面作为修饰重点,如图 3.20 所示。在东北用绳索将摇篮吊在炕面"子孙椽子"上,由此希望孩子能够在阳光和热气中不着凉,人们称其为"养活孩子吊起来",如图 3.21 所示,这也是东北民居炕头文化的一种表现形式。由此可见,堂屋地位的改变,不仅仅受到传统民居型制在中原北迁过程中的影响,同时也是由于里屋的"炕面"地位逐渐上升,打破了堂屋在一个家族中的核心凝聚力的作用。

图 3.20　呼兰萧红故居南炕头的炕琴、炕桌

　　通过上面的这些分析论述,我们得出结论,东北地区的传统民居已经不是十分传承传统和重视细节,而中原文化的影响也在迁徙后的一段时间里弱化了。迁徙到东北的居民在寒冷恶劣的自然环境下已经不是很重视文化在建筑中的体现了,而是从实际的地域条件来考虑,对一些建筑形式和细节做了相应的改变,使得人居环境可以适应东北的自然条件。

图 3.21 "养活孩子吊起来"

在这些分析的基础上,我们也发现,建筑的变化实际上是人群文化受环境的作用而发生的改变,进而反作用于人工环境的结果,在这种视角下,我们便可以跳出单纯以环境为依托去分析建筑的形态,转而采取一种"环境—文化—建筑—环境"的环形生态发展视角去看待建筑的区域特色发展。

3.2.3.2 特有的满族文化内环境作用下的传统民居

满族的历史起源于肃慎新开流文化时期,作为我国最古老的民族之一,肃慎这个游牧民族在清朝建立后才逐渐定居下来,满族的特色传统民居也由此产生。受汉族文化内环境的影响,满族本身的定居文化内环境也发生了改变。在观察满族传统民居时,我们既可以看到满族自己独特文化内环境部分,又能看到汉族传统民居的构架方式。

满族早期受汉文化影响较小,同时其文化内环境主要以游牧文化为主,所以满族早期的建筑大多还保留着浓厚的游牧文化特色。

1. 早期民居"撮罗子"和"地窨子"的特点

(1)撮罗子。

在前文已提到这方面的情况。"撮罗子"(图 3.22)的建造选址一般在地势相对较高同时水源较近的地方,有充足阳光和水是人们生活的基本条件。"撮罗子"的建造方法是:第一步,要制作它的骨架结构,需要用有许多小枝杈的树干相互穿插交错形成尖顶朝上的锥形;第二步就是找许多根树干拼搭在骨架左右缝隙处并用绳索捆绑将其固定,同时在南向位置预留门洞;第三步就是在整体结构有了雏形之后增添外表皮(围子),通常选用一些可以防风防雨的材料,如树皮、兽皮等,根据季节的不同,围子的材料选用不尽相同,夏季多采用桦树皮和草帘子。

由于"撮罗子"的特殊构造,其形成的室内空间也与众不同,屋顶是尖尖的陀螺形,最高达到 3.3 m,而室内的平面呈圆形,直径一般为 5 m 左右。"撮罗子"南门常开,其他各方位是人们用于起居的铺位,室内地面铺地则以草和树皮为主,常用的一种方法是在一尺

（1）"撮罗子"框架 　　　　（2）"撮罗子"游牧民居 　　　　（3）"撮罗子"现代民居

图 3.22 "撮罗子"民居

高的木板上,铺草席或皮子,这样能防寒防潮,便于人们居住。

人们日常生活最重要的烧火做饭在北面铺位和南门之间的空地上。当家族中有男性新婚,新人只能住在撮罗子的左边,因为火位的左边等级是低于右边的,从上面这些风俗中可以看出,满族人是以北为尊。"撮罗子"不仅样式原始,而且还承载着一些古老的观念,在满族人的传统观念中,女人生孩子应该避开家中地位最重要的神灵和家中占据主要地位的男性。所以孕妇分娩需要离开住着长辈和神灵的"撮罗子",前往传统产房分娩。产房就是一个缩小精简版的"撮罗子",产妇会在这里一直待到孩子满月才能搬回家族"撮罗子"。

（2）地窨子。

古代文献中记载,在两三千年以前,东北地区的游猎民族就开始有"夏则巢居,冬则穴处"的居住习俗。这里提到的巢居指的是一种类似于树屋的建筑,一般会在树林中选址,架于树木之间,与地面有一定的距离。而穴居就是早期东北地区的一种覆土建筑,这些穴居民居甚至会沿用至今,是一种被许多民族民居借鉴的形式,老百姓称其为"地窨子"或"地窝棚"。它的建造方法简单易学:首先要在土地中挖出一个 4 m 深的长方体坑,再在长方体的四角立 4 根高于地面的柱子作为支点,架上屋顶骨架后用兽皮、草泥等作为屋面。这种穴居式的"地窨子"远远坚固于"撮罗子"。而建造"地窨子"的风俗习惯与"撮罗子"大致相同,一般会选在利于取材、土地平坦处建造。"地窨子"的建造技术简单,冬天保暖性较好,但是它的耐久度不好,通常每隔一段时间就要翻新一次,来保证它的使用。

2. 中晚时期民居"口袋式"和"钱褡式"的特点

满族传统民居的演变发展一方面与其自身文化有一定的相关性,另一方面则是为了适应东北寒冷地域的生态影响。满族先人以游猎为生,通常以多人一起防御猛兽与敌人的攻击,因而,满族村落在整体布局上习惯连在一起,多以家族聚居为主。而且,出于防卫的需要,院子四周通常用木栅栏包围。宅院一般都坐北朝南,因东北天气寒冷,一般会用高大宽敞的院子,使得正屋能够尽量吸纳白天的阳光。这也便形成了满族传统民居的基本格局。

满族早期民居是由最初的金代简陋的"纳葛里"演变而来,而中后期的满族民居的基本型制已经确定,一般来说有"钱褡式"(图 3.23)和"口袋式"(图 3.24)两种,"风火梢"是当时民居的最大特点。所谓"钱褡式"是指门开在居室中间。开门的那间通常作为厨房用,两侧是居室,成为东屋和西屋。按照满族习俗"以西为上",一般将西屋留给长辈居住。为了通风采光的需要,在正门两侧有称为"马窗"的方形窗户,以牛皮纸糊在外侧,既能御寒,也能保证室内通风。而烟囱通常位于屋子偏西或偏后位置,以横向烟囱相连,俗称"跨海烟囱"。而"口袋式"则一般是指在住屋东侧设置入口,形状和所谓的"口袋"很相似。这类型制的布局通常将开门一间称为"外屋",作厨房用,中间称为"堂屋",西侧一间称"西屋"或"上屋",其室内一般有火炕,类似"匚"字形,也称"万字炕"。按照风俗习惯,"西炕"是供奉满族祖先的,不允许坐卧。按照满族伦理,以西为大,其次是南向,最后是北向,因而其居住顺序也与其对应。保暖性是"口袋房"比较突出的特点。因为其南北西三侧能够围合成"匚"字形火炕,保证屋子的取暖。

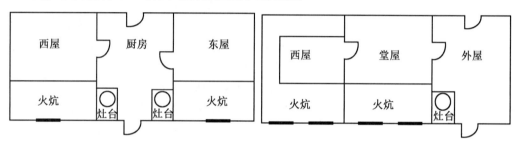

图 3.23 "钱褡式"民居平面布局　　　　图 3.24 "口袋式"民居平面布局

对于满族传统民居,有"万字炕,口袋房,烟筒杵在地面上,窗户纸糊在外"的说法,而这些异于其他民族传统民居的特点,也正是满族文化兼容各族文化的特殊性导致的。在早期历史中,由于经济和文化比较薄弱,因而满族比较愿意接纳外族文化和技术以发展自身。后来随着满族入关,满族和汉族文化再次产生交融,汉族人的生活方式开始极大地影响满族,在这一时期,满族的文化内环境迅速地发生了极大的改变,开始从游牧文化向定居文化快速转变,这种快速的过渡必然会大量吸收外来文化甚至将自己的文化嫁接在外来文化的主体上。在这一时期,因为文化内环境的变化,满族传统民居也发生了较大的变化,其特点之一就是以汉族传统民居的建筑基本框架为主体。

汉族文化对满族传统民居的影响主要体现在总平面布局上。汉族文化十分推崇儒术,也强调礼制思想,因而对中轴线的位置和作用十分重视。满族传统民居吸收中轴线的组织作用,并用其组织空间序列。自院门第一序列起,经过院落的过渡,最后是主体——正房。在中轴线两侧是称为西下屋、东下屋的东、西厢房,呈南北走向。其中正房以三间或五间为主,呈东西走向,而且与两侧厢房相距一定的距离,主要考虑正房的采光,是一种环境策略下的适应性。

除了中轴线的控制外,满族传统民居的合院布局也取自北京四合院的格局。但又受地域影响,区别于北京四合院。一般来说,满族传统民居尺度上比较大。这主要是既考虑满足通风采光需求,又考虑满足将马等牲畜带入院内的需求。合院以一进或两进院落为主,少数贵族或大户的院落会增加层次。一般来说,在院落整体布局上,若院落只有院墙则称为"三合院",而在正房南侧修建东西走向的、举架低于正房和厢房的门房的话,这样则称为"四合院",是富贵人家所特有的。在满族文化中,以同堂的辈行的多少定荣耻,因而比较提倡"几世同堂"的大家族聚居。通常情况下,合院的布局以正房为尊,在不住人的情况下,西厢房多为仓库或磨坊,南端为牲口棚,东厢房则为粮仓。

满族传统民居除了受到正统汉族文化的影响外,还保留着满族文化。这主要体现在以下两个方面。

第一,以西为上。满族人将西屋称为"上屋",一般是家族中长者居住的位置,或者是祖先牌位所在之地。

第二,索罗杆(图3.25)。一般位于院中东南向,约六七尺长。索罗杆主要包括石础、木杆和斗。索罗杆一般由家宅主人亲自上山砍伐,选用直径碗口粗的笔直树干,削去多余部分,并将其顶部削成尖状,立在高二尺的"石础"上。

图3.25　索罗杆

通过上述分析,我们可以很明显地看到满族文化内环境的变迁对于满族传统民居的影响,同时,也可以看到一个民族固有的文化内环境的因素对这一民族建筑所施加的影响。前一种现象体现在满族传统民居的历史演变中,而后一种现象我们可以通过类似"索罗杆"这类特殊的建筑构件来得到验证。由此可见,文化内环境生态系统对满族传统民居有着十分巨大的影响。

3.2.3.3　变迁的朝鲜族文化内环境作用下的传统民居

我国的朝鲜族主要分布在东北三省和长白山一带,其中吉林延边朝鲜族自治州是他们最大且集中的聚居地,居住在此地的朝鲜族人口约占该民族总人口的一半。另外长白山脚下的长白朝鲜族自治县也是朝鲜族的主要聚居地。部分朝鲜族人分布在内陆的一些大中城市。

朝鲜族作为一个农耕民族,与满族等游牧民族有着十分不同的民族文化内环境,同时,因为其定居文化内环境的特点,朝鲜族文化受汉族定居文化的影响较满族来说要小很多,所以朝鲜族传统民居在东北与汉族和满族传统民居都大不相同。朝鲜族传统民居在一个多世纪的发展与演变过程中,建筑形式基本保留着固有的传统性。其主要传统类型有来源于朝鲜半岛文化下的传统民居,分为咸镜道型,平安道型和受汉族、满族等文化影响下产生的混合型三种类型。

1.咸镜道型

咸镜道型的朝鲜族传统民居主要分布在我国延边地区和黑龙江地区,住宅平面多形成"田"字形的统间型平面,一般以双通间为基本类型,有六间房和八间房不等,农家时有一通间,但这是极少数。房间通过门相连,适应冬季寒冷气候,内部主要的空间谓之"主间",是容纳日常生活行为发生的最主要的开放场所,通常是由厨房与炕结合一起形成的空间,是该民居的活动中心,且主间内无隔断等。而有些民居则根据自己的需求,在中间设带拉门式的隔断,贴在隔断上的糊纸具有柔和的透光性,拉门日常敞开,室内空间具有通透性和流通性。进入"主间",入口处设有一小块下沉地面,和炕有40 cm左右的高差,充当玄关。入口正面是厨房,其高度和炕铺平齐。咸镜道型平面不仅在热效应方面起着独特的作用,也体现着朝鲜族传统的坐式生活文化。这种多功能单一空间除了炕导热之外,厨房(灶口)里散出的余热也可以补充室内热量,有效地满足了东北寒冷地带的住居保温要求,具有一定的节能效应。朝鲜族传统的炕上坐式起居,一直存在并影响现代的居住、生活方式,也影响其民族的文化。例如,朝鲜族舞蹈中优美的手臂姿势,就是常年坐式唱、饮、舞等活动的结果。综合上述分析,咸镜道型的朝鲜族传统民居在厨房开设建筑物的主入口的同时,几乎每个房间都对外开口,避免相互干扰。并且,过去由于受到严格的男尊女卑制度的影响,平面内各空间的组成受到一定的世俗观念的约束。后来,随着观念的解放,内部空间也得到解放,房间之间的墙体被拉门隔断所代替或取消,大大提高了室内空间的开敞性,实现其多功能用途。在内部空间扩大的过程中,"田"字形或"日"字形的平面类型出现得较多,同时平面的横向扩张使建筑物的间数有所增多。

2. 平安道型

平安道型朝鲜族传统民居多数分布在黑龙江省、吉林省、辽宁省的部分区域。其主要原因是由于这些地区的朝鲜族大多数是从朝鲜半岛南部迁移过来,很多方面继承了朝鲜的居住模式。其中最典型平面类型为"一"字形的分间型平面。相对于统间型平面,分间型平面的厨房和下房在功能上具有明确的分化,中间设有墙体或隔断,各自形成独立的空间,如图3.26所示。住宅规模相对比较大的情况适合采用分间型平面,将开放的大空间分为若干封闭性的小空间,既能保证室内温度的均匀,同时通过起平面分隔作用的墙体,也可以达到双重保温的效果。平面由上房、下房、厨房和仓库构成,上房和下房内设火炕,和厨房之间设一堵墙体,防止厨房的油烟及各种气味进入卧室,炕高于厨房地坪40 cm左右,与灶台顶面相平齐,储藏间设在建筑的一侧,加强山墙的保温效果。吉林省除了延边朝鲜族自治州,在蛟河市、集安市、通化市、白山市等地带也有平安道型的朝鲜族传统民居群体。其中,集安市与朝鲜仅隔一道鸭绿江相望,拥有高句丽王城、王陵与贵族墓等珍贵的世界文化遗产,历史上与朝鲜半岛有着密切的文化交流。20世纪50年代左右,从朝鲜半岛迁移来的部分移民生活在这里,当时他们盖的住宅完全体现着平安道的风格。平面是分间型,前面有凹廊和基座。后来,在长期的居住过程中受到气候环境和满、汉等其他民族建筑文化的影响,建筑形式逐渐发生了变化,取消了前面的凹廊,转换为内部的走道(也称为地下室或地面)或炕空间。

迁移过来的朝鲜族定居中国东北,在其文化不可避免地与汉族和满族等民族文化产生关联之后,生活在东北的朝鲜族文化内环境也有所变化,最终产生了第三种东北地区特有的混合型传统朝鲜族传统民居。

3.2.3.4 其他民族文化内环境作用下的传统民居

在东北地区的其他民族主要有鄂温克族、鄂伦春族、赫哲族,这些民族基本上停留在原始的游猎阶段,他们的文化也处在相对原始的阶段,所以他们的民居也仅仅是简单地反映原始的生存需求。

1. 鄂温克族民居

鄂温克族的部落聚集地由两部分组成:一部分就是"斜仁柱"(图3.27),作为族群的生活起居场所,与部落一同迁徙;另一部分叫作"格拉巴"(图3.28),它是作为固定的建筑来存储粮食等,一般部落搬走后就留给后来迁入的族群继续使用。这样一个"格拉巴"附近住一户人家,部落的男性结婚后就在原家庭的附近再建造一个"斜仁柱"。每个聚集

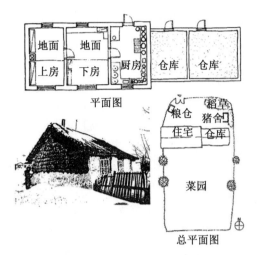

图 3.26　平安道型朝鲜族传统民居

部落由数个"斜仁柱"组成。仓储建筑"格拉巴"经常被建在狩猎区或者迁徙途中的必经之路上。一个部落的族人共同使用一个"格拉巴"。一个传统的鄂温克族部落就是由多个可迁移的"斜仁柱"和建在其周边的固定的"格拉巴"构成的,如图 3.29 所示。

图 3.27　斜仁柱　　　　　　图 3.28　格拉巴　　　图 3.29　鄂温克族部落的建筑排布

2. 鄂伦春族民居

鄂伦春族的建筑是比较特别的,适合迁移和游猎的需要,建筑材料和结构都是比较简单。鄂伦春族的部落是由一些"斜仁柱""奥伦""产房"等建筑物组成的。"斜仁柱"是作为起居室使用的,"奥伦"是作为仓储使用的,它们同属于固定建筑,"产房"则是临时搭建的建筑,坐落于"斜仁柱"东南边。作为鄂伦春族部落的主要建筑,数个"斜仁柱"构成了村落的主体。"斜仁柱"随着生产生活方式的变化不断产生变化,以适应新的要求,但长久以来依旧是圆锥形,具有易于拆卸迁移的特点,这也适应了鄂伦春族长期游走迁徙的打猎生活方式。除了"斜仁柱"外,他们的建筑还有过"乌顿柱""木克楞""雪屋"等其他形式。随着时代的发展变迁,从1953 年以来鄂伦春族人也开始下山定居,逐渐住进了叫"木克楞"的土木结构的房子。

3. 赫哲族民居

赫哲族部落的特点是结合了定居和迁居的优势,这也是由他们的传统生活生产方式决定的,他们主要是以狩猎打鱼为生,有时也会搜集野果,多样化的劳动形式也决定了赫哲族人基本采取多种聚居方式来满足不同生产活动的需求。男人出去打猎,留在家里的妇女、老人和儿童就在家附近采摘野果等进行一些简单的劳作,所以在部落附近打猎捕鱼的男人可以回到家中。因为打猎和捕鱼的劳动性质,赫哲族人经常会随着猎物的迁移而迁移,逐猎物而居。因此,不同的部落也有不同的建筑形态,来适应生活方式的需要。赫哲族屯落(图3.30)为部落的稳定居所,屯落的建筑形式分为四类:马架子、地窨子、木克楞、土草房,根据每户的条件相异建筑形式也不尽相同。很多的家庭还会在房屋的周围围建院子,建有马厩、仓库、厕所等,这些也会因经济条件差异而有所不同。这些家庭院落在一起就组成了屯落。由于季节性游动,聚落的聚集形成了网滩聚落,这种居住建筑多以"安口"为主,按照建筑形状的不同可将其分为三类:撮罗安口(图3.31)、昆布如安口和鸟让科安口,建造过程十分简单。为保存收纳晒好的网具、鱼肉制品等人们会在安口的南面搭一晾鱼架,上覆苫草。冬季游动聚落的聚集地称为坎地聚落。地窨子和马架子就是为适应冬季寒冷气候而创建出来的御寒建筑,它们便于就地取材而且建造过程简单。除了这些,塔拉安口、温特和安口、按塔安口和雪屋也是狩猎的赫哲族人在野外用以居住的建筑类型。

图3.30　赫哲族屯落　　　　　　　　　　图3.31　撮罗安口

通过上述分析可以发现,东北地区的民族的传统住宅形式都带有浓重的原始痕迹,这正是因为这些民族具有原始游猎的文化内环境,而且居住地区比较偏远,与其他文化生态系统很难交流所造成的。由此可见,文化生态对于传统住宅的形式有着巨大的影响。

3.3　东北传统民居居住文化的生态特征

所谓的"居住文化"是以住宅为中心的生活方式,是与人类居住场所的形态和空间相关的生活方式。所以居住文化作为一个特定的社会文化,不是个别的存在,而是与自然环境及人类社会相互影响的存在。研究东北传统民居文化的生态特征,要从居住形态、居住行为、居住观念上分别研究其关联性,并需要着重分析居住文化与民居文化外环境——非文化因子的相互影响,及其与民居文化内环境——文化领域内部各种不同的因子相互之间的作用。

3.3.1　居住文化主体的生态构成

3.3.1.1　居住形态的生态体现

住宅的外形以及内部构造是由其所处的不同环境决定的,比如说东北地区的屋顶和墙壁厚度就是由其寒冷的气候决定的,另外,建筑的选材也是基于周边环境的考虑,事实上,环境对人类的生活有着无尽的影响。

东北地区降雪量大,为防止屋顶上长期堆雪,屋顶的坡度需要设计得较大,满族民居多采用硬山式屋顶。东北西部和黑龙江北部独特的位置,决定其屋顶无论何种民族民居多选用了平顶式,因为年降水量在 400 mm 以下且处于风强度高的半干旱地区,完全无须担心房顶蓄水问题,所以采用抵御大风能力强的平整的屋顶。以此可以推断出"八"式屋顶和平顶式屋顶是适应了气候条件发明的。朝鲜族的很多生活特色影响民居形式,比如说口袋房,甚至主屋里面就设立牛舍和仓库,在外面糊窗户纸。这些都生动而贴切地反映了环境决定居民的生存氛围这一点。

朝鲜族的生活习惯很特殊,他们把厨房作为中间,看似更不合理的布局是他们把牛舍和西侧房间直接相对,他们重视牛的程度可见一斑。

在东北地区,从事农业生产的居民,依据其农业作物而选择原材料建造民居,如稻草、苇芭、秫秸、稗草用作屋顶材料。而旱田与水稻的不同,也使得屋顶的材料有很大的不同。

屋顶的形式也大有不同,如图 3.32 所示,满族和汉族的屋顶一般无四坡顶。以旱田为主的种植方式决定他们的屋顶多为"草顶"的形式。朝鲜族的屋顶一般都采用同一类形式,且多以水稻为原料砌筑而成。

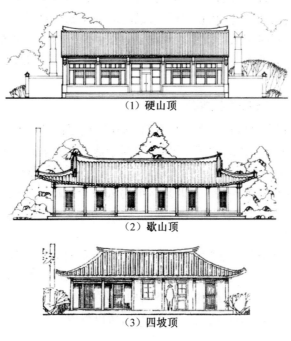

（1）硬山顶

（2）歇山顶

（3）四坡顶

图 3.32　东北传统民居屋顶形式

3.3.1.2 居住行为的生态关联

居住的住宅在很多情况下很好地反映了民族的文化与人的活动行为,而民居的居住文化是在很多外因作用下形成的,是自然、社会、经济、气候等等一系列的因素共同作用产生的结果。所以民居的特点是综合上述背景而传承延续下来的,在这些居住文化中,风俗习惯是其表现的核心。

风俗习惯的存在使得各民族在其民居风格上保存下了不同的房屋构造,如随着漫长的岁月变迁,朝鲜族只在南侧做炕,这个做法是受到汉族人的影响,但是他们也有一些本民族人很难改变的固有的一些生活习惯,综合这些建造他们自己独具特点的民居。朝鲜族人遵循传统的生活方式,在室内脱鞋生活,但穿着鞋子做饭和做家务,这些固有的居住行为与生活方式渐渐地对朝鲜族的居住环境以及文化产生深远的影响。

3.3.1.3 居住观念的生态更新

居住环境的形成与人类生活活动有着很密切的联系,不同材料的使用、布局与风俗上的差异均与这些密切相关。居住环境的形成及其内在文化的沉淀不是朝夕之间获得的,而是长久地受到自然与社会文化共同作用的结果的体现。

居住形态受自然环境因素的影响是相对稳定的,而受社会环境的影响会适应时代发展发生一定的变化。东北民居有着自己的地方特色,受自然与人文环境的共同影响,形成以此为基础的居住文化。

文化影响着人们的生活,但是人们在享受着文化的同时也在改变着它,随着发展,文化一旦转变成为一个民族所固有的人文文化,环境的影响力就会变小,具有相对稳定的特征。无论是哪一种影响,都没法长久地恒定保存。例如,朝鲜族对于自己本民族的文化的保护是有着与众不同的强烈意识的。对于移民时间并不长的朝鲜族,自然环境的影响就相对较弱。但这并不意味着人类就可以忽略了自然条件和气候条件的影响。例如,少部分朝鲜族民居由于东北的寒冷气候而把大厅的廊子弱化,廊子只是以一种形式传承下来,功能早已消失殆尽。

3.3.1.4 居住习俗的生态传承

在居住习俗上,各个民族也是大相径庭的,各民族民居内部空间构成受很多方面的影响,比如精神文化等因素。东北的满族民居,习惯于建造大面积的西屋,这与他们崇敬西屋的信仰有关,他们认为西屋乃至于西炕都是非常重要的空间,基于这一固有思想他们的西屋往往在面积上较东屋大一些。东北地区的另外一个民族——朝鲜族则又有不同,他们对儒家思想十分崇尚,因此对于房屋内部的结构利用有着非常严格的界定,会按照不同的年龄、性别划分。

东北传统民居内部空间构成随着各个民族信仰体系的不同而各具特色,如汉族民居把堂屋的中央位置视为尊贵之地,这里也成为他们招待客人或日常家庭生活的重要利用空间。总之,各个民族自己的民居的内部空间构成各有特色,且慢慢发展变化,这些表征变化得并不那么迅速,远远不及住宅外形的速度,所以得以传承。

3.3.2　居住文化与居住文化外环境的生态关联

3.3.2.1　自然选址与自然环境系统的联系

受到自然环境以及人文环境和固有的民族文化的共同影响,东北地区各民族自己独树一帜的民居特色形成和发展成其自有风格。

气候与环境等因素对于人类居住环境的影响意义深远,满族人常把烟囱设立在离主建筑墙壁有一定距离的地方,其和朝鲜族人都习惯于在台基上面建筑民居,而不同地区的人们也习惯于用不同材料做屋顶,材料往往根据其种田种类的不同做选择,这些完全取决于其所处地区自然环境和气候环境的共同影响,比如说丘陵地区的人用碱土做屋顶,山区人用木板或者直接用树皮做屋顶。另外值得一提的是,构成民居外形的主要要素——屋顶的坡度和墙壁的厚度更加突出地显示了气候与环境的深远影响。如图 3.33 所示为东北民居聚落剖面图。满族民居的特点是屋顶呈现"人"字形,其南侧的窗户一般都比较大,窗户纸糊在外,以及呈口袋房形态等。汉族民居的房屋屋顶为平顶式。这些都无一例外地充分说明居住气候环境对人类民居形态所起到的决定性作用。

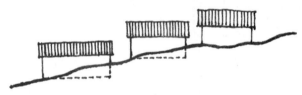

图 3.33　东北民居聚落剖面图

3.3.2.2　民居布局与人文环境系统的联系

历史背景的特异性决定了各异的民居布局特点。由于满族的先祖曾经生活的地区气候寒冷,基于此形成的生活习惯决定着其民居造型(图 3.34)和空间布局。满族民居的建筑形式和布局所生成的生存空间完全适应东北地区的寒冷气候,满族文化的居住特点体现在居住空间的设计上,这些显著的特点是与他们长久以来的信仰有一定意义上的关系的,口袋房、万字坑、索罗杆这些都充分说明了这一道理。从民居的外形感觉上来看,满族

图 3.34　吉林满族民居造型

133

与汉族人的民居并没有那么多的不同,但是在内部构造上大相径庭,各具特色。东北汉族居住与之相结合,并发展成中原汉人的居住形态和内部空间构成。东北地区汉族民居的特色完全是继承了中原地区汉族民居的典型特色(图3.35、图3.36),经山东传往东北,其建筑理念主要来源于中原汉族。

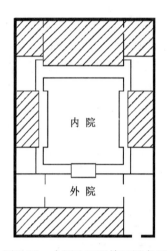 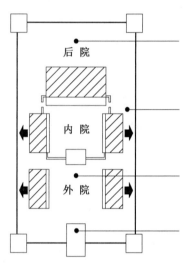

图3.35　中原地区汉族民居布局　　　　图3.36　东北地区汉族民居布局

朝鲜族民居的居住文化特色为在屋内设立牛舍、仓库以及双排式的居室布局和满铺房间的炕,另外,不分窗户与门等。朝鲜族民居延续着其半岛地区独特的住宅风格特色。

3.3.2.3　民居形式与经济环境系统的联系

由于全国各地各民族的经济和生活质量以及生活方式不同,因此民居的规模和布局的建设不同。满族以正房为民居居住核心,左右厢房一般只是作为仓库或者存放粮食而用。汉族人喜欢建造四合院或者三合院,但不同的是,北京的四合院是封闭性的,东北地区的四合院则不是封闭性的,有些人家会建造比较高的门以方便马车的通过,又或者一些人家家境殷实则选择加盖城墙甚至是堡垒,以抵御贼人的入侵。朝鲜半岛的朝鲜族移居中国东北,他们的住宅规模较之满族与汉族均小,一般只有主屋无外围墙,也很少有附属建筑物,这是其主要的特点。由此也可以表明,生活水平与民居规模及建设布局的联系。

各民族的不同文化环境深深影响民居建筑和室内空间的布局。这是各自的文化倡导的生活方式,有文化决定论者的理论基础依据,该理论认为,各个民族独特的居住空间格局是由其各自的经济水平和文化底蕴的重要因素所决定。

首先,各个民族人们从事的事业决定了他们房子的空间布局。东北地区朝鲜族民居的牛舍、满族住宅的玉米楼(或者说是苞米楼)[图3.37(1)]、汉族地区的磨[图3.37(2)]等是尤为典型的例子。生活空间的主体建筑和仓库设施其规模均与生活水平及东北各民族工作环境密切相关。

其次,对于内部构造,不同民族有着自己独到的设计,这些灵感均源于固有的文化和生活方式的不同。例如,满族人对于西侧有着不同于一般民族的情结,他们习惯于把西屋

（1）苞米楼　　　　　　　　　　　　　　（2）磨

图 3.37　民居配套设施及构筑物

当作主卧室,西屋是一个较大的房间,而东屋一般不作为人居房间,多为储藏用,如图 3.38 所示为满族民居布局特点。而汉族人则更多地关注东屋。朝鲜族民居仍然保留着半岛民居的特点,难以用环境及气候影响解释清楚。但其中适合于朝鲜半岛南部地区温热环境和地形特点的廊子仍然在东北地区存在,这些充分说明了文化因素的影响深远。满族一般使用的万字炕为"匚"形,汉族则使用"一"或"二"字形的炕,这些都与其祖上的生活环境和生活方式有关。相比之下,东北地区的汉族人都是从山东地区迁徙而来,因此其居住特点为一般都在居室的南侧设立一个单面"一"字形的炕。各民族传统民居形象和平面布局如图 3.39 所示。

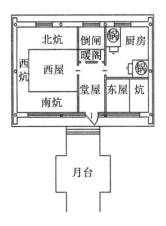

图 3.38　满族民居布局特点

最后,每一个民族都有其固有的习俗和传统,虽然由于文化的交流和借用而慢慢趋于一致,但各民族民居仍然存在其个体差异。这样的家庭居住风俗是一种文化现象,自然、环境、经济等因素影响不明,而民族传统文化的传承是一个重要的影响因素。

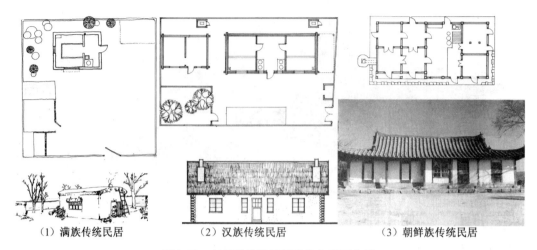

（1）满族传统民居　　　　　（2）汉族传统民居　　　　　（3）朝鲜族传统民居

图 3.39　各民族传统民居形象和平面布局

3.3.3　居住文化内环境作用下的民居空间

3.3.3.1　汉族日常生活与民居空间

东北汉族传统民居的布局形式是中间有个会客用的堂屋，左右两边为两个卧室。人们日常活动的场所主要集中在堂屋，如吃饭、家庭会议等，其功能与现在的起居室相同。按汉族的尊卑等级传统，长辈居东，晚辈居西。如果家里的人口少，汉族人就会选择居住在东屋，而西屋则作为储藏室或书房。汉族民居的取暖方式一般为火炕，布置形式多呈坐南朝北。火炕的形式基本为"一"字形。汉族对睡觉时头的朝向有特定的规制，多朝北向。汉族的厕所多为旱厕，为避免对室内的空气环境影响较大，多建在远离正房的角落里或院外。

3.3.3.2　满族日常生活与民居空间

在满族民居中，正房是占主导地位的房间。满族民居基本形式多为三间或五间房，也就是按照方向分为东、西、外三个屋，日常生活都在此处进行。西屋可以做卧室也可以做厨房。还有就是火炕，它分为南、北两个炕，南炕是长辈住，北炕是年轻人住。有的家庭人口众多，就必须要用拉帘遮挡起来，以便互相不打扰，其位置为南炕的北边、北炕的南边。南炕一般是吃饭和睡觉的地方。

外屋是连接东西屋的通道，同时承载着做饭、供暖的功能，此外也用于洗漱、沐浴。东屋通常作为存储空间，但为了解决家庭人口多的问题，东屋常常被改造成生活空间，设南、北炕，南炕为人居住，北炕可储物。厕所位于远离正房的屋角处，其旁边为厨余垃圾场，并做垃圾再利用处理，如肥料。

3.3.3.3　朝鲜族日常生活与民居空间

朝鲜族民居的房间比较多，不像汉族民居或满族民居那么简单明了。满族或汉族民居的空间分类较简单，仅为几个独立的空间，但朝鲜族民居则以一个建筑为主，在其内部，根据不同的功能，划分有主间、上房、储存间、仓库等房间，如图 3.40 所示。

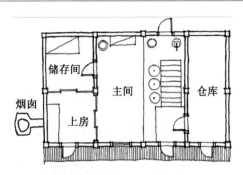

图 3.40　朝鲜族传统民居平面图

朝鲜族的卧室有很多种,叫法也不一样,如大房、上房、里屋、客房等都可以是卧室。朝鲜族人睡觉时,对于头的朝向没有特定的规制,只是忌讳北向,宜于东、南向,与满族、汉族有所不同。主间是朝鲜族家庭专设的会客室。

朝鲜族也具有严格的尊卑等级制度,这在房间利用上也有所影射。男性的客人被安排在客房,而女性则被安排在大房,这是因为客房是一家之主的房间。

大房是朝鲜族人的餐厅。因其面积大且靠近厨房,常作为全家聚餐的场所。朝鲜族的住宅,厅是比较大的空间,厨房也被算作厅,因此也可以在这里做家务活。

第4章 东北满族传统民居建造技术的 文化区划研究

4.1 文化区划的基础研究

文化地理信息数据库的构建既是本章的重要研究基础,也能为后续的研究提供数据支撑。通过文献查询、实地调研、卫星地图软件搜索等方式将研究对象锁定为东北地区的301个满族村落。同时根据东北地区满族传统民居建造技术的特征,选取五大类15个文化因子,将其信息录入到每个村落之中,最后导入GIS构建东北地区满族传统民居建造技术的文化地理信息数据库。

4.1.1 文化区划的相关概念、理论基础及研究的基础模式

4.1.1.1 文化区划的相关概念

1. 传统建造技术

传统建造技术是地方匠师经过长期的实践,在营造材料、构造工艺、施工流程、禁忌习俗等方面总结出的一整套独特的匠作制度。同时,基于2013年《住房和城乡建设部办公厅关于开展传统民居建造技术初步调查的通知》中对于民居建造技术信息的采集项目,得出对于满族传统民居建造技术的研究范畴包括传统民居建筑形态、传统民居建筑材料、传统民居构造技术。

2. 文化区

文化区最初是指具有相似文化特质的地理区域。之后,国内外学者对于文化区的概念又有诸多阐述,但有所侧重。概括起来可以得到文化区的一般定义为:一般指具有某种相似或相同且内部相互关联的文化属性所分布的区域,归属于这一空间区域内的事物在社会、政治、经济以及自然地理方面具有独特的统一的功能。同时文化区作为一个客观存在的地理实体和文化形式,可以有一定的空间范围,但却无明确的边界。

3. 文化区划

文化区划也即文化区的划分,是人们为了研究方便或者其他一些需要,通过一定的划分原则与方法,将文化区做空间上的区分。文化地理学一般将文化区划分为形式文化区和机能文化区。形式文化区作为一种文化现象,主要是根据文化形态特征的相同或差异,划分出具有某些相似文化属性的人或景观所占据的区域。机能文化区是指在社会、政治、经济等方面具有一致机能作用的区域。而根据区划角度不同,文化区又可分为综合文化区和单项文化区。综合文化区一般就文化特质的总体特征进行区划,单项文化区主要就单一文化要素的文化特质差异进行区划。而本书所研究的满族传统民居建造技术文化区划即属于综合文化区中的单项文化区。

4.1.1.2　文化区划的理论基础

1. 文化地理学

文化地理学是人文地理学的一个分支学科,同时也是文化学的组成部分之一。它主要研究地表各种文化现象的分布、空间组合及发展演化规律,以及有关文化景观、文化的起源和传播、文化与生态环境的关系、环境的文化评价等方面的内容。主要研究目的在于探讨人类文化活动所引起的空间变化现象。

文化地理学研究的核心概念就是文化区与地方,而研究的主题则为文化区与地方的形成机制。

2. 民居文化地理研究

民居文化地理研究是综合运用建筑学研究与文化地理学研究的交叉学科研究。运用文化地理学的分析方法研究传统民居,一方面可以根据定位到的坐标信息对民居建筑建立准确的地理信息数据,另一方面在集合了建筑学与文化地理学两学科的研究优势之后,可以更好地深入挖掘民居物质形态与意识形态之间的关系和规律,使研究成果具有多样性和系统性。

4.1.1.3　文化区划研究的基础模式

1. 数据库的构建

通过实地调研、文献资料查阅整理等方式建立传统民居建造技术文化地理信息数据库,对传统民居建造技术方面的相关信息进行搜集汇总,并将最终数据整理成 Excel 表格,以便快捷地获取相应建造技术的分类信息。

2. 数据信息空间分布的解析

将整理好的 Excel 表格导入 ArcGIS 软件,实现对数据的处理、修改、分析一体化,进而分析建造技术的空间分布特征,同时在此基础上完成对其文化地理图册的绘制。

3. 文化区的划分

文化区的划分是借助文化地理图册对数据的直观表达,结合因子叠加法、主导因素排列法、历史地理学方法等对区域的文化地理学划分方法。以内部相似性为原则,结合山脉、河流等地理因素和行政边界,划分民居建造技术文化区,并总结每个区划内民居的主要建造技术概况,对其背后的形成因素进行探讨。

4.1.2　东北地区的文化地理背景

4.1.2.1　地理环境特征

1. 地形

东北地区主要有山地、丘陵、平原、台地四种地形类型。大兴安岭、小兴安岭以及长白山脉构成了整个东北地形的外围轮廓,向中心则逐渐过渡为丘陵和台地的地形类型,最终区域内部则形成了广阔的东北三大平原,分别为由黑龙江、松花江和乌苏里江冲积而成的三江平原;由辽河冲积而成的辽河平原;以及由松花江、嫩江冲积而成的松嫩平原。东北高山区的分布范围很小,三大平原的西、北、东三面都被海拔高度在 800 ~ 1 500 m 范围内的低山、中山所环绕。其中西部为辽西山地和大兴安岭山脉,北面为小兴安岭山脉,东面为长白山脉。小兴安岭呈北东走向,山体顶部较为平坦,河谷宽广,境内有大面积沼泽地带。长白山脉以平行的山脉、丘陵为主,其内有宽广的山间盆地与谷地,山脉呈东北、西南走向。总体来看,东北地区的地形似山环水绕的马蹄形。

2.水文

东北地区水网密布。其中黑龙江省有黑龙江、松花江、乌苏里江、绥芬河、嫩江五大水系。同时黑龙江是东北地区的最大水系,孕育了省内的三大支流:松花江、嫩江、乌苏里江。河流的水文特点为:水量较大,季节变化大,有积雪融水和大气降水补给,一年有春汛和夏汛,含沙量小,流速平缓,冰期较长。

吉林省的河流水系特征受地形及气候的影响极其明显,东部山地雨量充沛,长白山成为主要的河流发源地,西部则干旱少雨。省内河流主要分属松花江、辽河、鸭绿江、绥芬河、图们江五大水系,其中以松花江水系流域面积最广,而河流分布情况以东部长白山地为最为密集丰富。

辽宁省的河流主要分属辽河、太子河、大凌河、鸭绿江等流域,其中辽河是省内最大的水系。省内大部分河流自东、西、北三个方向往中南部汇集注入海洋。河流水文总体特点为:西部地区河流上游水土流失较严重,下游河道平缓,含沙量高,泄洪能力差,易生洪涝。东部河流水清流急,河床狭窄。

3.气候

我国气候分区中将东北地区划分为严寒地区,夏季短促且凉爽,冬季严寒且持续时间长,冬夏温差大,寒暑变化明显。

东北满族传统民居为适应区域内寒冷的气候环境,在营建过程中尤为关注房屋在保暖防寒、采光纳阳、防风防雪方面的处理。

为适应寒冷气候,形成了低矮规整的外部形体、平面紧凑的室内格局,以最大限度地减小外表面散热量。可以看到,东北地区除了部分满族传统民居在正房一侧增设耳房外,往往外部形体再无其他变化。这种南长北短的矩形平面可以有效地降低外围护结构表面的传热,而南向墙体大面积开窗则为了获取更多的太阳辐射,其余各面不开窗或仅开通风的小窗,这进一步强化了东北满族传统民居外部形体给人以厚实封闭的感受,如图4.1所示。

图4.1 满族传统民居外部形体

4.1.2.2　满族文化背景

1. 满族文化源流

满族拥有悠久而文明的历史,东北地区的长白山以北与黑龙江、松花江流域处,也即俗称的"白山黑水"是这一古老民族的发源地。满族的源流,最早可以追溯到 2 000 多年之前先秦时期的肃慎,之后逐渐发展为挹娄、勿吉、靺鞨和女真,这些先民分别在先秦、东汉、两晋、北魏、唐朝、宋朝留下了自己独特的历史印痕。明朝中期以后,女真人按地域划分为建州、海西和东海(明称野人)女真三部。建州女真分布在抚顺以东,以浑河流域为中心;海西女真分布于明开原边外的辉发河流域,北至松花江中游大转弯处;东海女真大致分布在松花江中游、黑龙江中下游至俄罗斯滨海地区。明朝时,这女真三部发展并不平衡,其中建州女真最为先进,其次是海西女真,处于地理位置最上游的东海女真基本处于原始社会的生活状态。

1583 年,建州左卫首领努尔哈赤起兵统一建州女真各部,在之后的 20 年里,逐步征服了海西女真和东海女真,并建立了以八旗制度为核心的中国清代满族的社会组织形式。起初,只在女真社会实行八旗制度,随着征服地域的不断扩大,降附的蒙古族、汉族人逐渐增多,逐渐又完成了蒙古八旗和汉军八旗的编制,致使八旗制度臻于完善,女真人在迅速发展中不断强化自身的民族形态。到 1635 年,皇太极发布改族名为满洲的命令,最终形成了满族共同体。满族社会因此得到巩固与不断发展,在中国历史上创造了光辉灿烂的民族文化。

这里需要说明的一个问题是东北八旗满洲的构成主要分为三部分:一是"佛满洲","佛"在满语中为"旧、陈旧"之意,指在入关前努尔哈赤、皇太极时期征服的,并编入八旗的女真诸部和其他部族的人口;二是"依彻满洲","依彻"在满语中为"新的"之意,指在清入关后统一黑龙江和乌苏里江流域时期被编入八旗的人口;三是"包衣满洲","包衣"意为"家奴",指在后金晚期和清入关后,俘获的战俘或因某些原因获罪的罪犯被编入八旗的人口。

2. 满族文化特征

满族对自己的文化不是持封闭保守态度,而是善于突破自身文化界限学习其他民族的先进文化。其文化中所蕴含的开放性与包容性,使自身文化不断繁荣发展。满族文化在形成中,受蒙古族、汉族影响较大,满文最早就是在蒙文的基础上创立的,后加以改进,形成了符合本民族的语言表达方式。而汉族对满族文化的形成意义更为深远,满族在入主中原以前其社会文化水平相对落后,还处于原始社会向奴隶社会转变的阶段,而同时期的中原汉族早已进入封建社会。满族入关后,从衣食住行各方面吸取汉文化中的精华部分。例如,满族传统民居院落型制,就是在模仿汉族民居院落做法的过程中不断趋于成熟,最终形成了与汉族民居院落既相似又有区别的三合院、四合院。

与此同时,满族在与汉族进行文化交融的过程中,并没有完全丧失自身民族性,而是在吸纳汉文化的过程中始终坚持自己民族文化的精髓,有意识地维护自身文化的独立性,使得自身文化没有被历史悠久、博大精深的汉文化所同化。如满族入关后保留了先人女真所擅长的骑射传统,清王朝历代视骑射文化为满族文化独立性和凝聚力的精神力量。在语言和服饰方面,也可以看到其从先人女真继承下来的文化传统,这些不但奠定了满族文化的根基也是后来其文化构成的核心部分。

4.1.3 传统民居建造技术的文化地理数据库的构建

4.1.3.1 文化因子的选取

传统村落及民居在文化地理学中一般以"文化景观"的"身份"出现。只有对东北满族聚居景观区的文化因子进行深层次的分析,建立反映其景观特征并相互关联的"文化因子",才能够更有效地对景观进行识别。可以说,对于满族传统民居文化因子的科学选取,是定量分析传统民居各种文化现象以及进行民居文化地理研究的前提。

文化因子即文化特质,是文化的最小组成单位。功能上相互关联的文化特质组成"文化综合体"。传统民居即是一个文化综合体,而文化因子则是识别文化综合体文化特征的关键要素。

本书对于东北地区满族传统民居建造技术文化因子的选取,参考了《住房和城乡建设部办公厅关于开展传统民居建造技术初步调查的通知》中对于传统民居建造技术的调查内容,主要包括民居的平面型制、功能布局、结构与材料等。结合本研究对象的实际情况,确定从传统民居地形环境及建造年代、民居建筑形态、建筑材料、构筑技术这五方面进行文化因子的采集,其中包括传统民居地形环境、传统民居建造年代、屋面形式、山墙类型、建筑装饰、屋面系统材料、围护墙体材料、墙体砌筑类型、承重结构类型,将这九个文化因子(表4.1)作为本书最终研究的基本要素。

表4.1　东北地区满族传统民居建造技术文化因子属性表

文化因子	属性
传统民居地形环境	平原型、台地型、丘陵型、山地型
传统民居建造年代	清代、民国、中华人民共和国成立后
屋面形式	双坡屋面、囤顶
山墙类型	悬山山墙、硬山山墙、五花山墙
建筑装饰	无装饰、装饰较少、装饰一般、装饰较精美
屋面系统材料	青瓦、木板瓦、土、草
围护墙体材料	青砖、石、红砖、木、土
墙体砌筑类型	金包银、石材砌筑、砖石混砌、井干式、拉核墙、土坯墙、叉泥墙
承重结构类型	木构架承重结构、墙体承重结构

1. 传统民居地形环境

东北地区的地表结构自东向西可分为三带,最东是黑龙江、乌苏里江、兴凯湖、图们江和鸭绿江等流域低地,紧接着为大兴安岭北部、小兴安岭和长白山地丘陵,最西为东北中部平原及其周围的冲积台地。因此,东北满族传统民居选址地形可分为山地型、丘陵型、台地型、平原型四种。

2. 传统民居建造年代

传统民居建造年代显示着社会发展变迁的历程,各个历史阶段都有其相对独特的民居建造技术。

清代以前东北地区社会经济并不发达,民居建造多利用草、土、石等地方材料。清代之后才逐渐使用砖、瓦,房屋保存年限得以延长,这致使东北地区遗存下来的满族传统民居最远仅可追溯到清代。由于目前的东北地区不可移动文物保护单位名录中对现存的满族传统民居建造年代的界定只限定于朝代,如清朝,并没有进行更详细的年代划分,因此,结合东北地区历史发展沿革与实际调研情况,本书将民居建造年代分成三个节点:清代、民国、中华人民共和国成立后(表4.2)。

表4.2　东北地区满族传统民居建造年代分类标准

分段	起止时间	分类标准
清代	1616~1911年	清代以来所形成巨大的"闯关东"移民浪潮,极大加快了东北地区人口的流动,民居建造活动较多
民国	1912~1949年	清末至民国,自然经济政策下,东北地区的移民运动在清末的基础上再次掀起高潮
中华人民共和国成立后	1949年至今	近现代材料开始用于民居建造中,也有村民利用新材料对老宅进行改造

3. 屋面形式

传统民居建筑的屋面对建筑立面起着特别重要的作用,同时作为建筑的围护构件,不同的屋面形式也反映了民居对所处气候的适应性。东北满族传统民居屋面在形式上可以分为双坡屋面与囤顶两种类型,如图4.2所示。东北地区冬季降雪量非常大,为了让积雪快速滑落以减小积雪给屋面结构带来的荷载,民居多采用坡度较大的双坡屋面形式。其房子的梁架是由梁、檩、椽组成的木构架,这种"人"字形起脊屋顶在东北满族传统民居中被广泛使用。而辽宁西部地处风口地带,常年遭受风沙之患。这一带的满族传统民居屋面多为囤顶形式,这种中间高两头低的漫圆弧形屋面可以有效地减小风的阻力。满族人在屋面上用碱土或黄土内掺拌碱水或盐水的方式防雨,体现了传统民居在适应气候环境时的智慧所在。

(1) 双坡屋面　　　　　　　　(2) 囤顶

图4.2　东北满族传统民居屋面形式

4. 山墙类型

传统民居的山墙即房屋两侧的外横墙,主要包括下碱、上身和山尖等部分。东北满族传统民居山墙类型可分为硬山山墙、悬山山墙和五花山墙,如图4.3所示。

（1）硬山山墙　　　　　　　（2）悬山山墙　　　　　　　（3）五花山墙

图4.3　东北满族传统民居山墙类型

（1）硬山山墙。

"硬山"是满族传统民居山墙的主要形式,其主要特点为左右两侧山墙与屋面齐平,或略高于屋面,并将檩木梁全部封砌在山墙内,使房屋具有较好的抗风与防火能力。东北满族大户人家民居多在山墙的山尖处做重点装饰。

（2）悬山山墙。

山墙的屋面左右两山处均向外挑出称为"悬山",这是区别于"硬山"的主要特征。东北满族传统民居的悬山山墙有的将檩木梁露出在山墙外,也有将檩木梁像硬山山墙一样全部封砌在山墙内。一般在檩条两端部挑出山墙面的上面钉制木搏风,在搏风近脊处配木制悬鱼。

（3）五花山墙。

五花山墙是满族传统民居的特色做法之一。最初是为了在砌筑房屋时节省砖的用量,降低房屋造价,而结合取材方便的石材进行山墙的组合砌筑。这种砌筑类型一般用石材在山墙中心部位砌筑五层,且砌筑时由下至上逐渐收束,砖材则负责在角部组砌成不同形式的图案。

5.建筑装饰

装饰是在满足使用功能基础上对民居进行的升华处理,是技术与文化的璧合,使结构、材料、功能、艺术之间达到和谐统一。为民居建筑进行装饰反映了人们对美好生活的憧憬与期盼,同时装饰手法与装饰材质的不同也映射了文化间的交流与社会的经济发展水平。满族传统民居装饰无论在建筑外观还是在室内布置上均有体现。装饰色彩虽不华丽,但石雕、砖雕、木雕数量众多,其中不乏工艺精美者。

满族传统民居的石雕（图4.4）主要集中在抱鼓石、柱础、门枕和墩腿石等部位。雕刻精细程度和石材的档次反映了主人的社会地位,从中可以看到汉文化对满族文化的影响。辽宁岫岩满族自治县因地处山区而盛产花岗岩,房屋的石雕以此为材料,在其上刻制动物纹样、植物纹样、吉祥纹样、几何纹样等。

砖雕（图4.5）在"三雕"（石雕、砖雕、木雕）中数量最多,形式纷繁,题材与石雕类似。满族传统民居的砖雕主要集中在山墙的山尖、墀头、搏风,屋顶部分的瓦当,屋脊以及院落中的影壁等处。装饰图案均表达求富贵、盼吉祥的美好愿景。

满族传统民居木雕（图4.6）类型丰富,在梁枋、雀替、室内家具、隔扇、栏板、户牖上亮部位均有体现。木雕的深浅与形式取决于其在建筑中的位置,一般梁枋处为了不影响结

（1）植物纹样1　　　　（2）植物纹样2　　　　（3）动物纹样1　　　　（4）动物纹样2

图4.4　东北满族传统民居石雕装饰示意图

（1）动物纹样1　　　　（2）动物纹样2　　　　（3）动物纹样3　　　　（4）吉祥纹样

图4.5　东北满族传统民居砖雕装饰示意图

（1）几何纹样木雕　　　　　　　　　　　　　　（2）动物纹样木雕

图4.6　东北满族传统民居木雕装饰示意图

构的支撑作用,木雕形式简单、雕刻较浅;而用于空间划分的隔扇、栏板采用浮雕、透雕;户牖上亮部位的木雕因采光、通风需求而使用透雕或大面积镂空。

除此之外,辽宁北镇地区的满族传统民居雕饰类型虽不算丰富,却擅长用石材与砖材在山墙或窗下槛墙组合砌筑精美的图案,对民居起到了很好的装饰作用。

按照雕饰种类多少、精细程度对东北满族传统民居装饰程度进行评价,分为装饰较精美、装饰一般、装饰较少、无装饰四个类别(表4.3)。

表4.3 东北满族传统民居建筑装饰程度分类标准

装饰程度	分类标准
装饰较精美	雕饰种类多、题材丰富、雕刻精美细腻
装饰一般	民居局部雕工精细,装饰性强
装饰较少	雕饰种类少,工艺较简陋
无装饰	没有任何雕饰以及装饰细节

6. 屋面系统材料

笔者通过对东北满族传统民居进行大量实地调研,发现满族传统民居的屋面系统材料主要分为青瓦、木板瓦、草、土四种,如图4.7所示。

（1）青瓦 （2）木板瓦

（3）草 （4）土

图4.7 东北满族传统民居屋面系统材料示意图

（1）青瓦。

满族传统民居的青瓦屋面一般仰铺,在端部用两三垅合瓦结束,对屋面边界形态进行强调。房檐处一般用两层滴水瓦压边,在加速屋面排水的同时起到了很好的装饰效果。瓦房的保暖效果虽不如草房,但是耐久性较好。

（2）木板瓦。

木板瓦又叫"木房瓦",是将木板劈成方片当瓦用。制作时多用斧子进行劈制,劈出来的木瓦片表面光滑,不易滞留雨雪,在风吹雨淋下也不易变形。木板瓦在铺设时采用从下至上层层叠加的方式,再将片石压在脊瓦上,使木板瓦牢固。这种木板瓦在吉林长白山地区使用较为普遍,是井干式民居的主要屋顶材料。

（3）草。

草顶是东北满族传统民居中较为常见的屋面形式。所用的草因地而异,有莎草、章茅、黄茅等野草和谷草、稻草等,以草茎长、枝叉少、不易腐烂和经济易得为选用原则。满族传统民居的草屋面在椽上盖以苇芭或秫秸,铺望泥两层,其上平整地铺置稗草,久经风雨,草作呈黑褐色给人以整洁朴素之感。

(4)土。

东北满族传统民居的土屋面主要应用于略呈弧形拱起的囤顶房屋中,屋面做法主要采用碱土顶。建造时在椽子上铺两层打捆的秫秸,再以碱土混合羊草(碱草)抹至屋顶上,垫以苇席一层,最后铺设碱土泥两层。碱土顶的房屋每年都需要再用碱土进行涂抹维护。

7. 围护墙体材料

民居围护墙体的用材在整个建筑中的比例最大。明清以前,满族传统民居在进行墙体砌筑时多选用土、木、石等取材方便的地方材料进行建造。之后随着社会经济的发展,建筑材料的使用才逐渐丰富。现存东北地区满族传统民居的围护墙体材料主要有:青砖、石、红砖、木、土五种,如图4.8所示。

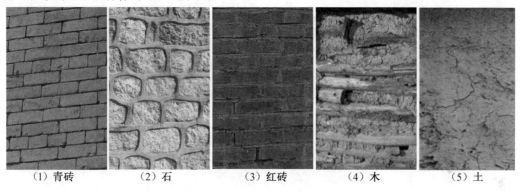

(1)青砖　　　　(2)石　　　　(3)红砖　　　　(4)木　　　　(5)土

图4.8　东北满族传统民居围护墙体材料示意图

(1)青砖。

青砖制作工艺较为复杂,价格相对较高,一般是在砖块烧制时进行缺氧处理,这样可以使之具有耐碱性能好、耐久性强的优点。满族对青砖的使用是从汉族建房中学习的,后来在满族传统民居中广泛使用。

(2)石。

石材具有耐压、耐磨、防潮、防渗等优点,在满族传统民居中的用量较大。尤其对于依山而居的满族聚落,石材成为主要的筑房材料。像辽宁西部与东部的山区,虽然自然环境差异较大,但都擅长用石材砌筑墙体。

(3)红砖。

红砖在东北满族传统民居的使用已有50年左右的历史。起初用红砖建房对于普通百姓来说造价太高,人们仅在土房的前脸贴上一层红砖。这种被红砖装修后的土房叫"一面青",至今在哈尔滨地区的满族传统民居中仍较为常见。

(4)木。

木材作为墙体的围护材料主要应用于长白山地区的井干式民居中,这里的满族建房多选用当地的红松,这种木材具有耐拉、耐弯、耐潮、耐腐等优点,可经百年风雪而不朽。

（5）土。

土在使用时一般制成土坯或直接夯筑,也可作为胶结材料结合其他建材完成墙体砌筑。用土建造的墙体具有良好的保温隔热效果。相较于其他墙体围护材料,土在满族传统民居中的使用最为常见。

8. 墙体砌筑类型

东北满族传统民居墙体砌筑具有强烈的地域特点。满族人在有限的材料选择情况下,充分发挥材料本身的特质,创造出一系列适应自然环境的构筑技术。参照《东北民居》中对满族传统民居建造类型的划分,并结合调研中与村民访谈了解到的房屋建造情况,将东北满族传统民居墙体砌筑类型分为:金包银、石材砌筑、砖石混砌、井干式、拉核墙、土坯墙和叉泥墙七种类型,如图4.9所示。

（1）金包银　　　　　　　　　　　（2）石材砌筑

（3）砖石混砌　　　　　　　　　　（4）井干式

（5）拉核墙　　　　　　　　　　　（6）土坯墙

图4.9　东北满族传统民居墙体砌筑类型示意图

（7）叉泥墙

图 4.9（续）

（1）金包银。

金包银指在用青砖砌筑墙体时，仅在墙体的内外两侧砌砖，内侧填充土坯或碎石。这样做节省砖的用量，也不影响墙体的保温效果。青砖的摆砌一般采用全顺式的卧砖形式，也有采用一顺一丁的立砖形式，墙体外表面仅做勾缝，不做抹面处理。

（2）石材砌筑。

在砌筑首层时先挑选比较方正的石块放在拐角处，然后按照放线砌筑里外皮石，并在中间用碎石或土坯填充，以后逐层进行错缝砌筑。普通百姓家多直接利用山上开采的毛石经简单加工砌筑墙体，有条件的对石材进行切割，使得外表面平整。满族传统民居石材砌法主要包括行列式砌法、"人"字形砌法等。

（3）砖石混砌。

这种复合型砖石用材体系一般在满族传统民居山墙和窗下槛墙用得比较多。最初是为了节省砖材的使用，后来发展成具有装饰效果的构筑技艺。在砌筑时为了达到墙体的稳固，在两层石砌墙的中间需要隔以两皮砖。

（4）井干式。

井干式又名木克楞，是用圆木或方木平行叠置成房屋四壁，圆木或方木端头用斧削使其在拐角处交叉咬合，如此逐次向上，至门窗洞口，洞口处的圆木或方木用一种名为"木蛤蟆"的连接构件进行稳固。同时在上下层原木之间施以暗榫将墙体拉结成整体使其具有良好的抗震性。承重骨架做好后在其内外涂抹黄泥，在保护木材的同时又达到很好的保温效果。

（5）拉核墙。

拉核墙也称挂泥墙，草辫墙。建造方法是：先在地基处埋数根木柱，将植物秸秆和泥而成的拉核辫拧成麻花劲儿，一层层地紧紧编在木架上；待其干透后，表面涂上泥巴，这样墙身便可自成一体，坚固耐久，保暖防寒，表现出特别的材料质感。

（6）土坯墙。

先将碎草和土搅和在一起，土要选用有一定黏性的，草则以细长柔软者为好。之后放置模具里经晾晒制成墙体构筑材料土坯，将其分层垒砌并用同样土质的泥浆作为黏结材料。最后在砌筑好的墙表面抹一层细泥就筑成土坯墙。

（7）叉泥墙。

叉泥墙也称土挂墙,类似于传统的夯土墙,但建造方式更为简单。先将木模板在墙身处按一定间距定位好,将用土和草和好的羊角泥,用铁叉一块一块地往木模板里填充,期间不断用木桩压实,待墙体稍干,卸掉木板。最后在叉好的墙体表面抹一层细泥就筑成了叉泥墙。

9. 承重结构类型

东北满族传统民居的承重结构类型主要有木构架承重结构和墙体承重结构两种,如图4.10所示。

（1）木构架承重结构　　　　　　　　　　（2）墙体承重结构

图4.10　东北满族传统民居承重结构类型示意图

（1）木构架承重结构。

依靠柱、梁、檩、杕、椽等构件组成受力体系,墙体起空间划分与围护的作用并不承重。木构架按类型可分为传统的檩杕式木构架以及在此基础上改造而成的变体木构架。檩杕式木构架体系是在保持清式抬梁式做法的基础上,把传统做法中檩下横截面为矩形的枋替换成横截面为圆形的杕。变体木构架主要有三种:一种是为了省去大梁与二梁的建造而在山墙中心位置设置"排山柱"的构造;一种是为了减小梁的跨度而在室内的灶间和卧室的隔墙处设"通天柱"的构造;还有一种是位于辽西囤顶民居中的木构架体系,由于受到屋面高度和曲度限制,梁上只用驼墩支撑檩条,而不设置瓜柱、梁枋等构件。

（2）墙体承重结构。

东北满族传统民居中墙体承重结构以长白山地区的井干式民居为主,主要特征表现为墙体既是承重体系也是围护体系。在建造时将横木嵌入事先挖好的深沟中做基础,圆木交错垒搭成木楞墙体,并将屋架大梁直接固定在前后檐墙上,而屋架的搭设可以按照传统抬梁式的方式,也可直接用叉手置檩子的方法建造。有的民居为了增大房间进深,在山墙中心设置"排山柱"支撑脊檩。从中可以看到满族人不拘泥于法式,善于创造的伟大智慧。

4.1.3.2 技术路线

1. 数据库样本的选定

数据库样本选取的总原则是:满族传统民居历史风貌完整、数量较多(形态完整,保护良好者不少于5处)的传统村落。

信息数据的来源包括:遥感数据、实地调研数据、可视街景数据和其他资料数据。遥感数据指用航拍或者卫星所获得的相关图像数据。实地调研数据指通过现场调查采集记录有关信息。笔者通过对东北三省满族传统民居进行大量调研,获取了翔实的数据信息,作为最为重要的基础数据。可视街景数据是指通过车拍、船拍、人拍所获得的相关图像数据。例如,利用腾讯街景地图软件作为数据信息的补充。其他资料包括通过上网查找、阅读文献、借助以往做过的此类研究的数据。

而在最终筛选出的301个传统村落数据样本数量的设定过程中,本着尽量满足各个区域内村落样本数量均衡的原则,保证23个主要研究城市内每个城市的传统村落样本数与该城市内的满族乡镇数量之比控制在0.8~1.2之间,样本稀疏的5个城市内该比例控制在1.5~2之间。

最终结果为:哈尔滨市19条、齐齐哈尔市7条、绥化市6条、牡丹江市11条、黑河市6条、长春市2条、吉林市13条、四平市19条、辽源市5条、延边州4条、通化市3条、白山市13条、沈阳市6条、抚顺市24条、本溪市16条、鞍山市29条、丹东市25条、大连市12条、锦州市33条、铁岭市16条、营口市6条、辽阳市5条、葫芦岛市21条。

2. 文化因子属性的录入

将所采集到的信息按各个文化因子类别一一录入到每个村落中,同时借助百度地图软件查询各个村落经纬度坐标,对村落地理位置进行精确定位。最终将整理好的信息汇统到一个Excel表格中(图4.11)。

3. ArcGIS分析

把传统村落的经纬度转换成WGS-84坐标,将Excel表格中的数据信息链接到地理信息系统ArcGIS软件中进行分析处理,最后完成东北满族传统民居建造技术的文化地理信息数据库的构建。

4.1.3.3 数据库的组成

本书的数据库包含了301条传统村落样本信息。其中数据信息主要涵盖传统民居地形环境与建造年代、建筑形态、建筑材料、构筑技术这五方面,其中包括传统民居地形环境、建造年代、屋面类型、山墙类型、建筑装饰、屋面系统材料、围护墙体材料、墙体砌筑类型、承重结构类型九个文化因子(图4.12),外加村落名称、村落所在市县名称、经纬度坐标。

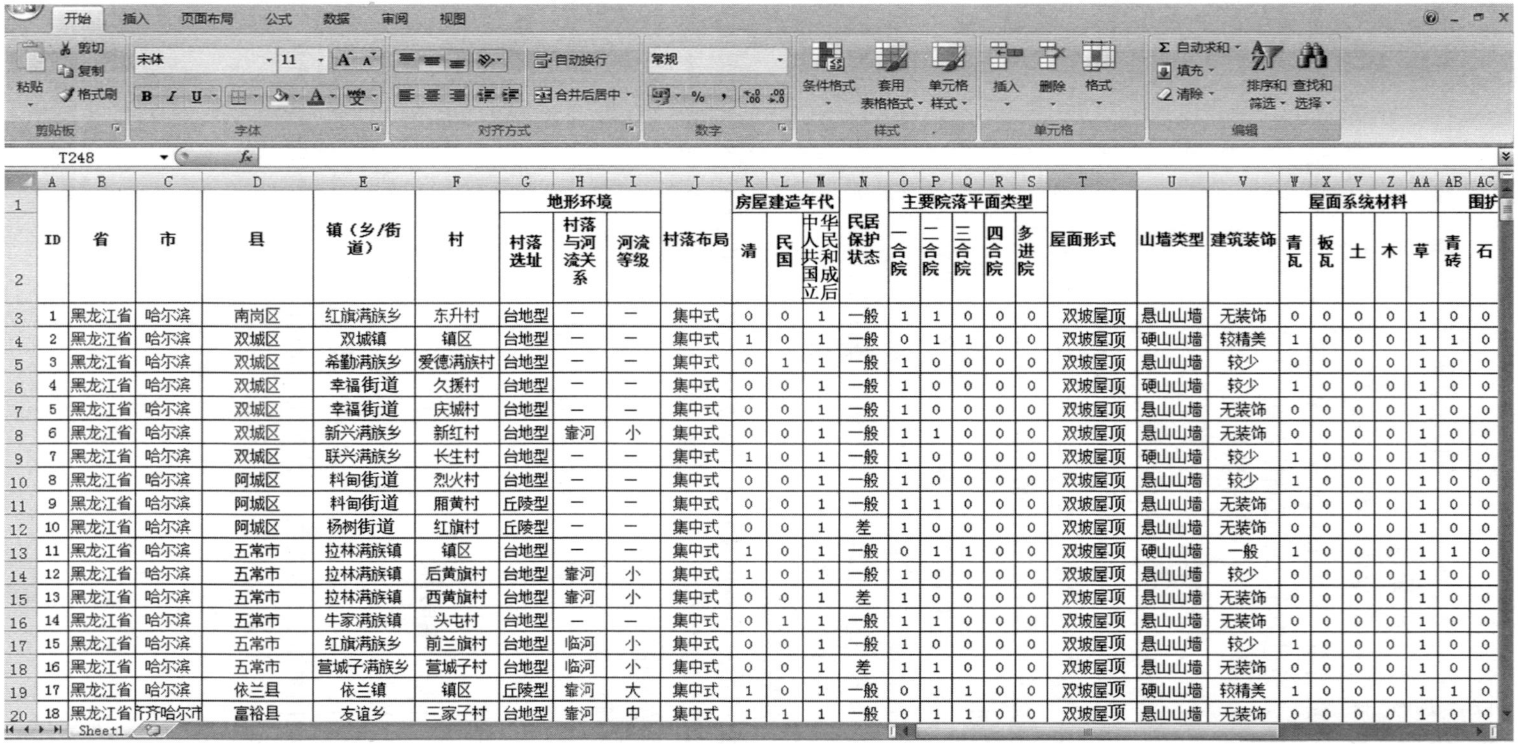

ID	省	市	县	镇（乡/街道）	村	地形环境：村落选址	地形环境：村落与河流关系	地形环境：河流等级	村落布局	房屋建造年代：清	房屋建造年代：民国	房屋建造年代：中华人民共和国成立后	民居保护状态	主要院落平面类型：一合院	主要院落平面类型：二合院	主要院落平面类型：三合院	主要院落平面类型：四合院	主要院落平面类型：多进院	屋面形式	山墙类型	建筑装饰	屋面系统材料：青瓦	屋面系统材料：板瓦	屋面系统材料：土	屋面系统材料：木	屋面系统材料：草	围护：青砖	围护：石
1	黑龙江省	哈尔滨	南岗区	红旗满族乡	东升村	台地型	—	—	集中式	0	0	1	一般	1	1	0	0	0	双坡屋顶	悬山山墙	无装饰	0	0	0	0	1	0	0
2	黑龙江省	哈尔滨	双城区	双城镇	镇区	台地型	—	—	集中式	1	0	1	一般	0	1	1	0	0	双坡屋顶	硬山山墙	较精美	1	0	0	0	1	1	0
3	黑龙江省	哈尔滨	双城区	希勤满族乡	爱德满族村	台地型	—	—	集中式	0	1	1	一般	1	0	0	0	0	双坡屋顶	悬山山墙	较少	0	0	0	0	1	0	0
4	黑龙江省	哈尔滨	双城区	幸福街道	久援村	台地型	—	—	集中式	0	0	1	一般	1	0	0	0	0	双坡屋顶	硬山山墙	较少	1	0	0	0	1	0	0
5	黑龙江省	哈尔滨	双城区	幸福街道	庆城村	台地型	—	—	集中式	0	0	1	一般	1	0	0	0	0	双坡屋顶	悬山山墙	无装饰	0	0	0	0	1	0	0
6	黑龙江省	哈尔滨	双城区	新兴满族乡	新红村	台地型	靠河	小	集中式	0	0	1	一般	1	1	0	0	0	双坡屋顶	悬山山墙	无装饰	0	0	0	0	1	0	0
7	黑龙江省	哈尔滨	双城区	联兴满族乡	长生村	台地型	—	—	集中式	1	0	1	一般	1	0	0	0	0	双坡屋顶	硬山山墙	较少	1	0	0	0	1	0	0
8	黑龙江省	哈尔滨	阿城区	料甸街道	烈火村	台地型	—	—	集中式	0	0	1	一般	1	0	0	0	0	双坡屋顶	悬山山墙	较少	1	0	0	0	1	0	0
9	黑龙江省	哈尔滨	阿城区	料甸街道	厢黄村	丘陵型	—	—	集中式	0	0	1	一般	1	1	0	0	0	双坡屋顶	悬山山墙	无装饰	0	0	0	0	1	0	0
10	黑龙江省	哈尔滨	阿城区	杨树街道	红旗村	丘陵型	—	—	集中式	0	0	1	差	1	0	0	0	0	双坡屋顶	悬山山墙	无装饰	0	0	0	0	1	0	0
11	黑龙江省	哈尔滨	五常市	拉林满族镇	镇区	台地型	—	—	集中式	1	0	1	一般	0	1	1	0	0	双坡屋顶	硬山山墙	一般	1	0	0	0	1	1	0
12	黑龙江省	哈尔滨	五常市	拉林满族镇	后黄旗村	台地型	靠河	小	集中式	1	0	1	一般	1	0	0	0	0	双坡屋顶	悬山山墙	较少	0	0	0	0	1	0	0
13	黑龙江省	哈尔滨	五常市	拉林满族镇	西黄旗村	台地型	靠河	小	集中式	0	0	1	差	1	0	0	0	0	双坡屋顶	悬山山墙	无装饰	0	0	0	0	1	0	0
14	黑龙江省	哈尔滨	五常市	牛家满族镇	头屯村	台地型	—	—	集中式	0	1	1	一般	1	1	0	0	0	双坡屋顶	悬山山墙	无装饰	0	0	0	0	1	0	0
15	黑龙江省	哈尔滨	五常市	红旗满族乡	前兰旗村	台地型	临河	小	集中式	0	0	1	一般	1	0	0	0	0	双坡屋顶	悬山山墙	较少	1	0	0	0	1	0	0
16	黑龙江省	哈尔滨	五常市	营城子满族乡	营城子村	台地型	临河	小	集中式	0	0	1	差	1	1	0	0	0	双坡屋顶	悬山山墙	无装饰	0	0	0	0	1	0	0
17	黑龙江省	哈尔滨	依兰县	依兰镇	镇区	丘陵型	靠河	大	集中式	1	0	1	一般	0	1	1	0	0	双坡屋顶	硬山山墙	较精美	1	0	0	0	1	1	0
18	黑龙江省	齐齐哈尔市	富裕县	友谊乡	三家子村	台地型	靠河	中	集中式	1	1	1	一般	0	1	1	0	0	双坡屋顶	悬山山墙	无装饰	0	0	0	0	1	0	0

图 4.11　东北满族传统民居建造技术文化因子 Excel 表（局部截图）

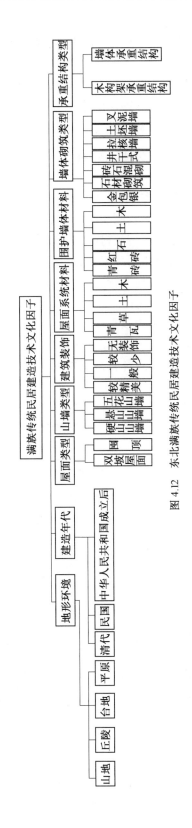

图 4.12　东北满族传统民居建造技术文化因子

4.2 东北满族传统民居建造技术的空间分布解析

对筛选出来的 301 条传统村落样本信息进行数据整理,导入到 ArcGIS 软件中进行矢量化处理。通过在 ArcGIS 中进行地理图册的绘制分析各文化因子在研究区域范围内的分布状况,为下一步划分东北地区满族传统民居建造技术文化区划做基础。

4.2.1 传统民居地形环境及建造年代的分布特征

4.2.1.1 传统民居的地域分布情况

东北地区整体传统村落分布差异较明显。辽宁东部和长白山西部地区满族传统村落分布最为集中,是一个片区,其他地区传统村落主要以小型片区和散点式布局为主。

从东北三省各自的传统村落分布情况来看,辽宁省传统村落数量最多。其中东部的鞍山市、丹东市、本溪市、抚顺市传统村落密度较大,形成了辽宁省最主要的满族传统村落分布片区;西部以锦州市(北镇市)和葫芦岛市为核心形成了另外两个高密度片区;南部的密度较低,主要以大连市和营口市为核心构成两个小型组团。

吉林省的传统村落数量位居第二。吉林省的传统村落主要分布在吉林市、四平市以及东部长白山地区的白山市,构成了吉林省最主要的三个片区。省内其他地区的传统村落以散点式分布。

黑龙江省传统村落数量最少。传统村落主要分布在松花江流域的下游。哈尔滨市形成了省内最主要的传统村落片区,齐齐哈尔市、黑河市、绥化市、牡丹江市分别形成了四个小型组团。

4.2.1.2 传统民居地形环境的分布特征

参照《中国地形图》和《中国自然地理图集》中对东北地区三级地貌的划分,得出东北满族传统村落的地形环境选址主要是在山地、丘陵和台地,平原地区分布很少,如图 4.13 所示。

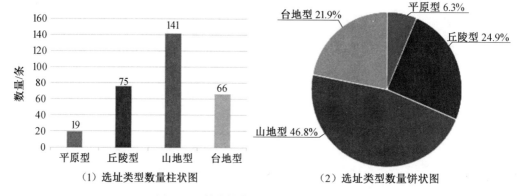

（1）选址类型数量柱状图　　（2）选址类型数量饼状图

图 4.13 传统村落地形环境分布特征图

1. 数量特征

在山地选址的传统村落数量最多。从图 4.13 可以看到在山地型传统村落数量最多,占总数的46.8%。在丘陵与台地选址的传统村落数量相当,分别为24.9%和21.9%,而平原型传统村落数量最少,仅有6.3%。这可能是源于满族先民最初就是居住在山地地区,即使在历史发展中满族人逐渐从山林走向平原,但许多时候仍秉承先人"依山做寨,聚其所亲居之"的传统。

2. 分布特征

传统村落选址由南向北呈现山地—丘陵—台地—平原的变化过程,从东向西呈现山地—丘陵—台地/平原的变化过程。从在山地选址的传统村落的分布来看,辽宁省的鞍山、丹东、大连、营口等城市的传统村落主要集中在辽东的低山区,吉林省的白山市、延边州以及黑龙江省的牡丹江市的传统村落主要分布在长白山中山区,黑龙江省黑河市的传统村落分布在小兴安岭西部低山区;丘陵型的传统村落主要集中在辽宁省的本溪市、抚顺市、铁岭市以及吉林省的吉林市、长春市,这些满族传统村落基本均匀分布在长白山以西的丘陵地带;台地型村落主要集中在辽宁省的锦州市、葫芦岛市以及黑龙江省的哈尔滨市、绥化市;而平原型村落仅在黑龙江省的齐齐哈尔市、辽宁省的沈阳市以及锦州市的个别地区有分布。

4.2.1.3 传统民居建造年代的分布特征

东北满族传统村落建造年代分为清代、民国、中华人民共和国成立后三个时间段,其建造时间的分布情况反映着自然环境的影响与社会文化的变迁,如图4.14所示。

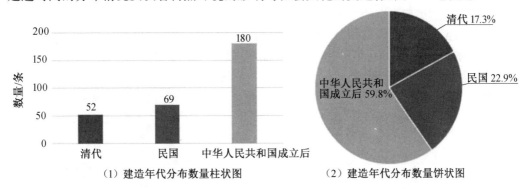

（1）建造年代分布数量柱状图　　　　　（2）建造年代分布数量饼状图

图4.14　传统村落建造年代分布特征图

1. 数量特征

现存传统民居建造年代以中华人民共和国成立后的为主。从图4.14中可以看出,中华人民共和国成立后的传统民居数量最多,民国时期的传统民居数量与清代传统民居数量相当。大部分满族传统村落内的传统民居建造年代都为两个时期并存,东北地区的满族传统村落中很少有大片区的清代传统民居遗存。而中华人民共和国成立后的传统民居数量最多也从侧面说明了中华人民共和国成立后平稳的社会背景给传统民居建造提供了良好的发展环境。

2. 分布特征

各年代传统民居的分布较均匀。清代传统民居多分布在辽东山林地带,以鞍山市和丹东市附近最为密集,这可能缘于此处山地交通不便,村落发展不如平原地区迅速,相对更容易保留年代较早的传统民居。而在其他地区则是零星分布,但可以看到清代满族传统民居几乎遍布东北所有的满族聚居区,说明了满族聚落在清代已经发展成型。值得一提的是,笔者在调研大量满族村镇时发现吉林市乌拉街满族镇清代满族传统民居遗存最多,但保护状况一般,很多传统民居因无人居住年久失修而残败不堪;除此之外,民国时期的传统民居数量仅比清代少量增多,且整体分布均匀,基本在满族各县镇,这体现了从清代至民国,东北满族传统民居发展日益稳定;中华人民共和国成立后的传统民居在各地均有广泛分布,笔者在调研中发现,这些民居多有五六十年的历史,建造做法延续了东北民居的传统方式。

从民居建造年代的分布特征上来看,辽宁东南部地区的传统民居历史最为久远。清代和民国时期的民居在辽东鞍山的岫岩满族自治县以及凤城市地区出现了集中式的分布,侧面反映出这些地区悠久的历史积淀与文化内涵;辽宁北部的抚顺市和本溪市出现了各个年代传统民居交叉分布的区域且传统民居数量相当,而一过此区域再往北,传统民居建造数量则渐渐减少,仅在历史上著名的商业集散地和军事重镇点缀着若干年代久远的传统民居,如乌拉(今吉林省乌拉街满族镇)、宁古塔(今黑龙江省海林市)、卜奎(今黑龙江省齐齐哈尔市)、瑷珲(今黑龙江省黑河市爱辉区)等地。

4.2.2　传统民居建造技术的分布特征

4.2.2.1　传统民居建筑形态的分布特征

1. 传统民居屋面类型的分布特征

屋面形式可以直接反映传统民居所在地域气候对民居的影响,同时也是民居建筑外部形态的要素之一。图4.15为传统民居屋面类型的分布特征图。

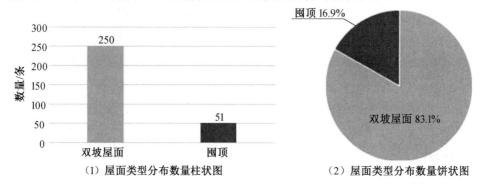

（1）屋面类型分布数量柱状图　　　　（2）屋面类型分布数量饼状图

图4.15　传统民居屋面类型的分布特征图

双坡屋面是东北地区满族传统民居屋面的主要形式。除了辽西的葫芦岛市和北镇市的大部分地区,辽南的营口市以及开原市附近的个别村落外,东北其他地区的满族传统民居皆使用"人"字形的屋顶,坡度较大,在高度上与墙体的比例接近1:1,这种做法有助于冬季屋面的积雪能够快速滑落,防止雪荷载过大而将屋顶压垮。

囤顶是辽西传统民居的典型屋面形式。这主要因为辽西地区为风沙多发地带,若屋顶起脊,则有被掀翻的危险。而将屋面做成拱形的囤顶,能够很好地减小风的阻力。除了气候的影响因素外,囤顶在辽西大量存在的另一个原因为出于经济方面的考虑。辽河在清代中期以前是一条贫富分界线,辽西地区人民生活普遍比较贫寒,往往负担不起较高价格的草瓦建材,一般只用唾手可得的土建材来建造房屋。囤顶由于坡度较低可以节省屋架木材的用量而被广泛使用,同时麦秸泥顶较瓦顶造价更低,因此除了寺庙、官衙等公共建筑以及富裕人家的房屋外,其他民居几乎都选用囤顶屋面。而北镇市的东南部地区的新立、柳家、吴家、赵屯等乡镇则是"人"字形屋顶,主要源于这些地区地势较低、土质松软,暴雨季节会有水灾发生的隐患,选用"人"字形的草屋顶,主要是为了减轻房体自重,防止房屋下陷。

2.传统民居山墙类型的分布特征

山墙类型受地域气候的影响,反映了民居所在地的自然地理环境,同时也在一定程度上体现了地区建造技术水平。图 4.16 为传统民居山墙类型分布特征图。

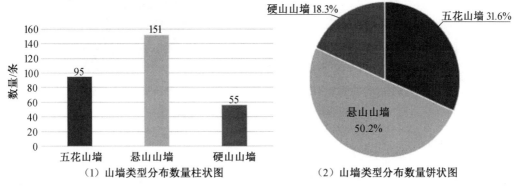

图 4.16 传统民居山墙类型分布特征图

（1）数量特征。

悬山山墙是东北满族传统民居山墙的主要形式。通过图 4.16 的分类统计可以看到,悬山山墙数量达到总数的 50.2%,其广泛分布的主要原因为屋檐挑出山墙可以有效地避免雨雪淋湿墙体,进而达到保护墙体增加房屋的使用年限的作用。五花山墙的比例也很高,占总数的 31.6%。硬山山墙相对较少,仅有 18.3%。此特征的出现主要是因为砖石混砌的五花山墙较全青砖式的硬山山墙可以大大降低造价,又能打破山墙单一材质带来的单调感。

（2）分布特征。

东北满族传统民居山墙类型与地理位置因素有明显的关系。悬山山墙的分布最广且数量最多,是黑龙江省、吉林省以及辽宁省东北部的主要山墙类型,除此之外在辽西北镇市东南部也有分布。这主要由于这些地区的满族传统民居墙体多为土作,悬山山墙的作用如上所述。而五花山墙主要分布在辽宁省的东南部以及西部地区,这些地区石材丰富、种类多样,为五花山墙的建造提供了有利的资源。同时从分布特征来看,其在辽宁省的东南部出现了明显的集聚。而笔者在调研中发现,黑龙江省和吉林省的五花山墙极少,仅在某些靠近山区的村落有少量分布。硬山山墙的分布相对均匀,在各省均有出现,可以看到其分布区域主要围绕历史上较为发达的满族聚居镇区,而在管辖村落中分布较少。

总体来看,辽宁省东北部的山墙类型最为丰富。在辽宁省的抚顺市和铁岭市的满族传统民居村落同时出现了三种类型的山墙形式,呈现了三种类型的过渡区,而过了这一地区再向北,五花山墙便很少出现。

3. 传统民居建筑装饰的分布特征

满族传统民居的装饰受其文化影响较大,但在逐步发展中形成了自身完善的艺术特色,能够充分体现满族人民的精神文化追求。此外,不同地区民居内装饰程度的不同以及材质选用的差异也能折射出区域文化的细微差别。图 4.17 为传统民居建筑装饰分布特征图。

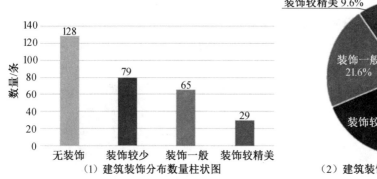
（1）建筑装饰分布数量柱状图

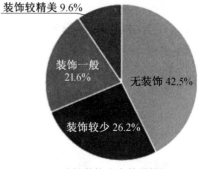
（2）建筑装饰分布数量饼状图

图 4.17 传统民居建筑装饰分布特征图

（1）数量特征。

满族传统民居中无装饰和装饰较少的比例很高。从图 4.17 中的分布情况可以看到,二者的分布比例占总数的 68.7%,装饰一般的民居比例为 21.6%,而装饰较精美者仅有 9.6%。

（2）分布特征。

装饰精美程度出现由南向北逐渐递减的趋势。辽宁省民居整体装饰水平较高,以辽宁省东南部地区的民居最为精美,辽西民居的装饰程度虽有所降低但仍较丰富。而辽东传统民居在由南至北的广大区域内,装饰精美程度逐渐降低,吉林省和黑龙江省除了个别村镇有装饰精美的民居外,其余大部分地区民居都没有装饰。

总体来讲,东北满族传统民居整体装饰较为质朴。建筑形象的艺术处理整体比较平实,都是直白地表现出建筑元素的实用信息。普通满族百姓建造房屋都是本着够用就好的原则,并不注重对自己住宅的精致打造,而装饰程度较高的民居也大多是因为经济状况较好的人家会更注重建筑形体的气派、材料的高档和装饰的精致。

4.2.2.2 传统民居建筑材料的分布特征

1. 屋面系统材料的分布特征

满族传统民居的建造多就地取材,发挥材料自身潜力,最大化地利用材料。不同地区民居屋面建筑材料的选择,透射了区域间自然环境和社会经济发展水平的差异。图 4.18 为传统民居屋面系统材料分布特征图。

（1）数量特征。

草为满族传统民居最主要的屋面材料之一。东北地区近 60% 的满族传统村落中有草屋面的出现,此特征的出现与东北地区的自然环境有直接关系,地势平缓、土壤肥沃的平原、丘陵以及山林茂密的环境给植被生长创造了良好的条件,也促使了东北地区茅屋聚落景观的形成。青瓦的使用达到了 21.6%,是除了草之外,最常见的屋面材料,之后是使用土做屋面材料,而采用木板瓦覆顶的民居较少,仅占总数的 4.7%。

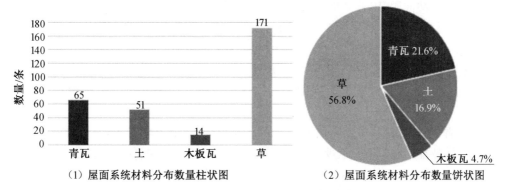

（1）屋面系统材料分布数量柱状图　　　（2）屋面系统材料分布数量饼状图

图 4.18　传统民居屋面系统材料分布特征图

（2）分布特征。

不同屋面材料主要分布区域不同。使用草做屋面的民居分布最广,除了辽西以及辽南分布较少外,草是其他地区的主要屋面材料;青瓦屋面主要分布在辽宁省东部以及黑龙江省和吉林省的个别村镇,以辽东南的鞍山市、丹东市一带最为密集;土作为屋面材料仅在辽西以及营口市的囤顶民居中使用;而使用最少的木板瓦仅在长白山地区传统民居中出现。

2.围护墙体材料的分布特征

图 4.19 为传统民居围护墙体材料分布特征图。

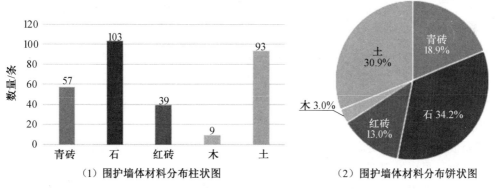

（1）围护墙体材料分布柱状图　　　（2）围护墙体材料分布饼状图

图 4.19　传统民居围护墙体材料分布特征图

（1）数量特征。

土和石是满族传统民居中使用最多的两种墙体材料。通过对传统民居材料的分类统计可以发现,两种材料所占比例相当,皆在 30% 左右。传统民居墙体主要采用土与石的主要原因首先是受地域环境所限,其次是这两种材料取之自然、价格低廉,更适合东北满族传统村落的经济水平。青砖的使用比例为 18.9%,是继土与石之外,满族传统民居围护墙体最常见的材料。红砖占总数的 13.0%,东北地区的满族传统民居在使用红砖时,大多与石材料组合砌筑,没有单独用其筑墙的。木材的使用率最低,仅占 3.0%。

（2）分布特征。

墙体材料的分布受地理环境影响较大。土材料的分布范围最广，无论在平原、台地、丘陵还是山地均被使用；用石砌筑墙的民居主要集中在辽宁省以及吉林省南端的丘陵地带，这些地区都是多山地带，石材唾手可得，因此石材应用得较多；青砖的使用在辽南最多，这与当地历史发展水平密不可分，而在其他地区呈零散分布；红砖是近现代才产生的材料，受地理因素影响不大，在三省均有分布；而用木材筑墙则仅出现在林木茂盛的长白山地区，此地区用松木搭建的井干式围护墙体体现了长白山满族传统民居独特的建造技艺。

整体来看，各地区材料使用特点不同。外墙是建筑中展露面积最多的一个部分，是民居景观的重要特征之一。研究表明，辽东北靠近吉林省的区域材料使用类型最多样，同时出现了青砖、红砖、石、土等材料，民居景观较为丰富。同时，其作为辽宁省和黑龙江省、吉林省的过渡区，此区域以南主要为砖石墙民居景观，以北为土墙民居景观。

4.2.2.3 传统民居构筑技术的分布特征

图4.20为传统民居墙体构筑类型分布特征图。

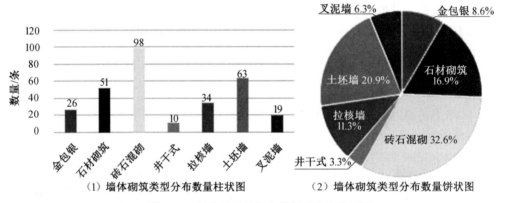

（1）墙体砌筑类型分布数量柱状图　　（2）墙体砌筑类型分布数量饼状图

图4.20　传统民居墙体砌筑类型分布特征图

1. 墙体砌筑类型的分布特征

（1）数量特征。

砖石混砌和土坯墙是满族传统民居中使用最多的两种墙体砌筑类型。通过对民居材料的分类统计可以发现，两者所占比例分别为32.6%和20.9%。使用石材砌筑和拉核墙建造墙体的比例也很高，分别为16.9%和11.3%。金包银和叉泥墙数量较为相近，皆在10%以下。而井干式数量最少，仅占总数的3.3%。

（2）分布特征。

墙体砌筑类型的地域性表征明显。墙体砌筑方式是民居建造技术中重要的构成要素，受到地理因素与文化传统的双重作用。从分布情况上看，砖石混砌分布范围，主要在辽南以及辽西的大部分地区，其中辽南民居大多为清代用青砖与石材混砌，而辽西民居多是中华人民共和国成立后用红砖与石材混砌的。石材砌筑主要分布在辽东以及辽西的部分地区。金包银分布均匀，主要围绕东北历史上一些著名的商业集散地和军事重镇分布。井干式主要分布在长白山地区。拉核墙体现了满族传统民居中一项独特的建造技术，主要分布在黑龙江省以及吉林省的北部地区,其他地区很少出现。土坯墙和叉泥墙的分布区域呈相互交叉的趋势,在辽北、吉林省南部以及长白山地区,两者具有相似的分布范围,所不同的是土坯墙整体分布范围更广,在黑龙江省的黑河市、齐齐哈尔市、牡丹江市、绥化市以及辽宁省的锦州市的部分地区均有使用,而叉泥墙在这些地区却很少出现。

整体来看,满族传统民居墙体砌筑类型丰富多样。砖石混砌、石材砌筑、井干式、拉核墙这几项建造技术都呈现较为清晰的分布区域,形成较为明确的分布规律,而土坯墙与叉泥墙的使用则出现了明显的交叉,辽北以及吉林省南部的很多传统村落都同时出现了这种建造方式,金包银的分布则体现了历史上该地区有较高的发展水平。

2. 承重结构类型的分布特征

传统民居木构架承重结构(图4.21)是东北满族传统民居最主要的承重结构类型。区域内94%的传统民居均采用此种结构体系。从中可以看到东北满族传统民居对中原汉族传统民居建造模式的模仿,同时又受经济因素、材料因素等多方面的影响,在满足居住环境适宜、安全的基础上,满族人通过对木构架承重体系进行不同程度的简化处理而又产生了多种木构架变体形式,这样做不仅节约了筑房材料、节省了劳动力与时间,同时使得满族传统民居建造更加具有地域特色。满族传统民居中对房屋构架建造方式的灵活处理,使木构架承重结构极具普适性,进而才能在东北地区广泛分布。

墙体承重结构是长白山地区满族传统民居的典型建造方式。从分布情况来看,墙体承重结构均分布在长白山地区的靖宇县、抚松县、长白县、宁安市等地。这种以四面墙体承重的结构类型对木材的需求量极大,而长白山山地漫山遍野的林木为此建筑构架的使用提供了丰富的原材料。此外,以这种墙体承重结构建造的井干式木屋,是长白山麓满族先人古老的民居类型,幽闭险峻的地理环境对保持民族文化中的本源特色无疑起到了积极的作用,进而使其能遍布于漫漫山林之中。

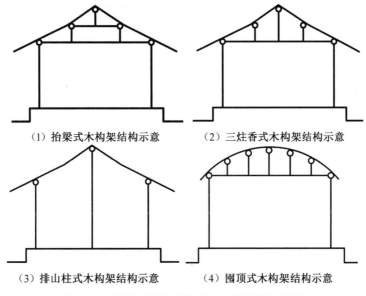

（1）抬梁式木构架结构示意　　　　（2）三柱香式木构架结构示意

（3）排山柱式木构架结构示意　　　　（4）囤顶式木构架结构示意

图4.21　传统民居木构架承重结构类型示意图

4.2.3 传统民居建造技术文化因子的综合分析

4.2.3.1 传统民居建造技术主导文化因子

从上文对若干文化因子的分析中,我们可以看到,相互关联的文化因子之间的空间分布特征具有相似性,如村落地形环境与村落布局之间、围护墙体材料与墙体砌筑类型之间。而通过对各城市文化因子分布柱状图的分析,我们可以发现,地形环境、建造年代、山墙类型、建筑装饰、屋面系统材料、围护墙体材料、墙体砌筑类型这几类文化因子本身分异度较高且在空间分布中变化明显,说明这些文化因子对文化区划的划定控制作用较明显。

在以上的七个文化因子中,地形环境、山墙类型、屋面系统材料、围护墙体材料、墙体砌筑类型这五类文化因子受区域地理环境影响较强,相对来说受文化环境影响较小,而建造年代、山墙类型、建筑装饰、屋面系统材料、围护墙体材料、墙体砌筑类型这六类文化因子是受地域文化、民俗文化制约的,这其中的四类因子——山墙类型、屋面系统材料、围护墙体材料、墙体砌筑类型,既受地理环境的影响同时也受区域文化的影响。

其中墙体砌筑类型是所有文化因子中分异度最高、受地理环境以及文化环境作用最明显的一个,是最能代表并决定东北满族传统民居建造技术文化区划划分的文化因子,因此选其作为主导文化因子。而在剩下的文化因子中,围护墙体材料与墙体砌筑类型具有相似的分布,屋面类型与承重结构类型本身分异度较低,都不予作为辅助性因子的参考。故选取地形环境、建造年代、山墙类型、建筑装饰和屋面系统材料五类文化因子作为辅助性因子。

4.2.3.2 传统民居建造技术文化因子叠合分析

当深入研究东北满族传统民居建造技术文化地理特征时我们发现,对单个文化因子的分析仅能揭示民居营造中某一方面的规律,并不能触及民居建造技术地域性的形成过程、演化规律和动力机制等更深层次的问题。而不同文化因子之间相互关联的现象也可以说明,事物的产生与发展是受多个文化因子相互制约的,主导文化因子对发展规律作用最明显,而辅助性因子可以起到对最终结果进行修正的作用。

因此,本部分内容主要探讨墙体砌筑类型这一主导文化因子与地形环境、建造年代、山墙类型、建筑装饰和屋面系统材料这五个辅助性因子之间的关系。通过主导文化因子与辅助性因子的叠合分析,深入挖掘东北满族传统民居建造技术的分布规律和空间差异性,为下面的文化区的划分提供依据。

1. 墙体砌筑类型与地形环境的叠合分析

从表4.4中可以看到,石材砌筑、砖石混砌、井干式墙体砌筑类型的民居主要分布在山地。石材砌筑与砖石混砌是满族传统民居中重要的建造技术,主要是将石材独立进行垒砌或与青砖或红砖在山墙、窗下槛墙、后檐墙处搭配使用。这两种建造的石材用量大,而山地是石材的主要来源,因此二者之间产生很强关联性;井干式墙体砌筑类型的民居房屋的主要用材就是木材,其从头到尾、从里至外几乎都用木制成,东北满族井干式墙体砌筑类型的民居主要分布在林木茂盛的大、小兴安岭以及长白山地区。

金包银、土坯墙、叉泥墙也出现在丘陵地区。笔者在调研中发现,土坯墙、叉泥墙的民居窗下槛墙用石砌,其上为土作;金包银的墙体也都是里生外熟的构造,里面夹杂土坯,外面用青砖或石头砌筑。而作为东北满族传统民居主要分布区之一的长白山西小起伏低山丘陵,相比山地则地形更为平缓,土地资源更为丰富,为叉泥墙、土坯墙建造技术的使用创造了条件。图4.22为墙体砌筑类型与地形环境的叠合统计图。

表4.4 墙体砌筑类型与地形环境的叠合统计表

	金包银		石材砌筑		砖石混砌		井干式		拉核墙		土坯墙		叉泥墙	
	数量/个	比例/%	数量/个	比例/%	数量/个	比例/%	数量/个	比例/%	数量/个	比例/%	数量/个	比例/%	数量/个	比例/%
山地	5	20.8	33	55.0	64	64.6	12	100	7	15.6	40	40.4	9	28.1
丘陵	16	66.7	11	18.3	2	2.0	0	0	14	31.1	40	40.4	23	71.9
台地	2	8.3	15	25.0	28	28.3	0	0	22	48.9	6	6.1	0	0
平原	1	4.2	1	1.7	5	5.1	0	0	2	4.4	13	13.1	0	0

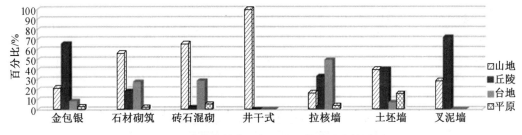

图4.22 墙体砌筑类型与地形环境的叠合统计图

2.墙体砌筑类型与建造年代的叠合分析

从表4.5中数据可以看到,现存石材砌筑、拉核墙、土坯墙、叉泥墙墙体砌筑类型的民居的建造年代主要是在中华人民共和国成立后。由于受到建造技术自身坚固性和耐久性的制约,土作房屋不及青砖房屋的使用年限长,但这几类墙体砌筑技术的使用年代都很悠久,且也是现存满族传统民居中数量较多的几类,因此可以推断出其在历史上的使用更为普遍。图4.23为墙体砌筑类型与建造年代的叠合统计图。

表4.5 墙体砌筑类型与建造年代的叠合统计表

	金包银		石材砌筑		砖石混砌		井干式		拉核墙		土坯墙		叉泥墙	
	数量/个	比例/%	数量/个	比例/%	数量/个	比例/%	数量/个	比例/%	数量/个	比例/%	数量/个	比例/%	数量/个	比例/%
清	18	75.0	5	8.3	30	30.3	0	0.0	3	6.7	6	6.1	1	3.1
民国	6	25.0	14	23.3	30	30.3	6	50.0	5	11.1	18	18.2	4	12.5
中华人民共和国成立后	0	0	41	68.3	39	39.4	6	50.0	37	82.2	75	75.7	27	84.4

而现存金包银墙体砌筑类型的民居主要是在清代建造的。清代以后,金包银砌筑技术的应用量大大降低,这主要是因为青砖对土质要求很高,需要选用黏性较好的黏土,制

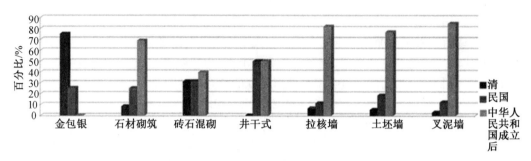

图4.23 墙体砌筑类型与建造年代的叠合统计图

作耗时长,产量少,成本高,致使这种古老的建筑技艺一再被搁浅。

砖石混砌建造技艺发展趋势较为平稳。从叠合分析的结果可以看到,砖石混砌在清代、民国、中华人民共和国成立后三个历史阶段分布均匀,数量相当。这得益于这种建造方式本身的优越性,具备实用性与装饰性的双重优点,而在中华人民共和国成立后红砖逐渐代替了青砖的使用,使得这种建造方式能够一直延续下来。

3.墙体砌筑类型与山墙类型的叠合分析

通过表4.6和图4.24中两文化因子的叠合分析可以看到,井干式、土坯墙、叉泥墙以及拉核墙墙体砌筑类型的民居几乎全部为悬山山墙。硬山山墙面都是在外侧直接抹泥,长时间遭受风吹雨淋,墙面极易脱落。而悬山山墙的主要特点就是防雨效果好,能够延长房屋的使用寿命。

表4.6 墙体砌筑类型与山墙类型的叠合统计表

	金包银		石材砌筑		砖石混砌		井干式		拉核墙		土坯墙		叉泥墙	
	数量/个	比例/%	数量/个	比例/%	数量/个	比例/%	数量/个	比例/%	数量/个	比例/%	数量/个	比例/%	数量/个	比例/%
硬山山墙	22	91.7	32	53.3	0	0	0	0	2	4.4	0	0	0	0
悬山山墙	0	0	28	46.7	0	0	12	100	43	95.6	99	100	32	100
五花山墙	2	8.3	0	0	99	100	0	0	0	0	0	0	0	0

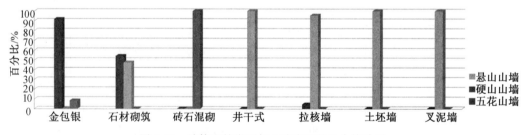

图4.24 墙体砌筑类型与山墙类型的叠合统计图

砖石混砌墙体砌筑类型的民居山墙类型为五花山墙。五花山墙是满族传统民居中的一大特色,这种做法往往是将砖砌在外侧,石材被包在墙心,组合成不同形式的图案,是砖石混砌的典型做法。

硬山山墙主要出现在金包银与石材砌筑墙体砌筑类型的民居中。辽西和辽南采用石材砌筑的满族传统民居,墙壁外侧往往直接裸露石材,石材具有防潮防渗的优点,而金包银墙体砌筑类型的民居中的青砖本身就有很好的防水效果。传统民居选用硬山山墙主要出于其防火效果较好。

4. 墙体砌筑类型与建筑装饰的叠合分析

从表4.7中可以清晰地看到,井干式、拉核墙、土坯墙、叉泥墙建造技术的装饰程度低。这主要是因为当时东北农村经济水平经济相对落后,加上严寒气候的强烈制约,使得"实用性"成为满族建造房屋的主要原则。居民往往运用最简单的技术,并且很少有意识地将建筑技术和形式结合起来。对民居不进行视觉形式上的刻意处理,反而使其呈现出朴素平实的景观特征。图4.25为墙体砌筑类型与建筑装饰的叠合统计图。

表4.7 墙体砌筑类型与建筑装饰的叠合统计表

	金包银		石材砌筑		砖石混砌		井干式		拉核墙		土坯墙		叉泥墙	
	数量/个	比例/%	数量/个	比例/%	数量/个	比例/%	数量/个	比例/%	数量/个	比例/%	数量/个	比例/%	数量/个	比例/%
无装饰	0	0	27	45.0	3	3.0	12	100	37	82.2	86	86.9	28	87.5
装饰较少	6	25.0	24	40.0	34	34.3	0	0	8	17.8	13	13.1	3	9.4
装饰一般	12	50.0	8	13.3	37	37.4	0	0	0	0	0	0	1	3.1
装饰较精美	6	25.0	1	1.7	25	25.3	0	0	0	0	0	0	0	0

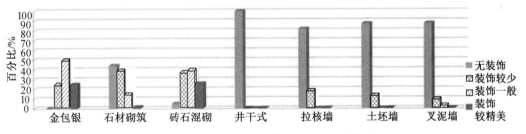

图4.25 墙体砌筑类型与建筑装饰的叠合统计图

金包银、砖石混砌建造技术的装饰程度较高。青砖作为比较昂贵的建筑材料,只有比较富裕的家庭才会使用,房屋的装饰体现了主人的价值观念、兴趣偏好、审美情趣,同时也是其身份地位的象征。金包银、砖石混砌墙体砌筑类型的民居中往往会有精美的砖雕、石雕,户牖的木雕样式也是十分丰富。

5. 墙体砌筑类型与屋面系统材料的叠合分析

通过表4.8和图4.26中两文化因子叠加结果的分析,可以得出以下规律:草是石材砌筑、拉核墙、土坯墙、叉泥墙墙体砌筑类型房屋的主要屋面材料。草作为这几类民居中广泛使用的屋面材料,主要源于其价格低廉且取材方便。所用的草因地而异,水泽地带可用苇子、靠山可用荒草、产麦区可用麦草、产稻区多用稻草。精心苫过的草房,不仅不漏雨,而且具有很好的防寒保温效果。

表 4.8　墙体砌筑类型与屋面系统材料的叠合统计表

	金包银		石材砌筑		砖石混砌		井干式		拉核墙		土坯墙		叉泥墙	
	数量/个	比例/%	数量/个	比例/%	数量/个	比例/%	数量/个	比例/%	数量/个	比例/%	数量/个	比例/%	数量/个	比例/%
青瓦	24	100	3	5	36	36.4	0	0	5	11.1	4	4.0	0	0
木板瓦	0	0	15	25	37	37.4	12	100	0	0	0	0	0	0
土	0	0	0	0	0	0	0	0	0	0	0	0	0	0
草	0	0	42	70	26	26.3	0	0	40	88.9	95	96.0	32	100

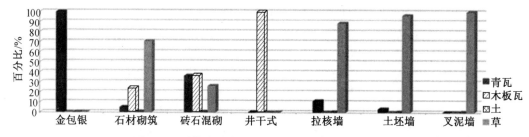

图 4.26　墙体砌筑类型与屋面系统材料的叠合统计图

金包银、砖石混砌墙体砌筑类型房屋中青瓦的使用率较高。青瓦屋面无论是在耐久度还是在防雨效果上,都要好过草屋面。同时青瓦无论从色质,还是外形上看,都与青砖类民居达到了完美的统一。

木板瓦仅在井干式、石材砌筑和砖石混砌墙体砌筑类型房屋中使用。木板瓦只有在木材丰富的山林地带应用才比较普遍。往往选用红松木,木材上的松油可防雨、耐腐蚀。但这种木板瓦经常受到雨水侵蚀也会腐烂,一般使用寿命在两年左右,所以两年就要更换一次。

4.2.3.3　分析总结

金包银墙体砌筑类型的民居除了在平原地区分布较少外,在丘陵、山地、台地均分布较多。民居建造年代历史最为久远,多为清代和民国时期,以硬山山墙为主导类型。民居装饰从较少到较精美程度不等,屋面多以青瓦覆顶。

石材砌筑墙体砌筑类型的民居主要分布在台地和山地地区。民居建造年代多集中在民国和中华人民共和国成立后,山墙类型多为硬山山墙和悬山山墙。民居装饰程度普遍较低,屋面材料覆草、覆木板瓦与覆青瓦均有。

砖石混砌墙体砌筑类型的民居主要分布在台地和山地地区。该建造技术是所有墙体砌筑类型中发展最为平稳的一个,在清代、民国、中华人民共和国成立后三个历史阶段分布均匀,山墙类型多为五花山墙。民居装饰同样从较少到较精美程度不等,屋面系统材料类型丰富,青瓦、木板瓦、草均有使用。

井干式墙体砌筑类型的民居主要分布在山地地区。现存民居建造年代多集中在民国和中华人民共和国成立后,山墙类型以悬山山墙为主导。民居普遍没有装饰,屋面多以木板瓦覆顶。

拉核墙、土坯墙、叉泥墙墙体砌筑类型的民居,除了分布地区稍有不同外,其他属性均呈现明显的相近性。民居建造年代都以中华人民共和国成立后数量最多,悬山山墙为主要类型。民居普遍没有装饰,草为屋面系统主要材料。表4.9为主导文化因子与辅助性因子的叠合统计表。

表4.9 主导文化因子与辅助性因子的叠合统计表

墙体砌筑类型	地形环境	建造年代	山墙类型	建筑装饰	屋面系统材料
金包银	丘陵、山地	清、民国	硬山山墙、五花山墙	装饰较精美、装饰一般、装饰较少	青瓦
石材砌筑	台地、山地	清、民国、中华人民共和国成立后	硬山山墙、悬山山墙	装饰较精美、装饰一般、装饰较少、无装饰	草、土、青瓦
砖石混砌	台地、山地	清、民国、中华人民共和国成立后	五花山墙	装饰较精美、装饰一般、装饰较少	青瓦、土、草
井干式	山地	民国、中华人民共和国成立后	悬山山墙	无装饰	木板瓦
拉核墙	台地、丘陵	清、民国、中华人民共和国成立后	悬山山墙、硬山山墙	无装饰	草、青瓦
土坯墙	丘陵、山地	清、民国、中华人民共和国成立后	悬山山墙	无装饰	草、青瓦
叉泥墙	丘陵、山地	清、民国、中华人民共和国成立后	悬山山墙	无装饰	草

4.3 东北满族传统民居建造技术文化区的划分

东北地区独特的地理和历史环境孕育了丰富而绚烂的满族文化,民居作为文化中最直观的物质载体,能够折射出其在历史长河中发展与变迁的痕迹。满族在长时间与东北其他民族交融与学习中逐渐形成自身的民居建造技术体系,而这种建造文化在其发展与扩散的进程中又不断与自然要素发生互动。因此即便是在同一大区域下,在同一民族的文化背景下,仍能够形成小区域间的独特个性。

为了更深入地揭示文化与地理区位之间的关联,本书引入文化区这一概念,以满族传统民居建造技术这一文化要素为依据界定文化区域,通过对文化区的划分,探讨区域间的差异性及其背后的影响因素。

4.3.1 文化区的划分原则与方法

4.3.1.1 文化区的划分原则

文化区的形成和发展受多方面因素共同影响,在具体的划分过程中应依循相应的标准而定。目前,文化区的划分原则并没有统一标准,相对较灵活,各专家学者可根据自身研究需求而定。

司徒尚纪在《广东文化地理》一书中总结了划分广东文化区的五点原则:①比较一致或相似的文化景观;②同等或相近的文化发展程度;③类似的区域文化发展过程;④文化地域分布基本相连成片;⑤有一个反映区域文化特征的文化中心。

方创琳,刘海猛等人在《中国人文地理综合区划》一文中确定了五点划分的原则:①综合性和主导性相结合原则;②自然环境相对一致性与经济社会发展相对一致性相结合原则;③地域文化景观一致性与民族信仰一致性相结合原则;④自上而下与自下而上相结合原则;⑤空间分布连续性与县级行政区划完整性相结合原则。

而对于建筑文化区的划分,余英在《中国东南系建筑区系类型研究》一书中提出划分东南系建筑文化区的五项原则:①比较一致或相似的建筑类型(型制、结构、造型);②相同或相近的社会文化环境;③类似的地域社会文化发展过程和程度;④较为独立的地理单元;⑤相近或相同的方言和生活方式。

以上关于文化区或文化区系划分的研究,为本书研究工作奠定了重要的基础,笔者基于过往研究的基础,制定本文化区的划分原则。①比较相近或一致的民居建造方式。②类似的地域社会文化发展过程和程度。③有一个反映文化区特质的中心。④地域文化分布基本相连成片并形成较独立的地理单元。⑤以典型文化特征优先。

4.3.1.2 文化区的划分方法

在文化区的划分方法上,学界推崇的是卢云在《文化区:中国历史发展的空间透视》一文中总结的描述方法、叠合方法、主导因素方法和历史地理方法。

描述方法是以分析区域间文化的相似性与差异性为主导方向划分文化景观;叠合方法是通过叠加若干具有代表性文化因子的空间分布图,将重合最密集的区域视为一个文化区;主导因素方法为选取文化因子中最能控制区域整体面貌的一个因子作为分区的主要指标;历史地理方法则注重探讨区域内文化的形成、扩散过程,以及总结文化在时空上的连续分布现象。

刘沛林等人在《中国传统聚落景观区划及景观基因识别要素研究》一文中也提出了类型制图法、地理相关分析法、多因子综合法等聚落景观区的划分方法。

笔者参考以往研究并结合本书实际情况,确立以主导因素方法作为主要方法,同时结合多因子综合法和叠合方法。在确定主导文化因子空间分布的同时以辅助性因子对其结果进行叠加修正,分布图中重叠最密集的区域即为一个典型文化区。

4.3.2　东北满族传统民居建造技术文化区划的确定

4.3.2.1　文化区的初步划分

文化区本身并不存在明显的边界,因其与相邻文化区的边缘区在长时期的文化交流中必然会互相影响,逐渐形成了具有一定宽度的带状文化混杂区域。再加上东北满族传统村落本身在整个区域内分布不均匀,各省保存下来的满族传统村落数量不均衡以及研究对象并不能涵盖东北地区全部的满族传统村落与民居。因此,文化区的划分很难像自然地理区划一样形成连续的分布区划以及明确的边界区域。但因区划必须做到全面且具有典型描述意义,所以笔者仍然试图通过大量的样本数据来使文化区的划分准确可靠。

根据上文分析,将墙体砌筑类型确定为主导文化因子,应用 ArcGIS 10.2 空间分析中核密度工具对各墙体建造技术进行密度估算。依循文化传播的特点,核密度分析的密度分布重心为中心区,邻近中心区的点状要素归为分布区,远离中心区的极少量点状要素不划入分析范围。将 ArcGIS 的核密度分析定位到与之对应的县级行政区划内(个别少量样本定位到乡镇级行政区划)。

通过分析可以看到,不同墙体砌筑类型在整体空间分布区域上的差异较大,从各类型的分布特征来看,除了金包银墙体砌筑类型的民居在整体范围内分布极为分散外,其他类型的墙体砌筑类型的民居都有相连成片的区域。也有的区域出现多种类型的交叉分布,如在长白山地区,同时聚集了井干式、土坯墙、叉泥墙三种建造方式,辽东的新宾满族自治县也同时聚集了砖石混砌、土坯墙、石材砌筑、金包银几种不同类型的墙体建造技术,而土坯墙和叉泥墙又在辽北出现了明显的交叉分布。整体来看,金包银墙体砌筑类型的民居和砖石混砌墙体砌筑类型的民居分布范围较为独立,分别集中在黑龙江省以及辽宁省的西部和南部地区。

就分布密度本身来看,辽南地区砖石混砌的分布密度最高,并在岫岩满族自治县以及凤城市一带出现了明显的聚集,传统村落数量最密集区达到 $3.02 \sim 3.40$ 个/1 000 km^2;土坯墙和拉核墙以及石材砌筑在区域内的分布密度相当,传统村落数量最密集区可达到 2 个/1 000 km^2 左右,同时土坯墙建造技术在辽宁省与吉林省的交会带出现了明显的聚集,拉核墙在黑龙江省的哈尔滨市以及吉林省的吉林市附近出现了明显的聚集,石材砌筑在辽宁省西部的锦州市一带以及辽东地区出现了明显聚集;而叉泥墙、井干式、金包银的分布密度整体较低,传统村落数量最密集区也仅在 1 个/1 000 km^2 左右,其中叉泥墙的密集区与土坯墙近似,而井干式建造技术在吉林省白山市附近数量最多,金包银则没有明显的聚集分布区域。

将以上所有墙体砌筑类型的分布图进行叠加整合,对东北满族传统民居建造技术进行初步的文化区划分,最终确定 1 个典型类型区,3 个混合类型区,一共 4 个分区,分别为黑龙江省拉核墙民居文化区、长白山混合民居文化区、辽北-辽东混合民居文化区和辽西-辽南砖石混砌民居文化区。

根据传统民居墙体砌筑类型这一主导文化因子可以大致划分 4 个满族传统民居建造技术文化区。黑龙江省拉核墙民居文化区,该区主要以拉核墙民居为典型类型,同时也有土坯墙民居及少量的金包银民居;长白山混合民居文化区主要包含井干式民居、土坯墙民居、叉泥墙民居三种民居类型,其中以井干式民居最为典型;辽北-辽东混合民居文化区则包含了石材砌筑民居、砖石混砌民居、金包银民居、土坯墙民居、叉泥墙民居五种民居类型,其中以土坯墙民居、金包银民居、石材砌筑民居最为典型;辽西-辽南砖石混砌民居文化区内以砖石混砌民居最为典型,同时也有石材砌筑民居、土坯墙民居的分布。

4.3.2.2 文化区的细分

本书选取了地形环境、建造年代、山墙类型、建筑装饰和屋面系统材料五类辅助性因子,将辅助性因子的空间分布范围与初步划分的文化区进行叠加,其中重合最密集的区域为典型的文化区。

将辅助性因子分布图与初步划分的文化区进行叠加后,可以发现以下规律。

1. 黑龙江省拉核墙民居文化区的细分

该文化区主要包含黑龙江省除宁安市之外的其他满族聚居地以及吉林省吉林市的满族分布地区。在各辅助性因子的叠加过程中笔者发现,这些区域的各项特征具有明显的相似性。民居建造年代主要在中华人民共和国成立后;建筑装饰程度普遍很低;山墙类型以悬山山墙为主导;屋面系统材料主要为土;民居选址较为多样,却仍以台地地形为主。因此,依循文化景观的趋同性原则,这些区域属于黑龙江省拉核墙民居文化区。

2. 长白山混合民居文化区的细分

该文化区主要分布在吉林省长白山主峰山脉附近以及黑龙江省境内的长白山向北延续的张广才岭与老爷岭山脉附近。该文化区的辅助性因子分布呈现了高度的一致性。民居选址为山地;民居建造年代多为中华人民共和国成立后和民国时期;屋面系统材料主要为草和木板瓦;建筑装饰程度较低;山墙类型以悬山山墙为主。该文化区呈现多种墙体砌筑类型相混合的现象,但井干式建造技艺却为该文化区独有,土坯墙和叉泥墙建造方式的民居则在其他文化区也广为分布。由此可见,将该文化区归为混合民居文化区,实为一种分区可能性。考虑文化区划分应遵循以典型文化特征优先的原则,故将该文化区界定为长白山井干式民居文化区。

3. 辽北-辽东混合民居文化区的细分

该文化区同时出现了土坯墙、叉泥墙、金包银、砖石混砌、石材砌筑等多种建造方式的民居。辅助性因子分布图叠加后,显示该区出现了明显的分异。以开原市、西丰县为主的辽北地区民居建造年代主要以中华人民共和国成立后为主,民居装饰程度水平较低,屋面系统材料多是草,山墙类型多是悬山山墙。而位于辽东的清原满族自治县、新宾满族自治县、本溪满族自治县、桓仁满族自治县的民居较早,年代整体水平明显比辽北久远,房屋装饰程度水平也相对更高一些,同时在新宾满族自治县的满族传统民居中青瓦屋面材料以及硬山山墙的分布较多。从之前的研究中可知,辽北地区主要存在土坯墙与叉泥墙两种建造方式的明显混合,却又以土坯墙为主导建造模式,此外并没有集中出现其他墙体砌筑类型的分布片区。而辽东无论从哪方面看,该区域的建造文化景观都较为多样。根据文化景观的差异性,将辽北-辽东混合民居文化区细分为辽北土坯墙民居文化区和辽东混合民居文化区。

4. 辽西-辽南砖石混砌民居文化区的细分

该文化区虽仅存在一种主导的墙体砌筑类型,但在辅助性因子分布图的叠加中却出现了明显的差异。主要表现为以北镇市、义县、兴城市以及绥中县为代表的辽北地区主要是以碱土为屋面系统材料的囤顶民居,无论是房屋建造技术还是建筑装饰水平都要较辽南地区降一个等级。且辽北村落选址主要在台地或平原地区,而辽南民居主要分布在山地地区。因此,根据两个区域内文化景观特征的趋同性和差异性,同时考虑囤顶作为辽西满族传统民居中最典型的文化特征,故将辽西–辽南砖石混砌民居文化区细分为辽西囤顶民居文化区和辽南砖石混砌民居文化区。

4.3.2.3　文化区详细边界的确定

东北地区丰富多变的自然环境是形成区域内文化景观多样性的主要原因之一。其中,山脉与河流是对民居文化区具有重要影响的自然要素,在交通运输不发达的年代,高大的山脉与宽广的河流起到较强的地理隔离作用。同时文化的传播与扩散,也与历史上行政区域的边界以及当时的政策密不可分。因此本书在最终确定文化区边界的过程中考虑了以上因素,进而对文化区进行精确的划分。其中在东北地区的地理环境中对文化区有较强分割作用的山脉有:莫日红山(对辽北土坯墙民居文化区与辽东混合民居文化区进行分割)、老秃顶子、花脖山(对辽东混合民居文化区与辽南砖石混砌民居文化区进行分割)。对文化区有较强分割作用的河流为辽河,对辽西囤顶民居文化区与辽南砖石混砌民居文化区进行分割。除此之外,在考虑主要以县级行政边界作为主要划分界限时,若部分村落样本稀疏,则精确到乡镇级。

综上所述,东北满族传统民居建造技术类型被分为以下六大文化区。Ⅰ区:黑龙江省拉核墙民居文化区。Ⅱ区:长白山井干式民居文化区。Ⅲ区:辽北土坯墙民居文化区。Ⅳ区:辽东混合民居文化区。Ⅴ区:辽西囤顶民居文化区。Ⅵ区:辽南砖石混砌民居文化区。

4.3.3　文化区的文化景观特征

本部分主要对各文化区基本概况与文化景观特征加以论述,划分文化景观内的核心区与扩散区,同时列举文化区内代表性的村落,最后对文化景观的形成原因做出分析。核心区是区域内文化的内核,具有较高的文化强度,同时向扩散区进行文化辐射,而扩散区为环绕在中心区域周围的低强度文化区域。在具体的划分过程中,笔者主要依据各区内传统民居的遗存以及区域的历史沿革,同时结合核密度分析重点要素的分布密度。

4.3.3.1　黑龙江省拉核墙民居文化区

1.基本概况

黑龙江省拉核墙民居文化区主要包含了黑龙江省除宁安市之外的其他满族聚居地以及吉林省吉林市的满族分布地区。具体包括黑龙江省哈尔滨市的双城区、阿城区、五常市,齐齐哈尔市的昂昂溪区、富裕县,黑河市的爱辉区,绥化市的望奎县、北林区;吉林省吉林市的昌邑区、龙潭区。区域内地形以台地为主,也有平原、山地、丘陵地形的分布,该文化区相对其他文化区整体地势最为平坦。主要河流有黑龙江、松花江、嫩江和牡丹江。该区域内河流密布,土壤肥沃,耕地连片集中,有着东北丰富的农耕文化内涵。同时,该文化区位于东北区域内最北部的边缘地带,远离传统文化核心区,拥有特殊的地域文化影响条件。

该区域的满族人构成大体可分为三部分：①从肃慎、挹娄、勿吉、女真一脉相传而来的东海女真人，也称土著满族；②乾隆九年（1744 年）从京城、辽宁、吉林迁徙而来的八旗闲散，也称屯垦满族；③顺治十年（1653 年）为保卫边疆从全国各地征调而来的满洲八旗军及其家属，也称驻防满族。该文化区虽为满族主要的集中区，但汉族仍是除其之外最主要的群体，其余还有达斡尔族、鄂温克族、鄂伦春族、赫哲族等民族。

2. 文化景观特征

该文化区以五常市和龙潭区为文化核心区，双城区、阿城区、昂昂溪区、富裕县、爱辉区、望奎县、北林区、昌邑区为文化扩散区。

该文化区内的民居选址主要集中在松花江流域东部的台地区域，少量集中在平原与低山丘陵地带；传统民居建造年代多为中华人民共和国成立后，仅在拉林满族镇、乌拉街满族镇、双城镇等历史上较发达的满族地区有清代、民国时期民居遗存，其中要数乌拉街满族镇清代满族传统民居数量最多，至今还保留着"后府""萨府""魁府"等古建筑和诸多传统民居；传统民居全部采用双坡屋面形式；山墙类型以悬山山墙占主导地位，硬山山墙仅在青砖青瓦式传统民居中使用；民居装饰程度除了少量的清代传统民居较高外，其他地区传统民居都没有装饰，房屋往往"素面朝天"，丝毫不加修饰；屋面系统材料主要为草；墙体也多为十分厚重的草泥墙；房屋承重结构类型以满族传统的檩杴式木构架居多，尤其是在清代建造的传统民居都是典型的五檩五杴带二坨式。吉林市的满族传统民居有许多为了省去大坨与二坨，而在山墙正中设立"排山柱"；墙体砌筑类型主要以拉核墙为主，而齐齐哈尔地区的满族传统民居使用土坯墙居多。笔者在调研时发现，绥化地区的满族传统民居甚至创造出来一种拉核墙与土坯墙结合使用的方式，即在建房时一层土坯一层拉核辫逐层垒砌墙体，这主要是因为建拉核墙所需的谷草一般比较难得，但用拉核墙建的房屋因墙身自成一体而异常坚固耐久，出于节省造价的考虑，于是产生了这种建造方式。

整体而言，黑龙江省拉核墙民居的建筑形态艺术处理简单、质朴，建筑材料多是就地取材，技术思想更是直接以实用为主要特征。图 4.27 为黑龙江省拉核墙民居文化区传统民居建造技术示意图。

3. 典型村落

三家子村隶属齐齐哈尔市富裕县塔哈满族达斡尔族乡管辖。地处广袤的松嫩平原，西邻黑龙江，东靠嫩江。三家子村满族于清朝初年随萨布素将军抗击沙俄迁徙而来，在康熙二十八年（1689 年）定居于此，主要有计布出哈喇、托胡鲁哈喇、摩勒吉勒哈喇三个姓氏，这也是三家子村名字的由来。该村是东北地区唯一还使用满语的村落，被誉为满语的"活化石"。

村内还保存着多处清代建造的满族老屋，其中有为加强北京与黑龙江将军和边境联系而设立的驿站住所。这些传统民居多为坐北朝南的合院式布局，院落外围有低矮的围墙环绕。处于主体地位的正房一般为三开间，明间为厨房，两个暗间作为卧室，保留着满族老屋典型的万字炕格局。院落中的厢房一般用来储物，很少有人居住。烟囱为土坯或砖砌成的上小下大的跨海烟囱，具有良好的排烟效果。

| （1）民居形态 | （2）悬山山墙 | （3）民居装饰 |
| （4）围护墙体 | （5）户牖格栅 | （6）木结构承重体系 |

图 4.27　黑龙江省拉核墙民居文化区传统民居建造技术示意图

三家子村的满族老屋墙体多为用黄泥和草制成的土坯砌筑的墙，墙身厚度由上至下逐渐增加，底部最厚处约达 1 m，有非常好的保温效果。笔者在调研时通过与当地居民交谈了解到，以前在建房子时人们会在泥浆中掺杂玉米糊、红糖水等作为黏结材料使墙体更加稳固。村中中华人民共和国成立后的房屋也有使用拉核墙建造的，型制外观与土坯墙建造方式的民居基本一致，都没有任何的装饰细节。图 4.28 为三家子村民居文化景观。

| （1）村落景观 | （2）民居形态 | （3）民居室内 |

图 4.28　三家子村民居文化景观

4. 主要成因分析

该文化区内整体地势平坦，土壤肥沃，适宜农业发展。四季分明，夏季温热多雨，冬季寒冷漫长。森林总覆盖率高，木材资源丰富，为拉核墙建造方式的民居提供了大量原材料。《黑龙江述略》中记载了光绪年间黑龙江省传统民居的构造："江省木植极贱，而风力高劲，匠人制屋，先列柱木，入土三分之一，上复以草，加泥涂之，四壁皆筑以土，东西多开牖以延日，冬暖夏凉，视瓦椽为佳。"从该描述中可以看到依托当地丰富的林木资源，黑龙江地区在清末就已经广泛使用拉核墙建造技术。

历史上，黑龙江省的满族发展水平一直较吉林省与辽宁省的缓慢，在明代时生活在黑龙江、松花江流域的东海女真因其落后的生产技术而被称为野人女真。而清代以后，大批屯垦满族与驻防满族的融入，大大扩充了黑龙江省的满族人口。移民而来的满族人以八旗制度为核心建立了满族聚居的旗屯，每旗建头屯、二屯、三屯等村落。八旗建制的村落较以往以氏族为中心的聚居模式部落布局更为规整,显现出明显的人为规划特征,这也是该文化区内集中式布局村落大量存在的重要原因。满族移民的大量到来,促进了以其为代表的"京旗文化"与"土著文化"的融合,大大推进了黑龙江省满族的发展。同时在清代,吉林省的行政范围要比现在大得多,五常市、阿城区、双城区都属其管辖区域,因而这些地区在民居建造上有很多的相似性。

黑龙江省拉核墙民居文化区分散、宽阔的分布格局除了与区域本身的满族分布情况密切相关,同时也与内部相似的自然环境与社会文化环境密不可分,以至于难以形成较大的区域文化差异。黑龙江省地处中国最北端,中原核心文化辐射至此已经十分微弱。加上该文化区极端的气候条件,使得一切外来文化首先要适应该区域内的自然环境。这些都对区域内文化的分化与变异产生了制约,致使黑龙江地区的满族传统民居建造技术在区域大范围内趋于一致。

4.3.3.2 长白山井干式民居文化区

1. 基本概况

长白山井干式民居文化区主要分布在吉林省长白山主峰山脉附近以及黑龙江省境内的长白山向北延续的张广才岭与老爷岭山脉附近,主要包括吉林省白山市的临江市、靖宇县、抚松县、长白朝鲜族自治县以及黑龙江省牡丹江市的宁安市。位于长白山腹地,境内山峰林立、绵亘起伏,沟谷交错,河流纵横。主要河流有流经白山市的鸭绿江、头道松花江、松花江、浑江以及流经宁安市的牡丹江。区域内有肥沃的土地,丰富的森林资源,种类繁多的山珍土特产。

自古以来,长白山地区就是满族及其先民世代繁衍生息之地,同时满族也是长白山所孕育出来的最古老的民族之一。入关后,满族视长白山为发祥重地,将民族根脉系于长白山,将盛世启运肇于长白山。

如今,长白山井干式民居文化区的满族构成主要以土著满族为主,牡丹江地区也有一部分驻防满族的后裔。同时,区域内也有朝鲜族、回族、蒙古族、壮族、锡伯族等民族。

2. 文化景观特征

该文化区以抚松县为文化核心区,长白朝鲜族自治县、靖宇县、临江市、宁安市为文化扩散区。

该文化区由于地处山地,村落多选择背风向阳的南坡,在山林深处的村落一般会沿着山体走势东西向发展,民居采用松散的布局也为获取更多的阳光。传统民居建造年代多为民国时期与中华人民共和国成立后。其中要以抚松县民国时期满族传统民居遗存最多。传统民居均为双坡屋面,坡度较缓,屋檐挑出山墙较长以保护墙体。民居普遍没有装饰细节,都是最直接地反映材料本身建造时的质感,而民居外部缀满的金色的玉米、鲜红的辣椒却给朴素沉稳的民居带来了生机与活力。屋面材料方面,叉泥墙与土坯墙建造方式的民居以覆草为主,井干式建造方式的民居除了会使用草做屋面,木板瓦的使用更多。墙体围护材料以木与土为主,其余材料很少使用。房屋承重结构类型可分为墙体承重和木构架承重结构两种,而有的井干式建造方式的民居为了增加房屋进深,而在房屋内部设立中柱支撑脊檩,形成一种混合承重的结构形式。墙体砌筑类型以井干式为主,同时也有土坯墙和叉泥墙的使用。

而长白山满族木屋作为长白山井干式民居文化区中最为鲜明的文化景观已被列为国家传统村落和省级非物质文化遗产,具有浓厚的民族特色与地域特色。图 4.29 为长白山井干式民居文化区传统民居建造技术示意图。

| (1)　村落景观 | (2)　民居形态 | (3)　民居装饰 |
| (4)　围护墙体 | (5)　井干式 | (6)　墙体承重体系 |

图 4.29　长白山井干式民居文化区传统民居建造技术示意图

3. 典型村落

锦江木屋村位于白山市抚松县漫江镇内南侧,原名"孤顶子村"。该村建于 1937 年,至今有 80 多年的历史,是长白山保存最好的一处木屋村落,具有浓厚的民族特色与极高的美学价值,有"长白山木屋第一村"的美誉。整个村落坐北朝南,负山向阳,沿东西向呈带状式布局,幢幢木屋缘山而建,高下错落。

锦江木屋村的房屋基本都是在民国时期建造的,一般为一合院或者二合院,院落用 1 m 左右高的木樟子围合,内部有小菜园、苞米楼、柴火垛等附属设施。

正房开间一间到五间不等,室内面积小的有 10 m^2 左右,大的接近 30 m^2,房屋内部布置与传统满族老屋并无差别。木屋的烟囱则是选用林中木心腐烂枯倒的大树,其外涂以泥巴,立于檐外,在下部用一空心短木与炕灶相连。

木屋就地取材,利用山间丰富的森林资源,砍到即用,不雕、不琢、不锯、不钉,略施加工,古朴天成。同时这种原木建屋所用的红松本身具有良好的耐腐蚀、耐潮效果,使木屋可经百年风雪而不朽,同时在墙体内外抹泥又可有效抵御严寒。

锦江木屋村这种古朴的井干式建造方式的民居在群山密林的环境中显现了浓郁的原始风情,满族木屋作为长白山木文化的"活化石",是满族传袭下来的宝贵财富。锦江木屋村民居文化景观如图 4.30 所示。

4. 主要成因分析

长白山是满族先民主要的繁衍生息之地。生活在那里的先民世代以狩猎和采集为主要生产方式。他们的衣食住行均取之于山林江河,依靠自然作为生活之源。井干式建造方式的民居是由最初满族先民勿吉、靺鞨所居住的"地窨子"和"马架子"等发展演变而来,而这些无不都是利用长白山漫山遍野的林木为房屋建造提供源源不断的材料。满族

（1）村落景观　　　　　　　　（2）民居院落　　　　　　　　（3）民居室内

图 4.30　锦江木屋村民居文化景观

木屋文化景观的形成是顺应其所处地域环境的结果。

长白山地区山势崔巍,地形复杂,周围为千里林莽覆盖,自古以来外人极难进入,险峻及封闭的地理环境一度使这里与外部世界联系很少。而在清代满族入关后,清政府为保护本族"龙兴之地"以及独占长白山丰富的物产,长白山曾在 200 余年里一度被列为封禁之地,直至光绪年间开禁。虽然封禁期间就有私闯林中采猎的现象,解禁后流民更多,但居住在那里的山民,也延续了满族的居住习俗,砍树造屋,代代相袭。

长白山地区的长期封禁在一定程度上使得该地区的满族文化变革的速度缓慢,文化扩散的时间增长,同时也使得长白山地区满族本民族的传统文化积淀较为醇厚,因而民居建造能够较好地保持早期的本原特征。这可以从《三朝北盟会编》中记载的一段描述"依山谷而居,联木为栅。屋高数尺,无瓦,覆以木板,或以桦皮,或以草绸缪之,墙垣篱壁,率皆以木,门皆东向。环屋为土床,炽火其下,寝食起居其上,谓之炕,以取其暖"中看到。自金代以来,长白山井干式民居文化区并未发生巨大变革,仍然延续着女真时期的传统。

4.3.3.3　辽北土坯墙民居文化区

1. 基本概况

辽北土坯墙民居文化区位于辽宁省北部,东部紧邻长白山余脉、南邻辽河平原,具体包括辽宁省沈阳市的康平县,铁岭市的开原市、清河区、西丰县以及吉林省四平市的伊通满族自治县以及辽源市的东辽县和东丰县。区域内地形由东向西依次为低山丘陵和台地,整体地势东高西低、北高南低。区域内河流密布,河流主要为辽河水系与松花江水系的支流。

辽北地区由于特定的地理条件,曾是明代的"九边重镇"之一。北部的伊通满族自治县、叶赫满族镇等地是历史上海西女真叶赫部落的故城,是满族重要的发祥地之一。历史上的辽北地区,人口经常处于流动状态。在清代,这里一度是中原犯人流放关外的主要地区之一,由于地处辽宁省与吉林省的过渡地区,这里也曾是历史上闯关东的主要到达地之一。而大批流人与移民者的到来,为中原文化在辽北的传播起到了重要的推动作用。

辽北土坯墙民居文化区满族主要为清朝入关后回拨的"佛满洲",以及后编入满洲八旗的"依彻满洲"。

2. 文化景观特征

该文化区以清河区和开原市为文化核心区,西丰县、康平县、伊通满族自治县、东辽县、东丰县为文化扩散区。

该文化区内民居选址主要集中在长白山西小起伏低山丘陵;因受民居本身构筑材料

的影响,文化区内清代的土坯墙建造方式的民居遗存较少,多数为中华人民共和国成立后建造的;而民居屋面形式除了开原地区有少量囤顶式样,其余地区均为双坡屋面;土坯墙或叉泥墙建造方式的民居普遍装饰很少,仅有少数民居在山墙的搏风板处十分节制地绘刻一些简单的图案;屋面材料主要以草为主,青瓦仅在少数地区的青砖建筑中使用;民居墙体材料以土为主,用石材在墙基部分围护加固,也有少量民居用青砖砌筑;房屋承重结构类型以檩枋式为主,由于区域内的木材资源并不是十分丰富,民居的梁架木径普遍较小,以七檩七枋者居多,同时在文化核心区内也有"硬搭山"的构架,即仅保留前后檐柱,其余柱子与两山处的梁架一并省去,这种混合承重的共同承重的结构体系,大大节省了木料的消耗;墙体砌筑类型以土坯墙为主,同时在黏土中加入草使砌块空隙率增大,墙体具有一定弹性,即使内部残留的水分结冰,也不至于开裂。除此之外,文化区内也有叉泥墙建造方式的民居分布,但金包银建造方式的民居较少。

其实土坯墙建造方式的民居并不为辽北地区所独有,只不过辽北地区的满族传统民居主要以土坯建造。土坯房简单、直接、朴素的建筑形式,反映了原始的建筑意象,成了辽北大地上一道壮阔的文化景观。图4.31为辽北土坯墙民居文化区传统民居建造技术示意图。

(1) 民居形态　　　　　(2) 民居装饰　　　　　(3) 屋面围护材料

(4) 围护墙体　　　　　(5) 土坯墙　　　　　(6) 木结构承重体系

图4.31　辽北土坯墙民居文化区传统民居建造技术示意图

3. 典型村落

石家堡子村位于铁岭市清河区张相镇东侧 11 km 处,紧邻清河水库,村落被低矮的丘陵环绕呈带状式布局。村落所在的清河区,曾是清朝在东北地区的三大流放地之一。如今,村落内已看不到那段历史所遗留下的印记。

通过调研询问笔者了解到这些老房子多是中华人民共和国成立后建造的,一般为一合院或二合院布局,院落围墙用草泥夯筑而成,即满族俗称的"土打墙"。主体多是三开间的"口袋房",房屋外部仅在南向开大窗,北向不开窗或开小窗,屋面虽为双坡悬山式,却出檐很小,可能与当地的降雨量有关。屋内保留了满族传统的万字炕格局,天棚形式为满族传统民居中常用的"船底棚",地面为不加任何材料的素土夯实地面。图 4.32 为石家堡子村民居文化景观。

（1）土坯墙　　　　　　　　（2）屋面结构　　　　　　　　（3）民居室内

图 4.32　石家堡子村民居文化景观

4. 主要成因分析

辽北地区曾是明清以来关外流民通往柳条边外吉林等处的必经之路,有着久远的移民历史。他们中或是发配到此进行垦田开荒的流人,或是背井离乡为谋求生路的闯关东者。移民的到来往往伴随着地区的开发以及文化的传播,同时也加速了辽北地区的满族采集渔猎文化向农耕文化的转变。

土坯作为农耕经济下的产物,最早是在汉族民居中使用,而随着满汉杂居的现象日渐普遍,满族房屋建造技术逐渐受到影响,其居室由原始的地穴、木屋居室转变为以草房、土屋为主的建筑。房屋的布局与室内陈设逐渐形成浓郁的民族风情。这种土坯砌墙垣、以茅草苫盖的茅屋较砖房成本低且百姓易于施做,冬暖夏凉,因此,后来被满族所广泛使用。

土坯墙建造方式的民居在辽北地区的广泛分布与其所处地理环境密不可分,该文化区位于长白山西丘陵地带,土地资源与石材资源都相对丰富,因此,这里的满族传统民居往往在房屋墙身 1 m 以下的部分用毛石堆砌,半截"虎皮墙"上面再砌土坯或用叉泥的方式建造。这种"土石混搭"的方式,因墙基部分得到了很好的保护而坚固耐久。同时辽北地区的碱性泥土黏性极强,在土坯制作时往往只需在黏土中加入起到拉筋作用的稻草就可以使坯块达到很高的强度。

4.3.3.4　辽东混合民居文化区

1. 基本概况

辽东混合民居文化区位于辽宁省东部,东临吉林省,南接以千山为首的小起伏地山区,西部紧邻辽河冲积平原。区域内地貌属长白山系龙岗山脉,地势南高北低,北部为小起伏低山丘陵区,南部为平均海拔 500 m 的中低山区。境内山岭连绵,峰峦叠嶂。区域内主要河流有浑河、太子河、浑江、草河。

元末明初之际,在白山黑水之间崛起的女真,由黑龙江省、吉林省到辽宁省,南徙至浑河、苏子河流域定居,逐步发展成为当时最为先进的满族群体——建州女真。1616 年其部落首领努尔哈赤统一海西女真、东海女真各部,最终形成满族共同体。与此同时,辽东自古以来就是接受中原文化较早的地区,文化上的长期交融加上其独特的历史背景,使这里曾一度成为满族政治与文化的中心。

该文化区北邻辽北土坯墙民居文化区,南接辽南砖石混砌民居文化区。具体涵盖的区域有:抚顺、本溪市的全部范围,以及沈阳市的东陵区、苏家屯区。

文化区内满族构成为清入关后回拨的八旗驻防满族,主要分为从北京派驻的"佛满洲"和从吉林乌拉(今吉林市)迁来的"依彻满洲"。

2. 文化景观特征

该文化区内民居建造年代除新宾满族自治县最为久远外,其他地区民居多为中华人民共和国成立后建造;民居均为双坡屋面;山墙类型以悬山山墙居多,硬山山墙民居虽整体装饰水平较低,但较吉林省与黑龙江省的绝大多数传统民居更加注重房屋细部上的艺术化处理,仅在新宾满族自治县一带满族传统民居户牖的格栅样式就十分多样,装饰趣味浓厚;在屋面系统材料与围护墙体材料的选用上,除新宾满族自治县与沈阳一带青瓦、青砖用量较多外,其他地区普遍用草覆顶,以石、土砌墙;房屋承重结构类型均为木构架承重结构体系。

该文化区整体为一个文化过渡区。在此区域内没有主导的建造技术类型,而是出现了多种建造文化并存的状态,虽然石材砌筑建造类型在该区域出现较多,但整体来看各相邻文化区典型的民居建造类型在这一区域几乎都有出现。但这种混合状态并不均匀,而是越靠近辽北土坯墙民居文化区的民居以土坯建造为主要方式,而南部与辽南砖石混砌民居文化区相邻,因为拥有丰富的石材资源,则石材砌筑建造较多。与此同时,即使南部地区石材砌筑建造较多,但在区域间的使用上也并不完全一致,如靠近西部本溪县的传统民居在用石材建造时,因石块本身较为规整,其在墙体砌筑完成后通常不做表面处理,而东部桓仁县的满族传统民居因石料选择的受限,形状、大小往往极不均匀,在墙体砌筑时一般将稍大的石块置于底端,随高度增加石块逐渐变小,墙体呈现明显的下宽上窄趋式,最后在垒好的石墙外抹上一层厚厚的黄泥,一是起到稳固石块的作用,二是起到保温的作用。除此之外,新宾满族自治县与沈阳地区在满族入关前曾作为满族的政权中心,因此这一带的满族传统民居普遍建造型制较高,金包银建造方式的民居分布较为广泛,同时也有辽南典型的砖石混砌建造方式的民居。图4.33为辽东混合民居文化区传统民居建造技术示意图。

| (1) 土坯墙 | (2) 金包银 | (3) 石材砌筑 |
| (4) 砖石混砌 | (5) 民居装饰 | (6) 木结构承重体系 |

图4.33 辽东混合民居文化区传统民居建造技术示意图

3. 典型村落

赫图阿拉村位于抚顺市新宾满族自治县永陵镇西侧 3.5 km 处。村落形成于元代以前,后金时期曾作为清太祖努尔哈赤建立大金政权时的第一个都城。1644 年清朝迁都北京后,称北京为"新城",赫图阿拉为"老城",老城村因此而得名。整个村落分为内、外城,内城主要有关帝庙、书院、衙门等行政机构,外城主要有点将台、校场、酒馆等附属建筑。

村落的房屋多建造于明末清初,满族典型的三合院、四合院居多,院落的东南方向仍保留着满族特有的索罗杆。屋顶为典型的满族硬山式,房屋南侧大面积开窗,且仍为传统的窗户纸糊在外的支摘窗,北侧仅在厨房留有小窗。室内多为三开间,卧室采用万字炕布局。赫图阿拉村内的民居很好地诠释了满族传统民居"四大怪"的说法:口袋房、万字炕、窗户纸糊在外、烟囱坐在地面上。

村落内保留的传统民居基本都是典型的金包银建造方式,也有少数是叉泥墙建造方式的。采用传统檩枋式木构架,民居普遍装饰元素较少,但整体建造质量极高,多数房屋虽屹立几百年仍熠熠生辉,体现了满族早期老屋注重实用性的技术思想与直白的审美取向。图 4.34 为赫图阿拉村民居文化景观。

（1）金包银　　　　　　　　（2）支摘窗　　　　　　　　（3）民居室内

图 4.34　赫图阿拉村民居文化景观

4. 主要成因分析

该文化区是辽北土坯墙民居文化区与辽南砖石混砌民居文化区的过渡地带,区域特殊的历史沿革与地理环境使这里形成了多种民居建造方式相混合的状态。

一方面,地理环境的丰富性对辽东满族传统民居建造方式产生了深远的影响。该文化区是除黑龙江省拉核墙民居文化区与辽西囤顶民居文化区外,另一个内部地貌环境差异较大的文化区,北部地形以长白山西小起伏低山丘陵为主,南部主要为长白山台地中山区,且两种地貌类型在区域内分布比例相当。整体来说,南部地区石材资源要比北部更为丰富,因此靠近北部地区的满族传统民居以土坯墙建造居多,而南部以石材砌筑居多。而中部的新宾满族自治县、沈阳一带则因其历史上的独特的建制背景,金包银建造较多,这也进一步增进了该文化区民居建造景观的丰富性。

另一方面,辽东地区如今为东北地区范围最大、人口最多的满族聚居区之一,但历史上中原文化较早就在该区域内传播,传统农耕文化早已在这里生根发芽。元明之际,从白山黑水间来到这里的建州女真很快就接受了早已在此生根发芽的先进中原文化对自身产生的影响,并逐渐发展成为东北地区满族群体中文化技术水平最为先进的一支。而北部的海西女真与东海女真此时仍过着以采集、渔猎为主的游猎生活。不同地区发展的不平衡也促使辽东地区在历史上成为南部发达的中原文化与北部较为原始的满族文化之间的过渡区域。而清代以来,辽东地区几次大规模的关外人口的迁入,更是带来了其他地区不同的建造传统,文化的交融也催生了该区域满族传统民居建造技术的多元化发展。

4.3.3.5　辽西囤顶民居文化区

1.基本概况

辽西囤顶民居文化区位于辽河以西、辽宁省的西部地区。西南接河北省东部的秦皇岛市,西北依松岭山脉,南临渤海辽东湾,东北接辽河平原。地形主要以丘陵、台地为主,其次为平原。整体地势由东南向西北逐渐升高,西北部以海拔 300~400 m 的低山丘陵为主,山区森林植被相对稀少。向东南逐渐过渡到海拔 50 m 以下的由河流冲积而成的滨海平原,地势平缓,起伏极低。区域内主要河流有大凌河、绕阳河、六股河、宽邦河。

辽西自古以来就是满族、汉族、蒙古族等民族的交汇地带,他们或起源于此或迁徙至此,同时其也是历史上东北地区接受中原文化最主要的通道之一,素有"辽西走廊"之称。作为东北地区最早的移民文化圈,不同时代不同民族的人们所创造的游牧文化、农耕文化、渔猎文化和海洋文化,在辽西的土地上相互融合发展,对辽西满族不断影响并赋予了其各文化中的多元属性。

辽西满族构成是东北地区最为复杂的,主要分为两大类:一是清入关后的驻防满族,他们中的一部分是北京派驻的"佛满洲",一部分是从吉林省迁来的"依彻满洲";二是因罪被贬、避难、卸任、结亲、"三藩之乱"受牵连被迫迁居辽西的,这些人有的原来就是在旗之人,有的是在这里定居后入旗,他们在这里世代繁衍。

2.文化景观特征

该文化区以兴城市和北镇市为文化核心区,绥中县、义县为文化扩散区。

该文化区的民居选址主要集中在辽西丘陵、台地,少量位于辽河下游冲积平原。文化区内清代建造的满族传统民居遗存较少,民国时期的民居数量较多且在区域内分布均匀,而中华人民共和国成立后的民居数量仍为最高。

民居屋面形式主要为囤顶,在绥中县西部靠近秦皇岛市的区域以及北镇市的东南部地区的少量民居为双坡屋面;民居山墙类型主要以五花山墙和硬山山墙为主,悬山山墙仅在北镇市的东南部地区分布;民居装饰程度除了区域内少数富裕的民居雕饰种类较多、题材较丰富外,其余普遍装饰较少,一般仅会在山墙或窗下槛墙处颇为精心地用石和砖组砌成简单的图案。

传统民居建筑材料就地取材,屋面系统材料方面囤顶民居主要以麦秸泥顶为主,一般会在前后檐前段加设仰覆板瓦两层以便更好地将雨水排出檐部,双坡屋面民居用青瓦和草覆顶的均有;墙体以石材为主,有的也会结合青砖、红砖进行混合砌筑,也有少部分民居以土坯墙为主。与此同时,由于辽西特殊的移民现象致使该地区当时的社会秩序较为混乱,很多民居通常出于防卫性的考虑将墙体建造得极宽以便战事发生时可以躲在墙内,同时厚厚的墙体也可以防止盗贼的侵入。图 4.35 为辽西囤顶民居文化区传统民居建造技术示意图。

民居以木构架承重为主,只是囤顶民居由于其屋面形式的特殊性,取消了瓜柱、梁枋等构件,仅以坨墩承檩件,并通过对其高度的改变调整屋面的曲度;墙体砌筑类型上采用砖石混砌的民居很多,清代建造的多以青砖为主体,中华人民共和国成立后建造的多用

（1）民居院落　　　　　　（2）民居形态　　　　　　（3）硬山山墙

（4）民居装饰　　　　　　（5）砖石混砌　　　　　　（6）木结构承重体系

图4.35　辽西囤顶民居文化区传统民居建造技术示意图

红砖与石材混合砌筑,而直接采用石材进行垒砌的民居比例也很高,多利用附近山丘开采出的石块简单加工后逐层砌筑,一般也会在石材内侧砌土坯形成"外生内熟"的复合型墙体。除此之外,北镇市东南部地区以土坯墙为主要建造方式。

3. 典型村落

华山村位于北镇市大市镇西南方向7.0 km处,坐落在闾山的一处缓坡丘陵上。该村于清代年间建造,全村满族人口占90%以上。村落整体布局依循地形沿着等高线呈带状式分布,形成了与自然环境十分和谐的格局,道路蜿蜒起伏,房屋布局顺应地势、错落有致。

民居一般设前、后两院,前院为传统的二合院或三合院,一般用1.5 m左右的石砌围墙围合,有些民居还保留着从事生产的石碾、石磨;后院往往在正房内厨房的后墙开门进出,院内种植一些作物供家庭使用,后院的围墙往往比较低矮,有的甚至直接利用道路与房屋的高差而不设围墙。

民居多为三间到五间不等,多为门开在东侧的传统口袋房。有的在正房一侧增设耳房,厢房一般用作储物。民居外墙均用当地盛产的花岗岩砌筑而成,白色的石墙与在檐口处叠砌的红砖形成了鲜明的对比。部分民居还保留着古朴的支摘窗,同时烟囱不是传统的跨海烟囱,而是直接砌在山墙部位。室内采用南北炕布局而不用万字炕,地面主要为素土夯实。

整体来看,华山村依山就势、顺应地形,村落空间层次十分丰富,曲折的道路、错落的房屋、高矮的院墙构成了生动活泼的村落文化景观(图4.36)。

4. 主要成因分析

辽西囤顶民居文化区的文化景观的形成与该地区独特的自然地理环境以及历史文化背景密不可分。

辽西囤顶民居文化区位于辽河以西,地形以低山丘陵为主。区域内盛产的花岗岩、玄武岩等天然石材是该区域内民居主要的建筑材料。而囤顶民居的大量出现与当地严酷的

（1）村落巷道　　　　　　　（2）民居院落　　　　　　　（3）民居山墙

图 4.36　华山村村落文化景观

气候环境有着直接的关联。辽西在大陆性季风气候环境下,形成了典型的风沙半干旱区,是有名的风口地带。古时对于辽西地区就有"旷野狞风,每有拔屋之患"的描述,因此若采用"人"字形起脊屋面有被掀翻的隐患,而囤顶形式则可以有效地减小风的阻力。同时,该区域平均年降雨量在 500～700 mm 之间,70%～80% 集中在夏季 6、7 月份,人们只要在雨季前修理一次屋面,便无漏雨危险。

除此之外,历史上辽西地区的经济发展水平普遍较辽东地区落后,囤顶的使用可以节省梁架的木料,而麦秸泥顶较瓦顶更是可节省建造成本。因此该地区的大部分满族传统民居都是用这种囤顶。可见,辽西囤顶民居文化区的建筑式样和结构特点是由气候与经济条件共同决定的。

辽西地区作为古老的移民走廊,是北方少数民族地区与中原地区直接接触的交会地带,同时也是中原文化传进东北地区最主要的通道之一。特殊的地理位置使这里在历史上战乱、移民等现象不断发生,形成了独特的移民文化圈。辽西地区的满族构成可以说是整个东北地区源流最为复杂的,他们在融合到满族群体的过程中也把各自的文化带进了满族这一机体。反映在民居建造上则表现为文化的涵化现象要远大于东北其他文化区,这也使得辽西地区的满族传统民居在建造方面与其临近的华北平原更为接近,但同时又保留满族老屋很多的典型特征,如火坑的使用、口袋房的布局、支摘窗的样式等。文化的融会促使了民居建造的多元化,最终促成了独具一格的辽西囤顶民居文化区文化景观。

4.3.3.6　辽南砖石混砌民居文化区

1. 基本概况

辽南砖石混砌民居文化区位于辽宁省南部,占据辽东半岛的大部分地区。北邻辽东山区,南邻黄海。地形以海拔在 500 m 以下的低山丘陵为主,兼有小块冲积平原和盆地,主要山脉为长白山余脉千山山脉,从南至北横贯整个区域。地势由西北丘陵逐渐向东南过渡为平缓的沿海平原。区域内林木茂盛,资源丰富,主要河流有鸭绿江、浑江、哨子河、英那河。受海洋影响,气候温暖湿润,属暖温带湿润季风气候。

辽南地区由于地理位置和自然条件的优越性,在东北地区政治、军事、文化、航运方面一直占据重要的地位。历史上该地区随着满族民系的流入,广泛融会吸收了中原文化、海洋文化和流域文化,逐步形成了独具特色的辽南满族文化。

该文化区北邻辽东混合民居文化区。具体涵盖的区域有辽阳市的辽阳县,鞍山市的岫岩满族自治县,丹东市的凤城市、宽甸满族自治县,大连市的庄河市以及周边各市内分散的满族乡镇。

文化区内满族构成为主要为分为三部分:一是清入关后从北京派驻的"佛满洲";二是从乌拉(今吉林市)迁来的"依彻满洲";三是战争中的被俘人员中被编入八旗满洲的"包衣满洲"。前两者都属于八旗驻防满族,是辽南满族构成的主体。

2. 文化景观特征

该文化区以岫岩满族自治县为文化核心区,辽阳县、庄河市、凤城市、宽甸满族自治县为文化扩散区。

该文化区的民居选址主要集中在辽东小起伏低山区。区域内清代民居数量是所有文化区中遗存最多的,在所统计的村落样本中,60%以上的村落都有清代建造的民居,以清中后期居多。其次民国时期的民居保留也很多,可以看到,该区域整体民居建造年代历史最为悠久。

民居屋面形式除了营口市内部分满族镇采用囤顶样式外,其余均为双坡屋面,屋脊处以小式瓦作的清水脊居多,简单、朴素,没有复杂的饰件,大多只是在两端雕刻花、草、龙纹等;民居山墙以砖角石芯的五花山墙最多,其次条石砌基、青砖到顶的硬山山墙也有出现,相对来说悬山山墙在该区域分布最少,主要在经济条件较差的民居中使用;民居整体装饰水平较高,石雕、砖雕、木雕数量众多且不乏精美者。装饰题材主要有吉祥图案、山水风景、花草动物等,大户人家为了防止盗贼的侵入,在院落围墙炮楼处多设石雕的射击孔,为葫芦、钱币等形式,表达吉祥如意寓意的同时也兼具功能作用。另外辽南地区由于受西方文化影响,满族传统民居中出现了东北其他地区极其少见的中心合璧式装饰元素。

民居屋面系统材料以青瓦为主,其次用草覆顶的民居也很多,土材料仅出现在西部地区的少量囤顶民居中;围护墙体材料主要以区域内盛产的各类石材为主,其次青砖的用量也很大,多与石材进行混合砌筑,土材料使用相对较少,一般仅在部分地区石材砌筑的墙体表面做抹面材料。

民居承重结构类型以传统檩枋式木构架为主。墙体砌筑类型以该区典型的砖石混砌为主,民居建造时多在地基以上1 m左右的墙身砌筑条石,且这些条石尺度规整,多采用丁斗式垒砌,或对缝,或留有灰口,整体给人以敦实端庄之感。其次采用石材砌筑的民居也很多,或在墙体外表面仅做勾缝处理,或用黄泥做整体抹面。图4.37为辽南砖石混砌民居文化区传统民居建造技术示意图。

3. 典型村落

坎子村位于岫岩满族自治县石灰窑镇西侧16 km处,坐落在千山山脉太平岭的狭长山谷之间,后有漫岗,林木葱茏;前有山溪,流水潺潺。村落整体坐北朝南,民居顺应地形而呈自由式布局。该村建于清代,村落现保存有多处清代年间所建的满族传统民居,如姜家大院、孙家大院、王家大院等。

村落民居以传统的三合院、四合院为主,同时也有型制较高的多进院,如姜家大院原系三进三出四合院,院落整体布局严谨、开阔,左右厢房沿中轴线对称分布,可以明显看出受汉族民居院落型制的影响较大。部分院落门前还保留有上马石和下马石,但曾经存在的影壁墙与索罗杆都已不在。

传统民居无论正房还是厢房多为五开间或七开间,进深以三开间为主。主体正房檐下地面多设以"丁斗交错"方式铺砌的条石台阶。窗下槛墙多以4层青白色大青石砌筑,

（1）民居形态　　　　　（2）民居炮楼　　　　　（3）拱形门窗

（4）山墙砖雕　　　　　（5）民居门楼　　　　　（6）砖石混砌

图 4.37　辽南砖石混砌民居文化区传统民居建造技术示意图

第四层即为窗台板,石材石质精良,制作规整。山墙前后出檐,即俗称的"前出狼牙,后出梢"。墙体为在下部砌块石,上部为转角石芯的五花山墙结构。民居室内一般为典型的对面屋格局,中间作为厨房,两侧房间作为卧室使用,卧室内均为传统的万字炕,地面以铺砖或铺石为主。

村落传统民居雕饰精美,种类丰富。在抱鼓石、门枕处和墩腿石等部多有绘刻吉祥纹样或植物纹样的石雕。在脊头、腰花、搏风头等处的砖雕多为阴阳刻同时结合透雕。在隔扇、栏板、户牖上亮部位的木雕更是选料精严、图案丰富、寓意吉祥。图 4.38 为坎子村民居文化景观。

（1）民居形态　　　　　（2）脊头砖雕　　　　　（3）木雕花门

图 4.38　坎子村民居文化景观

4. 主要成因分析

辽南砖石混砌民居文化区地形以山地、丘陵为主,该区域盛产的花岗岩、青石、黄白石等各类石材是文化区内满族传统民居最主要的建筑材料,典型民居均在山墙或檐墙处将其与青砖混合砌筑。石材多质地优良,色泽纯白,取材便利,在民居建造中深受辽南满族人喜爱。

与此同时,辽南地区由于发达的海运交通,自古以来就有较为深厚的文化积淀,是除了辽西走廊外,中原文化最先传入东北的区域,也是历史上其他地区移民关外的重要通道。中原文化的长期渗透使这里成为东北地区开化较早的地区之一,同时也对该区域内的满族传统民居建造产生深远影响,以致民居整体型制更为接近成熟、完善的汉族传统民居建造模式。除此之外,部分民居中还融入了拱形门、拱形窗、罗马柱头装饰等西方建筑做法。

此外,辽南满族传统民居整体极高的建造水平,是与该地区的满洲源流密不可分的。他们多是当年清入关后从北京回拨派驻的满族贵族,或是在战场立功的有功之士,多有较高的社会地位、文化背景和经济基础,因此有能力实现对自身房屋建造品质的追求。且从区域内民居中普遍使用的万字炕、跨海烟囱等元素来看,辽南满族在房屋建造中既借鉴了汉族的先进文化,同时又很好地承袭了自身传统文化。

总体来说,辽南地区满族传统民居整体建造体系之成熟、房屋用料之考究、装饰元素之精美是其他文化区传统民居所不能媲美的。而其文化景观的形成,不仅受到其自然地理环境的影响,更多的是与该区的历史人文背景紧密相关。

4.3.4 文化景观特征形成的影响因素

4.3.4.1 自然环境的影响

1. 地理环境的影响

东北地区地貌多样,整体形似山环水绕的马蹄,它的西、北、东三面均被海拔高度在 800~1 500 m 的低山、中山环绕,中部则分布着广阔的东北大平原及冲积台地。

按《中国地形图》中将东北地形划分为:Ⅰ A 三江平原区、Ⅰ B 长白山中低山地区、Ⅰ D 小兴安岭低山区、Ⅰ E 松辽低平原区、Ⅰ F 燕山-辽西中低山地区,而每个区域又可以划分为若干个次一级的地形分区。

从对满族传统村落地形分布的统计分析结果来看(表 4.10),分别有 26.9%、13.6% 和 24.9% 的村落分布于Ⅰ B,分别为辽东小起伏山地区、长白山熔岩台地中山区、长白山西小起伏低山丘陵区;3% 的村落分布于Ⅰ D,为小兴安岭西部小起伏低山区;分别有 9.3%、4% 和 2.3% 的村落分布于Ⅰ E,分别为松辽东部台地区、辽河下游海冲积平原区和松嫩冲积平原区;15.9% 的村落分布于Ⅰ F 辽西丘陵、台地区。

表 4.10 东北地区满族传统村落地形分布表

	辽东小起伏山地	长白山熔岩台地中山	长白山西小起伏低山丘陵	小兴安岭西部小起伏低山	松辽东部台地	辽河下游海冲积平原	松嫩冲积平原	辽西丘陵、台地
数量/个	81	41	75	9	28	12	7	48
比例/%	26.9	13.6	24.9	3	9.3	4	2.3	15.9

由此可见,东北地区满族传统村落在中低山地选址的最多,其次为丘陵、台地,平原相对最少。之所以呈现如此的分布状态主要与满族先民以采集、渔猎为主的经济文化类型有关。虽清代以来,满族逐渐从山林走向平原,但其主体仍保留着"依山做寨,聚其所亲居"的居住传统。因此村落景观也主要依据不同地区的环境特征而形成。

东部和北部有黑龙江、乌苏里江、松花江作为屏障,水系发达,植被茂盛,山势挺拔,适合渔猎生活,自古以来就是满族先民繁衍生息的地区。建屋选址时为了防范野兽,满族人多依山而居。民居建造材料上也形成了多以草木为主的传统。西部除崇山峻岭与原始森林外,便是与内蒙古相连的大草原,然而历史上该地区草原的过度放牧与森林资源的过度砍伐,曾使这里的丘陵土地沙化明显、木材资源相对短缺,致使民居构筑发展逐渐以石材为主。南部低山区土地肥沃、气候温暖、林木丰富、石质优良,且经济水平较高,建造材料多以砖石为主。

2. 水系环境的影响

东北地区水系发达,河网密布。其中东北地区最主要的几支水系,包括黑龙江水系、松花江水系、嫩江水系、辽河水系、图们江水系和鸭绿江水系,都对满族村落的分布产生重要影响。

东北满族传统村落的分布都与河流关系紧密,多选址在低山丘陵与水源高差适中的地段,高不至于难取水,低不至于遭水淹,同时被山脉围绕的地势又具有良好的防御性。与河流的关系上,多避开主干河流,以防洪水灾害,却又亲近中小河流,不仅方便生活用水,还有利于农田灌溉。

此外,大型河流在古代不仅是重要的交通要道,也在很大程度上促进了其流域范围内的文化传播。历史上连接中原与东北地区的两条通道:一是通过辽西走廊东渐;二是通过辽东半岛北移。且在交通不发达的年代,河运要比陆运方便得多,当时通过水路来东北的中原地区移民,主要路线为:先乘船到达辽东半岛的大连市或营口市,然后沿着辽河逐步向内地推进。最早的中原汉族移民就在辽南地区繁衍生息,使这一地区成为东北最早开发的地区之一,同时其优越的地理位置也促进区域内与西方外来文化的交流。此外,地处辽河上游的辽北地区河道平缓,极利水运,因此也在东北地区境内开发较早。

3. 气候环境的影响

东北地区满族传统民居之所以适应了区域内极端寒冷的气候环境,是因为满族人在营建过程中尤为关注房屋在保暖防寒、采光纳阳、防风防雪方面的处理。

东北满族传统民居在适应寒冷气候上,形成了低矮规整的外部形体、平面紧凑的室内格局,以最大限度地减小外表面散热量。可以看到,东北地区除了部分满族传统民居在正房一侧增设耳房外,往往外部形体再无其他变化。这种南长北短的矩形平面可以有效地降低外围护表面的传热,而南向墙体大面积开窗(图 4.39)可以获取更多的太阳辐射,其余各面不开窗或仅开通风的小窗,这进一步强化了东北满族传统民居给人以厚实封闭的感受。同时规整的形体在温度变化时,不易因墙体表面受力不均而出现墙体局部开裂或冻害的现象。在处理保温隔热性能较弱的屋顶部分时,满族人一般采取在室内屋架下吊设天棚(图 4.40)的措施,以屋架与天棚之间所形成的空气间层来阻隔寒气的影响。

图 4.39　满族传统民居南向大窗　　　　图 4.40　满族传统民居室内天棚

此外,民居的墙体砌筑多为几种材料搭配使用,很少只用木、草、石等单一材料砌筑,如拉核墙、土坯墙、叉泥墙都是应用黏土与草混合建造的,如图 4.41 所示。即使在单一材料为主体时,也会采取在墙体表面涂抹一层厚厚的稠泥的处理方式,并干式墙体砌筑既是如此。而在使用青砖或石材时,往往在墙体内壁一侧砌筑一层土坯或在砌筑好的两墙壁间填充碎砖并灌以白灰使其紧密结合,形成"外生内熟"金包银式复合墙体(图 4.42),这与现代建筑中的复合墙体有着类似之处,在节省砖石用量的同时,墙体保温性能可大大提高。

图 4.41　黏土与草混合建造的墙体　　　　图 4.42　金包银式复合墙体

4.3.4.2　人口迁移和文化传播的影响

1. 人口迁移与地区开发

移民历来就是文化传播最活跃的主体,他们以最直接的方式促进文化间的交流与采借,有利于新文化的形成与发展。

东北地区移民历史悠久,自汉、三国、北魏到辽诸朝代都有其他地区的人民迁移关外的现象,但人口比例上仍以土著民族占主导。而对东北满族文化发展乃至东北地区历史进程有深远影响的要数闯关东移民浪潮,同时这也是中国历史上最大规模的人口流动之一。

清代移民大致可分为三个阶段:一是初期的招民开垦政策阶段,二是中期的封禁政策阶段,三是后期的开禁放垦政策阶段。

第一阶段:1644 年随着大部分满族人入关,东北满族人口大量减少。加上持续的征战,致使辽沈地区的城邑村落遭到了严重破坏。为了巩固战略后方,在 1644~1667 年间,清政府调遣部分八旗官兵返回东北驻防,从事农业开垦活动。并于 1653 年颁布了《辽东招垦令》,鼓励人们出关垦荒,这期间大量移民到东北垦荒,迅速形成了颇具规模的移民潮。

第二阶段:关外人口增长之迅速一度使清政府感到忧患,遂以维护满洲旧俗为由,于 1668 年废止了《辽东招垦令》。转而对东北实行封禁政策,但仍有数以万计的流民迫于日趋沉重的生计压力而不断涌入东北。

此外清政府迫于解决入关后京旗满族日益严重的生计问题,在 1742~1744 年采取了"京旗移垦"的措施,并在之后的 100 多年里,分批陆续从京调入大量满族来东北进行移驻屯垦。在这一时期,清初东北地区满族人口大幅减少的现象得到缓解。

第三阶段:1861~1911 年,清朝面临内忧外患的处境,出于增加国家收入和巩固边防的目的,于是解除了对东北地区的封禁。1897 年对东北实行全区开禁,关内移民汇成一股"洪流"迁入东北。

1912 年中华民国成立后,政府深知"移民实边"对于国家发展的重要性,东北的移民运动在清末的基础上再次掀起高潮。在 1912 年到 1930 年的近 20 年里,移居东北的移民数量激增。

闯关东的迁移路线主要分为水陆(东路)和陆路(西路)两种。选择水陆的移民主要从天津以及山东半岛的烟台、青岛乘船越过渤海到达辽东半岛的大连、营口等地,或从烟台出发跨越黄海、日本海乘船一路前往俄中朝三国交界的城市符拉迪沃斯托克,进而直接到达吉林、黑龙江一带。选择陆路的移民在 1894 年中日甲午战争以前,主要从山海关进入辽西走廊,沿着锦州—开原—吉林一线,不断北上;在 1894 年以后,随着铁路运输的发达,移民多乘火车由辽西走廊进入沈阳一带。

辽宁省作为移民最先到达的地区,开发历史早,人口稠密。辽西的锦州、兴城与辽北的开原、铁岭一带在乾隆年间一度成为流民最多的聚集地。而随着流民的迁移,原有居住地的建造传统也以人为载体而得到扩展,并与新的地域环境不断结合发展,逐渐促成了这些地区民居建造类型较为多变、混杂,建造文化层叠深厚的特点。而后期到来的移民,大部分只能选择距离更远的吉林省、黑龙江省垦荒就食。他们由于更为严寒的自然气候环境在建房时不得不加以改变适应,反而更多地模仿满族老屋盖房,如在黑龙江地区很多汉族传统民居中也使用跨海烟囱。这一地区的移民对于本土满族传统民居建造文化的影响则相对削弱了许多,因此可以看到长白山、黑龙江地区较好地保留了明清时期的井干式、拉核墙等主流的建造技术。

综上所述,清代大量的人口迁入东北地区,逐渐形成了东北地区满汉杂居的现象,打破了区域内原有的人口分布格局,加速了满族社会形态的转变。然而,移民作为中原建筑文化的传播载体,对东北地区满族传统民居的异化作用却是十分温和的,满族传统民居建筑在保留其很多传统建造技术的优势特征的同时,也有效地吸取了一些中原建筑的先进做法而不是完全被汉族传统民居所同化,最终发展形成了自身完善的房屋建造体系。

2.文化传播对满族传统民居建造技术的影响

汉族是对满族文化影响最为深远的一个民族,历史上两个民族在同一地域下的共处过程中,满族不断受到汉族文化的熏陶与感染,也使其居住文化发生了巨大的变革。

满族传统民居中的很多内容都受到汉族文化的影响,如汉族文化中的"礼制"观念对满族院落型制的奠基,汉族传统民居中的"间制"对满族传统民居室内格局的确立。而就建造技术本身而言,下面从材料、结构、装饰三方面来探讨中原汉族文化对满族传统民居构筑方式产生的影响。

(1)构筑材料的转变。

木材、石材、茅草、黏土等天然材料是早期满族先民主要的筑房材料,在材料的使用上他们只采取粗加工或不加工的方式进行建造,而随着以采集渔猎经济为主的满族与以平原集约农耕经济为主的汉族的不断交融,房屋构筑材料逐渐转向了青砖、青瓦等汉族建筑中常用的人工建筑材料。同时满族结合自身地域环境特征对新材料加以灵活运用,如为防止冬季积雪融化时侵蚀瓦垄沟处的灰泥导致屋瓦脱落,在使用青瓦时多为仰瓦铺砌而不采用中原汉族屋顶的合拢瓦,如图4.43所示;为节省青砖的用量而与本民族常用的石材相整合所创造的砖石混砌复合型用材体系,不但节约了成本,同时也增加了墙体的耐久度;还有在双层砖墙中间中空位置填充土坯的金包银墙体砌筑,既利于保温,又能节省砖的用量。

(1)汉族屋顶合拢瓦铺砌　　　　　　　　　(2)满族屋顶仰瓦铺砌

图4.43　满族与汉族传统民居屋面瓦铺砌形式对比

除此之外,满族在从山林走向平原的过程中,民居中跨海烟囱的建造材料也从以往选用中空的树干而逐渐转变为使用土坯或青砖,如图4.44所示,砌筑方式上也吸取了汉族的砖构技术,整个烟囱在造型上逐层内收,形如塔状,但却仍延续了传统的将烟囱建在屋外山墙一侧的方式。

(2)结构形式的转变。

"夏则巢居,冬则穴居"是满族先民早期居住方式的真实写照。从勿吉、靺鞨时代的"地窨子""马架子"到女真时代的"木楞草房",房屋构筑技术虽有提高,但不论从坚固耐久方面还是从构筑形态的美观方面看都十分简陋和粗糙。满族南迁之后,其房屋构筑方式逐渐向汉族靠拢,生产技术不断进步,最终确立了木构架承重的承重构架体系。

满族传统民居中的檩枋式木构架体系在汉族传统民居中的大木作基础上又根据东北

（1）树干　　　　　　　　　（2）土坯　　　　　　　　　（3）青砖

图 4.44　跨海烟囱用材

地域特征做了适应性的改造。同传统抬梁式木构架比较，檩枋式木构架做法唯一不同的是在檩的下方用枞构件代替抬梁式木构架中同样位置的枋。这样做的目的主要在于横截面为圆形的枞构件相比矩形截面的枋构件，省去木料加工的烦琐，因此便被广泛沿用，这也反映了满族人豪放直率的性格。在经济状况与材料供应制约的条件下，满族传统民居中又发展出了"排山柱""通天柱"等一系列对房屋构架建造简化处理的方式，在节约材料、节省劳动力与时间的基础上，又使满族传统民居地域特色更加鲜明。

（3）装饰内涵的丰富。

满族传统民居装饰受汉族传统民居影响深远，但又在自身民俗习惯、文化传统与文化礼制观念塑造下形成了一套自身完善的艺术体系。民居装饰包括家具、户牖、雕饰和色彩几个部分。

入关前，满族传统民居装饰比较朴素简约，户牖格栅多以木质的横格、竖格、方格、方胜、万字等几何纹样装饰，山墙处也很少装饰，朴素平实的装饰要素与素淡的色彩体现了满族传统民居早期的朴拙、直白的审美取向。入关后，民居装饰艺术形式逐渐多元化，装饰纹样丰富，装饰部位也增多。门窗、山墙、屋脊、瓦当、影壁等处雕饰纹样丰富，户牖木雕多样，梁枋、雀替也有体现。装饰构建同民居本身浑然一体，装饰内容多借鉴汉族民居文化中的元素与符号，但仔细比较，则可发现满族传统民居装饰大多样式简练、线条粗犷，基本式样组合也较简单，随意性较强且不避讳不同装饰图案的混合搭配。例如，在窗棂的装饰中，满族传统民居中不仅窗棂装饰元素多，而且同一窗棂中可以出现方胜及亚字等多种装饰元素，如图 4.45 所示；而汉族的做法则不同，如用方胜就统一用方胜装饰，很少多种装饰类型混用。但无论怎样，寓意吉祥的民居装饰无不体现了朴素热情的民族情感与人们对美好生活的祈盼。

191

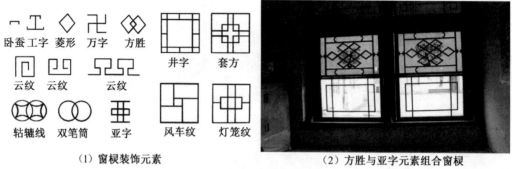

| （1）窗棂装饰元素 | （2）方胜与亚字元素组合窗棂 |

图4.45　满族传统民居窗棂装饰

4.3.4.3　建制沿革和经济发展的影响

1.建制沿革的影响

在交通和通信都不发达的古代,政区建制对地域文化的发展具有重要影响,同时也是促成各地区产生文化差异的主要因素。一般来说,在同一行政区划内,频繁的文化交流促使人们从行为模式到民俗风情,从生产方式到经济状况等多方面内容都趋于一致,同时,也使得区域内文化景观特征逐渐趋同,甚至达到均质。

明朝是女真族到满族共同体形成的重要时期,而清朝,随着八旗驻军与出关垦荒的满族人口逐渐增多,这一时期满城同旗屯遍布东北各地。因此,明清是东北满族聚落形成的主要时期,同时也是民居文化景观特征形成最为主要的阶段。图4.46为东北满族聚居区明代以来建制沿革图。

明时期:明朝统一东北之后,并未实行中原地区的行省制,而是形成了军政合一的都司卫所制,“都司”下设“卫”,卫下辖“所”。其中东北满族主要集中聚居在辽东都司和奴儿干都司两个辖境区域内。

清时期:清朝废除明朝在东北推行的都司卫所制,转而实行八旗制和州县制并行的旗民分治制度。康熙至乾隆年间,逐渐形成盛京(今沈阳市)、吉林、黑龙江三个相当于行省的将军辖区。光绪年间,东北的三将军体制逐渐发生变化,直至最终建立奉天省(今辽宁省)、吉林省、黑龙江省。

当时东北满族聚居区主要包含清代行政区划内奉天省的奉天府、兴京府、海龙府、昌图府、锦州府、凤城直隶厅、长白府;吉林省的吉林府、宁古塔府、宾州府;黑龙江省的齐齐哈尔府、黑龙江府、绥化府。

民国时期:1912年中华民国成立后,东三省在清末官制行政基础上做了一定的改革。在1945年抗日战争结束后,民国政府将行政区划改划为东北九省,增设辽北、安东、合江、嫩江、松江、兴安6省以及沈阳、大连、哈尔滨3个直辖市。

其中,满族聚居区主要分布在当时的辽宁省、安东省、辽北省、吉林省、松江省、嫩江省、黑龙江省。

中华人民共和国成立之初(1949～1954年):中华人民共和国成立后,中共中央对东北地区行政区划重新进行划分,辽宁省和安东省合成了辽东省,辽北省和辽宁省的一部分改成了辽西省,合江省和松江省合并为松江省。

其中,满族聚居区主要分布在当时的辽东省、辽西省、吉林省、黑龙江省和松江省。

时代	县区											
	兴城市	义县	北镇市	绥中县	康平县	梨树县	开原市	清河区	本溪满族自治县	浑南区	抚顺县	辽阳县	清原满族自治区
中华人民共和国成立之初	辽西省								辽东县				
民国	辽东省			辽北省				辽宁省			安东省		
清	锦州府			昌图府			奉天府						
明	辽东都司												

时代	县区											
	新宾满族自治区	通化县	临江市	桓仁满族自治县	东丰县	西丰县	岫岩满族自治县	庄河市	凤城市	宽甸满族自治县	抚松县	长白朝鲜族自治县	靖宇县
中华人民共和国成立之初	辽东省												
民国	安东省				辽北省		辽宁省		安东省				
清	兴京府				海龙府		凤城直隶厅				长白府		吉林府
明	辽东都司												

时代	县区										
	吉林市	伊通满族自治县	双城区	宁安市	海林市	阿城区	五常市	昂昂溪区	富裕县	爱辉区	北林区	望奎县
中华人民共和国成立之初	吉林省		松江省					黑龙江省				
民国	吉林省		松江省			吉林省		嫩江省		黑龙江省		
清	吉林府		宁古塔府			宾州府		齐齐哈尔府		黑龙江省	绥化府	

图 4.46　东北满族聚居区明代以来建制沿革图

从东北地区满族聚居区建制沿革中可以看到如下规律。

(1)吉林省是东北满族聚居区中行政疆域变化较大的一个。今双城区、宁安市、海林市、阿城区、五常市在清代都隶属于吉林将军的管辖区域,而在民国之后,吉林省疆域范围不断缩小,中华人民共和国成立后以上各市区全部划分至今黑龙江省。因此,从行政区划上来看,上述地区与其靠近的吉林省北部区域民居文化景观特征趋同具有极大的可能性。

(2)兴城市、义县、北镇市、绥中县历史行政区划一致。这些地区自明代以来,各时期都属于同一行政区域内。这些市县是典型的囤顶民居集中分布区,区域内文化景观特征相对比较相似与均质,满族传统民居建造技术都以砖石混砌或石材砌筑为主。

(3)昂昂溪区、富裕县、爱辉区、北林区、望奎县历史行政区划一致。这些地区自明代以来,都隶属于黑龙江省。行政区划的稳定加之这些地区具有相似的地理环境,因此,文化景观极有可能具有趋同性。

(4)相邻行政区内的文化景观具有相似性。本溪满族自治县、东陵区、抚顺县、辽阳县这些区域与新宾满族自治县、通化县、临江县、桓仁满族自治县自清代以来,都分别隶属于两个不同行政区内。加之两个行政区彼此毗邻,因此,上述地区的文化景观极有可能具有相似性。

2.经济发展的影响

东北地区在古代长期处于缓慢的开发状态,清末以来伴随着移民开发浪潮,区域内经济才得到迅速发展。

明末清初之际,连年的征战以及清朝的举族入关,致使东北人口大量流失,良田荒芜。之后《辽东招垦令》的颁行,以及闯关东移民的迁入,为东北地区农业发展提供了充足的劳动力,使东北土地迅速得到开发。以黑龙江省为例,其区域80%以上的农业面积是在这一时期得到开发。这也说明东北地区大部分农耕文化区域的历史基奠期是相同的,也是比较短暂的,自然难以形成较大的区域文化差异。

清末民初之际,外国列强强行干预东北地区政治,随着港口城市的开放与铁路干线的修筑,可以看到以沿海城市以及省会城市为主的中心区域的城市建设已经明显受到外来文化影响。而东北地区广大农村包括区域内的满族聚居区经济发展仍相对滞后,外来建筑文化和其他新生的建筑文化对传统民居文化的异化作用十分微弱,满族传统民居在建造技术上表现为仍以延续传统建造模式为主,只是在建筑材料上有所更新。

中华人民共和国成立后,东北地区满族聚居区仍然延续以往农耕产业为主的经济类型,而在民居建造上保持原有的技术特征,在类型扩展、形式更新等各个方面都没有较大的进步。

总的来说,民居的建造是需要以大量财力、人力和物力为基础的,没有经济和技术的保障,民居文化景观特色必然会受到很大的制约。受经济发展水平的影响,东北满族聚居区在民居建造上因那些复杂的建筑形式与精美的装饰元素所增加的建造成本是普通平民无法承受的,所以东北满族传统民居整体建筑处理上不如经济发达地区民居细腻与华丽。但这也促成了民居建造中整体体现出实用性极强的特征,满族人善于应用简单、直接的低技术手段和地方的廉价易得材料来打造房屋。

参 考 文 献

[1] 荣格. 荣格文集[M]. 冯川,译. 北京：改革出版社,1997.

[2] 施春华. 心灵本体的探索:神秘的原型[M]. 哈尔滨:黑龙江人民出版社,2002.

[3] 刘先觉. 现代建筑理论——建筑结合人文科学自然科学与技术科学的新成就[M]. 北京：中国建筑工业出版社, 1998.

[4] 单德启. 从传统民居到地区建筑[M]. 北京:中国建材工业出版社,2004.

[5] 叶浩生. 西方心理学的历史与体系[M]. 北京：人民教育出版社,1998.

[6] 汪芳. 查尔斯·柯里亚[M]. 北京：中国建筑工业出版社,2003.

[7] 李治亭. 东北通史[M]. 郑州：中州古籍出版社,2003.

[8] 汪之力,张祖刚. 中国传统民居建筑[M]. 济南:山东科学技术出版社,1994.

[9] 周巍. 东北地区传统民居营造技术研究[D]. 重庆：重庆大学,2006.

[10] 王军云. 中国民居与民俗[M]. 北京：中国华侨出版社,2007.

[11] 周立军,陈伯超,张成龙,等. 东北民居[M]. 北京：中国建筑工业出版社,2009.

[12] 韩晓时. 满族民居民俗[M]. 沈阳:沈阳出版社,2004.

[13] 陆元鼎,杨谷生. 中国民居建筑[M]. 广州：华南理工大学出版社,2003.

[14] 王其亨. 风水理论研究[M]. 天津：天津大学出版社,1998.

[15] 吕爱民. 应变建筑——大陆性气候的生态策略[M]. 上海:同济大学出版社,2003.

[16] 张驭寰. 吉林民居[M]. 北京：中国建筑工业出版社,1985.

[17] 陈伯超. 满族民居建筑[C]∥陈伯超. 满族建筑文化国际学术研讨会论文集. 沈阳:辽宁民族出版社,2001:1-10.

[18] 彭一刚. 传统村镇聚落景观分析[M]. 北京：中国建筑工业出版社,1992.

[19] 王其钧. 图解中国民居[M]. 北京：中国电力出版社,2008.

[20] 孙大章. 中国民居研究[M]. 北京：中国建筑工业出版社,2004.

[21] 王文卿,周立军. 中国传统民居构筑形态的自然区划[J]. 建筑学报,1992 (4)：12-16.

[22] 侯幼彬. 中国建筑美学[M]. 哈尔滨:黑龙江科学技术出版社,1997.

[23] 刘致平. 中国建筑类型及结构[M]. 3 版. 北京：中国建筑工业出版社,2000.

[24] 江帆. 满族生态与民俗文化[M]. 北京:中国社会科学出版社,2006.

[25] 林耀华. 民族学通论[M]. 修订本. 北京:中央民族大学出版社,1997.

[26] 高曾伟. 中国民俗地理[M]. 苏州:苏州大学出版社,1997.

[27] 李国豪. 中国土木建筑百科辞典[M]. 北京:中国建筑工业出版社,1992.

[28] 刘振超,刘长江,郑德庆,等. 沈阳民族民俗风情[M]. 沈阳:辽宁民族出版社,2001.

[29] 刘志扬. 从满族传统观念的转变看汉文化的影响[J]. 民族研究,1992(6):83-91.

［30］孙大章. 中国民居研究［M］. 北京:中国建筑工业出版社,2004.

［31］波·少布. 黑龙江省满族的构成［J］. 满族研究,2006(3):52-59.

［32］王尧. 满、锡伯、赫哲、鄂温克、鄂伦春、朝鲜族文化志［M］. 上海:上海人民出版社,1998.

［33］张玉东. 长白山满族草房图论［J］. 满族研究,2006(3):60-67,129.

［34］刘大可. 中国古建筑瓦石营法［M］. 北京:中国建筑工业出版社,1993.

［35］陈凯峰. 住宅建筑文化论［M］. 厦门:厦门大学出版社,1994.

［36］张雷军. 传衍·嬗变·融合:满族生活文化论［M］. 昆明:云南大学出版社,2002.

［37］周惠泉. 论东北民族文化［J］. 北方论丛,2000(1):14-22.

［38］阎崇年. 满学论集［M］. 北京:民族出版社,1999.

［39］赵杰. 论满汉民族的接触与融合［J］. 民族研究,1988(1):45-52.

［40］杨宾,方式济,吴桭臣. 龙江三纪［M］. 哈尔滨:黑龙江人民出版社,1985.

［41］居阅时,瞿明安. 中国象征文化［M］. 上海:上海人民出版社,2001.

［42］马季方. 文化人类学与涵化研究(下)［J］. 国外社会科学,1995(1):48-51.

［43］姬旭明. 以西为尊的满族民居［N］. 中国民族报,2004-05-28(12).

［44］沙润. 中国传统民居建筑文化的自然地理背景［J］. 地理科学,1998(1):63-69.

［45］田晓岫. 中国民俗学概论［M］. 北京:华夏出版社,2003.

［46］汝军红. 辽东满族民居建筑地域性营造技术调查——兼谈寒冷地区村镇建筑生态化建造关键技术［J］. 华中建筑,2007,25(1):73-76.

［47］杨锡春. 满族风俗考［M］. 哈尔滨:黑龙江人民出版社,1988.

［48］黄锡惠,王岸英. 满族火炕考辨［J］. 黑龙江民族丛刊(季刊),2002(4):87-89.

［49］夏建中. 文化人类学理论学派:文化研究的历史［M］. 北京:中国人民大学出版社,1997.

［50］江金波. 论文化生态学的理论发展与新构架［J］. 人文地理,2005(4):119-124.

［51］金正镐. 东北地区传统民居与居住文化研究——以满族、朝鲜族、汉族民居为中心［D］. 北京:中央民族大学,2005.

［52］禹钟烈. 辽宁朝鲜族史话［M］. 沈阳:辽宁民族出版社,2000.

［53］阿·德芒戎. 人文地理学问题［M］. 葛以德,译. 北京:商务印书馆,1993.

［54］冯志丰,肖大威,傅娟. 基于文化区划的传统村落与民居文化景观特征研究——以广州为例［J］. 建筑与文化,2016(6):102-104.

［55］张淇. 大埔县传统民居文化地理学研究［D］. 广州:华南理工大学,2013.

［56］吕静,张恒怡. 东北地区乡村聚落时空分布形态变化研究——以近400年来各民族迁移路线为依据［J］. 重庆建筑,2017,16(1):8-11.

［57］韩沫,王铁军. 北方满族民居历史环境景观［M］. 北京:中国建筑工业出版社,2015.

［58］李柏摄. 岫岩老宅院［M］. 哈尔滨:黑龙江美术出版社,2010.

［59］韦宝畏,许文芳. 东北传统民居的地域文化背景探析［J］. 吉林建筑大学学报,2014,31(2):49-51.

［60］王玉. 辽宁满族民居建筑特色研究［D］. 苏州:苏州大学,2010.

[61] 刘沛林,刘春腊,邓运员,等. 中国传统聚落景观区划及景观基因识别要素研究[J].
地理学报,2010,65(12):1496-1506.

[62] 黄世明. 闯关东,重组近代东北[J]. 中国国家地理,2008(10):334-343.

[63] 清原满族自治县民族系宗教事务局,清原满族自治县满族联谊会. 清原满族[M].
沈阳:辽宁民族出版社,2016.

[64] 姜晔."民国"时期的东北移民潮探析[J]. 辽宁师范大学学报(社会科学版),2012,
35(2):284-288.

[65] 黄普基. 清时期辽宁、冀东地区聚落建筑材料与形式[J]. 中国历史地理论丛,2012,
27(4):135-144.

图 片 来 源

图 1.1 原载于《图解曼荼罗》(唐颐.陕西师范大学出版社,2009 年)

表 1.2 原载于《中国历史地图集》(谭其骧.中国地图出版社,1987 年)

图 1.3 原载于《理想之境:马里奥·博塔的建筑与设计(1960—2017)》(清华大学艺术博物馆,马里奥·博塔建筑事务所.中国建筑工业出版社,2017 年)

图 1.4 原载于《阿尔瓦·阿尔托》(刘先觉.中国建筑工业出版社,1998 年)

图 1.5,图 1.6 原载于《从传统民居到地区建筑》(单德启.中国建材工业出版社,2004 年)

图 1.12,图 1.56,图 1.57,图 3.35,图 3.36 载于《图解中国民居》(王其钧.中国电力出版社,2008 年)

图 1.13,图 1.20,图 1.23,图 1.44 原载于《气候影响下的东北满族民居研究》(韩聪.哈尔滨工业大学硕士学位论文,2007 年)

图 1.15,图 1.16,图 1.32,图 1.46,图 1.48,图 2.4,图 2.6(1),图 2.7,图 2.8,图 2.28,图 2.37,图 2.56,图 2.59 原载于《吉林民居》(张驭寰.中国建筑工业出版社,1985 年)

图 1.17,图 1.24,图 1.26,图 1.27,图 1.36 原载于《东北地区传统民居营造技术研究》(周巍.重庆大学硕士学位论文,2006 年)

图 1.18,图 1.19 原载于《东北满族民居的特点——乌拉街"后府"研究》[王中军.《长春工程学院学报》(自然科学版),2004,(1)]

图 1.22,图 1.41,图 1.45,图 1.50,图 2.1,图 2.45 原载于《中国民居建筑》(陆元鼎.华南理工大学出版社,2003 年)

图 1.28,图 1.35,图 1.47,图 1.55,图 1.59,图 1.60,图 1.61,图 1.62,图 1.64,图 1.67,图 1.68,图 2.2,图 2.3,图 2.12(1),图 2.14(1),图 3.18(2),图 3.25 原载于《中国传统民居建筑》(汪之力.山东科学技术出版社,1994 年)

图 2.9,图 2.10 原载于《沈阳民族民俗风情》(刘振超,刘长江,郑德庆,等.辽宁民族出版社,2001 年)

图 2.16,图 2.22,图 2.26,图 2.33,图 2.44,图 2.57 原载于《中国民居建筑》(孙大章.中国建筑工业出版社,2003 年)

图 2.25 原载于《东北通史》(李治亭.中州古籍出版社,2003 年)

图 2.29 原载于《满、锡伯、赫哲、鄂温克、鄂伦春、朝鲜族文化志》(王莼.上海人民出版社,1998 年)

图 2.31 原载于《民族旅游与民族文化的变迁》[王静.《学术探索》,2004,(7)]

图 2.34(2)原载于《满族民居民俗》(韩晓时.沈阳出版社,2004 年)

图 2.39(1)原载于《长白山满族草房图论》[张玉东.《满族研究》,2006,(3)]

图 2.40 原载于《中国建筑与中华民族》(龙庆忠.华南理工大学出版社,1990 年)

图 2.48 原载于《图说民居》(王其钧.中国建筑工业出版社,2004 年)

图 2.50 原载于《中国传统民居建筑》(王其钧.南天书局,2004 年)

图 2.53 原载于《论东北民族文化》[周惠泉.《北方论丛》,2000,(1)]

图 2.58(1)原载于《中国民俗地理》(高曾伟.苏州大学出版社,1999 年)

图 2.60 原载于《满族建筑文化国际学术研讨会论文集》(陈伯超.辽宁民族出版社,2001 年)

图 3.1 原载于《北方传统乡土民居节能精神的延续与发展》[金虹,张伶伶.《新建筑》,2002,(2)]

图 3.22 原载于《中国传统民居营造与技术》(陆元鼎,潘安.华南理工大学出版社,2002 年)

图 3.39 原载于《关于东北民族史研究的一些问题》[孙进己.《民族研究》,1999,(5)]

图 4.4,图 4.5,图 4.6 原载于《中国玉都岫岩老宅院》(王守卫,邓延发.黑龙江美术出版社,2010 年)